U0325196

乡村振兴
——科技助力系列

丛书主编：袁隆平　官春云　印遇龙
　　　　　邹学校　刘仲华　刘少军

绿色有机肥
施用新技术

主　编◎张杨珠
副主编◎聂　军　张玉平
编　者◎廖育林　鲁艳红　高雅洁

湖南科学技术出版社

图书在版编目（ＣＩＰ）数据

绿色有机肥施用新技术 / 张杨珠主编. — 长沙 ：湖南科学技术
出版社，2022.6

（乡村振兴. 科技助力系列）

ISBN 978-7-5710-1341-7

Ⅰ．①绿… Ⅱ．①张… Ⅲ．①有机肥料－施肥 Ⅳ.①S141

中国版本图书馆 CIP 数据核字(2021)第 247908 号

LÜSE YOUJIFEI SHIYONG XINJISHU

绿色有机肥施用新技术

主　　编：张杨珠

出 版 人：潘晓山

责任编辑：任　妮

出版发行：湖南科学技术出版社

社　　址：长沙市芙蓉中路一段 416 号泊富国际金融中心

网　　址：http://www.hnstp.com

邮购联系：0731-84375808

印　　刷：湖南省汇昌印务有限公司

　　　　　（印装质量问题请直接与本厂联系）

厂　　址：长沙市望城区丁字湾街道兴城社区

邮　　编：410299

版　　次：2022 年 6 月第 1 版

印　　次：2022 年 6 月第 1 次印刷

开　　本：710mm×1000mm　1/16

印　　张：18.25

字　　数：304 千字

书　　号：ISBN 978-7-5710-1341-7

定　　价：29.00 元

内容简介

　　本书根据现代农业生产的实际需要，在简单介绍了植物营养与施肥技术基本原理的基础上，较系统地分别阐述了传统有机肥料、现代商品有机肥料、现代微生物肥料的定义、内涵、特点与作用、高效生产与科学使用技术及注意事项等内容，可为广大涉农企业、农业专业合作社以及农民朋友购买合格肥料、掌握其科学使用技术，生产高产优质农产品以及企业生产合格肥料产品提供参考，是一本非常实用的农业科技图书。

前　言

肥料是指能够提供一种或一种以上植物必需的营养元素，改善土壤性质、提高土壤肥力水平的一类物质，是农业生产的物质基础之一。根据肥料的来源，一般可分为两大类：化学肥料和有机肥料。前者是人们为了满足农作物生长发育所需而采用一定的工艺流程专门生产的化学物质，包括各种含大、中、微量养分的化学肥料，如氮肥、磷肥、钾肥、钙肥、镁肥、硫肥、铁肥、锰肥、锌肥、硼肥和钼肥等各种单质肥料以及各种化学复合（混）肥料。后者则是指人类生活与生产过程中自然产生的物质，包括各种生物性废弃物与工业性废弃物，故亦被称之为废弃物。至于"绿色有机肥"一词，至今还未见明确的定义。作者认为，"绿色有机肥"重在"绿色"二字，不仅具有特定的培肥土壤、促进农作物生长和高产优质，更应该对环境和农作物无污染，保证环境清洁和农产品安全，所以，不仅应该包括符合有机肥料有关标准的商品有机肥料和生物有机肥料，也应该包括传统农家肥中无污染的肥料品种和绿肥，如人畜粪尿肥、堆肥、沤肥和沼气肥等。"绿色有机肥"不仅符合农业节本增效、高效发展和绿色农产品生产的要求，更符合资源节约、环境友好、绿色发展的新理念，是今后肥料发展的新方向。

1990 年我国提出了绿色食品的概念，倡导生产绿色食品，至今已有 30 年的历史。国家除大力宣传倡导外，还逐步建立了一套完整的生产和管理体系，进行组织推广和实施，将农学、生态学、环境科学、营养学、卫生学等学科的原理运用到食品的生产、加工、储运、销售以及相关的教育、科研等环节，形成了一个完整的无公害、无污染的优质食品的产供销及管理系统，是"从土地到餐桌"的全程质量控制。此外，农业部还于 2000 年 3 月 2 日发布了《绿色食品标准》（NY7T391—394），2000 年 4 月 1 日实施。标准中规定了《绿色食品产地环境技术条件》（NY/T391—2000）、《绿色食品食品添加剂使用准则》（BY/T392—2000）、《绿色食品农药使用准则》（NY/T393—2000）、《绿色食品肥料使用准则》（NY/T394—2000）。由此可见，绿色食品的生产是保护环境、维护人体健康的必然，也是对农业生产提出的更高要求。

党的十九大以后，为贯彻 2017 年中央农村工作会议、中央 1 号文件和全国农业工作会议精神，按照"一控两减三基本"的要求，深入开展化肥使用量零增长行动，加快推进农业绿色发展，2017 年 2 月 8 日农业部印发了《开展果菜茶有机肥替代化肥行动方案》（以下简称《方案》）。要求各地结合本地实际，细化实施方案，强化责任落实，有力有序推进，确保取得实效。《方案》的行动目标具体为"一减二增"："一减"即化肥用量明显减少。到 2020 年，果菜茶优势产区化肥用量减少 20％以上，果菜茶核心产区和知名品牌生产基地（园区）化肥用量减少 50％以上。"二增"一是"产品品质明显提高"。要求到 2020 年，在果菜茶优势产区加快推进"三品一标"认证，创建一批地方特色突出、特性鲜明的区域公用品牌，推动品质指标大幅提高，100％符合食品安全国家标准或农产品质量安全行业标准。二是"土壤质量明显提升"。要求到 2020 年，优势产区果园土壤有机质含量达到 1.2％或提高 0.3 个百分点以上，茶园土壤有机质含量达到 1.2％或提高 0.2 个百分点以上，菜地土壤有机质含量稳定在 2％以上。果园、茶园、菜地土壤贫瘠化、酸化、次生盐渍化等问题得到有效改善。《方案》要求，要通过以上行动，支持有机肥的生产和使用。要提升种植与养殖结合水平、有机肥施用技术与配套设施水平、标准化生产与品牌创建水平以及主体培育与绿色产品供给水平。同时，引导农民利用畜禽粪便等畜禽养殖废弃物积造施用有机肥、加工施用商品有机肥；推广堆肥还田、商品有机肥施用、沼渣沼液还田、自然生草覆盖等技术模式，推进有机肥替代化肥。

应湖南科学技术出版社之邀，作者组织编写了本书。根据上述绿色有机肥的定义和内涵，本书共分为六章，第一章，绪论；第二章，作物施肥概论；第三章，传统有机肥及其施用；第四章，绿肥的高效生产与科学使用；第五章，新型有机肥及其施用；第六章，现代微生物肥料及其科学应用。各章的分工如下：第一章由张扬珠、聂军和张玉平编写，第二章和第五章由张扬珠编写，第三章和第六章由张玉平编写，第四章由聂军、廖育林、鲁艳红和高雅洁编写，全书由张扬珠统稿和定稿。由于作者水平有限，缺点和错误在所难免，还望读者批评指正。

编　者
2021 年 6 月

目　录

第一章　　绪　　论

一、肥料的概念与分类

　　肥料是指能够提供一种或一种以上植物必需的营养元素，改善土壤性质、提高土壤肥力水平的一类物质，是农业生产的物质基础之一。根据肥料的来源，一般可分为两大类。第一类是人们为了满足农作物生长发育所需而专门生产的化学物质，一般统称为化学肥料或商品肥料。虽然原料来源不同，制造加工方法各异，但其原料都来自人类生存环境中的资源。例如，人们从大气中获取氮气，用高温、高压、催化的化学方法产生合成氨作为氮素肥料；从开采的岩层矿物中，用高温或化学溶解方法生产含磷、钾等元素或微量元素的肥料。另一类是人类生活与生产过程中自然产生的物质，往往被称之为废弃物。按照现代科学的观点来认识，这些也是资源，是一种被人类利用，但没有能充分利用的物质资源。这类物质每时每刻都在产生，且随人类社会现代化程度的提高而不断增多。这类物质包含有作物生长发育所需的，能直接被利用或暂不能直接被利用的营养成分，同时也可能含有对生物有害的成分。人们对待这类物质的态度将关系到保护人类生态环境，子孙后代存亡的大问题。如果人们用积极的态度对待它，一方面设法选用生产过程中的清洁工艺，尽可能减少这类物质的产生；另一方面重视它，利用它，在对其性质、成分详细了解的基础上，采取一定的科学技术手段，对症下药，趋利避害，尽量以施肥方式使之回归大自然，纳入良性循环，这将大大惠及人类社会。按这类物质的性质可分为两大类：即生物性废弃物与工业性废弃物，其各自的特点有所不同。①生物性废弃物。主要有粪便、垃圾、秸秆、残茬以及农副产品加工的下脚料。②工业性废弃物。主要是工矿企业生产过程中产生的三废：即废气、废水和废渣。生物性废弃物往往只含有少量对生物有害成分，易于利用，一般统称有机肥料。在农业生产过程中产生的生物性废弃物，常被称为农家肥料。

肥料的种类繁多，分类的方法也没有严格的规范和统一的分类与命名。若按肥料的来源与组分的主要性质可分为：化学肥料、有机肥料、（微）生物肥料和绿肥等。若按所含营养元素成分，可分为：氮肥、磷肥、钾肥、镁肥、硼肥、锌肥和钼肥等。有时将这些肥料按植物需要量分为大量营养元素、中量营养元素和微量营养元素肥料。按肥料中营养成分种类多少，可分为：单质肥料、复合肥料或复（混）合肥料。按肥料的物理状态分，则有固体肥料（包括颗粒状和粉状肥料）、气体肥料与液体肥料。若按肥料中养分的有效性或供应速率，可划分为：速效肥料、缓效肥料、长效肥料和控释肥料。若按肥料中养分的形态或溶解性，可分为氨态氮肥、硝态氮肥、酰胺态氮肥等，或水溶性肥料、弱酸溶性肥料和难溶性肥料。若按肥料的化学性质，可分为化学酸性肥料、化学碱性肥料和化学中性肥料。若按肥料被植物选择吸收后对土壤反应的影响，可分为生理中性肥料、生理碱性肥料和生理酸性肥料。若按肥料中养分对植物的有效性，可分为速效肥料、迟效肥料和长效肥料。按积攒和生产方法分，则有农家肥如堆肥、沤肥和沼气肥、化肥、复合肥料或复（混）合肥料、有机-无机复混肥、商品有机肥、生物有机肥等。近年来，随着人们生活对农产品品质要求的不断提高以及肥料制造技术的进步和发展，产生了许多新的肥料类型，如新型肥料、功能性肥料、有机碳肥、绿色有机肥等。所谓新型肥料，是指相对于传统的肥料而言，在功能、剂型、所用原材料等方面有所变化或更新的，能够直接或间接地为作物提供养分的，改善土壤物理化学和生物学性质的，调节或改善作物生长的，提高肥料利用率的广义上的肥料、制剂等。功能性肥料则是指具有某种特定功能的新型肥料，一般而言，包括提高水肥利用率的肥料、改善土壤肥力性状的肥料、提高作物品质的肥料、提高作物抗逆性的肥料等。至于"绿色有机肥"一词，则还未见明确的定义。作者认为，"绿色有机肥"重点在"绿色"二字，不仅具有特定的培肥土壤、促进农作物生长和高产优质，更应该对环境和农作物无污染，保证环境清洁和农产品安全，所以，不仅应包括上述新型肥料中能够提供作物营养成分和提高土壤肥力水平的有机肥料，也应该包括传统农家肥中无污染的肥料品种和绿肥，如人畜粪尿肥、堆肥、沤肥和沼气肥等。绿色有机肥不仅符合农业节本增效、高效发展的要求，更符合资源节约、环境友好、绿色发展的新理念，是今后肥料发展的新方向。

二、肥料与施肥技术的发展简史

(一) 化学肥料与施肥技术的发展

1. 全球化学肥料的发展

全球的化肥工业起始于 19 世纪 40 年代，至今已有将近 190 年的历史。其中又可以分为两个阶段。

(1) 化肥工业的萌芽期 从 19 世纪 40 年代起到第一次世界大战是化肥工业的萌芽时期。人类企图用人工方法生产肥料，以补充或代替天然肥料。那时，磷肥和钾肥的生产开始得比氮肥早，因为农业耕作长期实行绿肥作物和粮食作物轮作制以及大量使用有机肥料，对氮肥要求不很迫切。19 世纪初，德国植物营养学家 J. 李比希研究植物生长与某些化学元素间的关系。通过研究，在 1840 年阐述了农作物生长所需的营养物质是从土壤里获取的，确定了氮、钙、镁、磷和钾等元素对农作物生长的意义，并预言农作物需要的营养物质将会在工厂里生产出来。不久，他的预言就被证实。1840 年，李比希用稀硫酸处理骨粉，得到浆状物，其肥效比骨粉好。不久，英国人 J.B. 劳斯用硫酸分解磷矿制得过磷酸钙。1842 年他在英国建立了第一个化肥厂。1872 年，在德国首先生产了湿法磷酸，用它分解磷矿生产重过磷酸钙，用于制糖工业中的净化剂。1861年，在德国施塔斯富特首次开采光卤石钾矿。在这之前不久，李比希宣布过它可作为钾肥使用，两年内有 14 个地方开采钾矿。19 世纪末期，开始从煤气中回收氨制成硫酸铵或氨水作为氮肥施用。1903 年，挪威建厂用电弧法固定空气中的氮加工成硝酸，再用石灰中和制成硝酸钙氮肥，两年后进行了工业生产。1905 年，以石灰和焦炭为原料在电炉内制成碳化钙（电石），再与氮气反应制成氮肥——氰氨化钙。

(2) 发展阶段 从 20 世纪初到 50 年代，化肥工业处于发展阶段。在这段时期里，化肥生产技术不断进步，品种增多，产量增大，并逐步成为一个工业部门。但其规模与现代的化肥工业相比则小得多。①磷肥：主要还是生产过磷酸钙，但在欧洲的酸性土壤上广泛施用钢渣磷肥。在40～50 年代，高浓度磷肥的生产技术有了突破，主要是湿法磷酸的生产工艺由原来的间歇操作改为连续操作，设备材料的腐蚀问题得到了基本解决。②钾肥：继德国之后，一些国家先后发现了钾矿，其中法国于1910 年、西班牙于 1925 年、苏联于 1930 年、美国于 1931 年先后进行了开采，由此开始了钾肥的制造。钾矿富集和精制工艺的开发成功，为提高钾肥的品位奠定了基础。③氮肥：1913 年，用氢气和氮气合成氨的哈伯法在德国第一次建厂，为氮肥工业的发展开拓了道路。但在 20 世纪 50 年代以前，其生产技术还不够完善，价格比较贵，多数用在工业方面，少量用来制造氮肥。第二次世界大战期间，为了制造炸药，硝酸铵得到了发展。1922 年，以氨和二氧化碳为原料合成尿素的第一个工厂在德国投入了生产。④复合肥料：1920 年，美国氰氨公司的一个磷酸铵小生产装置投入运转，1933 年，在加拿大联合采矿和冶炼公司也建成了一个生产磷酸铵的工厂。20 世纪 30 年代初，用硝酸分解磷矿并用氨中和加工制造硝酸磷肥的奥达法首先在德国建厂。

第二次世界大战结束后，为了适应世界人口的迅速增长，增施化肥成为农业增产的有力措施，因此促进了化肥工业的大发展。1950 年，世界化肥总产量（以 N、P_2O_5 和 K_2O 含量计）为 14.13 Mt，1980 年达到 124.57 Mt，且以每年 7%～8% 的速度增长。20 世纪 80 年代以来，化肥工业出现不景气，增产速度下降。由于农业生产向深度发展，为实现科学施肥，要求化肥工业向不同生产条件的农业提供各种规格的复合肥料，以提高农业经济效益，这促使化肥工业在发展中进行改造。

2. 我国化肥工业的发展概况

中国在 1909 年进口了少量智利硝石；1914 年，吉林公主岭农事试验场首先开始进行化肥的田间施用试验；20 世纪 30～40 年代，卜内门化学工业公司向中国推销硫酸铵，农民称它为肥田粉。1935 年和 1937 年在大连和南京先后建成了氮肥厂。1949 年以后，加快了化肥工业发展速度。50 年代，在吉林、兰州、太原和成都建成了 4 个氮肥厂。60～70 年代，又先后在浙江衢州、上海吴泾和广州等地建成了 20 余座中型氮肥厂。1958 年，化工专家侯德榜开发了合成氨原料气中二氧化碳脱除与碳酸氢铵生产的联合工艺，在上海化工研究院进行了中间试验，1962 年在江苏丹阳投产成功。从此，一大批小型氮肥厂迅速建立起来，成为氮肥工业的重要组成部分。70 年代中期开始，又新建了一批与日产 1000 t 氨配套的大型尿素厂。1983 年，中国氮肥产量（以 N 计）达到 11.094 Mt。20 世纪 40 年代初期，在云南昆明曾建过一个小型的过磷酸钙生产车间。1953 年开始利用国产磷矿研制磷肥和在农业上推广使用。1957 年，在南京年产 400 kt 过磷酸钙的工厂投产。此后，中小型过磷酸钙厂大批建立起来。50 年代末，中国开发了高炉生产熔融钙镁磷肥的方法，并在 60～70 年代里建立了一大批工厂，成为中国第二个主要磷肥品种。1967 年，在南京建成了一个磷酸铵生产装置，1982 年在云南的一个重过磷酸钙厂投产。中国土壤学家李庆逵等从 50 年代初开始研究磷矿粉直接施用问题，并在南方酸性土壤上推广施用。1983 年中国磷肥产量为 2.666 Mt（以 P_2O_5 计）。

3. 我国施肥技术的发展

我国的农业已经有了 1 万年的悠久历史，古代称肥料为粪，施肥则成为粪田。早在西周时，我国就已知道田间杂草腐烂后有促进黍稷生长的作用。《齐民要术》中详细介绍了种植绿肥的方法、豆科作物同禾本科作物轮作的方法以及用作物茎秆与牛粪尿混合，经过践踏和堆制而成肥料的方法。在施肥技术方面，《氾胜之书》中强调施足基肥和补施追肥对作物生长的重要性。唐、宋以后，随着水稻在长江流域的推广，施肥经验日益积累，总结出了"施肥应随气候、土壤、作物因素的变化而定"的"时宜、土宜和物宜"的施肥原则。随着近代化学工业的兴起和发展，各种化学肥料相继问世。

我国的农田施肥大约开始于殷商朝代。根据出土文物中当时已有罱河泥的木制工具以及殷商甲骨文中已有表示屎、壅等字形记载，并有施肥可以增产的卜辞。到战国时期已经重视并强调农田施肥了。我国古代最多是利用动物粪便作为肥料，到战国和秦汉又利用腐熟人畜粪尿、蚕粪、杂草、草木灰、豆萁、河泥、骨汁等。在汉朝已很重视养猪积肥。《氾胜之书》已记述作物施基肥、种肥和特殊的溲种法。宋朝、元朝已开始使用石灰、石膏、硫黄、食盐、卤水等无机肥料。此时的农业书籍中已有粪壤篇各论，把肥料分为六大类。到 18 世纪，杨灿把肥料增为 10 类，施肥技术上提出了"时宜、土宜和物宜"的观点。在欧洲国家，整个中世纪经济发展很慢，农业技术停滞不前，如《马耕农业》一书中曾提到，耕作碎土的作用是使土壤成为极细颗粒便于进入作物根系的小口。当时普遍流行的观点认为土壤供给作物的营养物质是"精"和"油"。燃素学说在中世纪后期也盛行一时。自文艺复兴时期的到来，随着经济的发展，欧洲国家中有人开始探索植物营养理论，在燃素学说之后出现了腐殖质营养学说，认为土壤腐殖质是农作物营养的唯一来源。

近代农业化学家李比希创立的植物矿质养分归还学说为化肥的生产与应用奠定了理论基础，从而促进了化肥工业的兴起。而他之后建立的植物养分归还学说则进一步促进了作物施肥技术的发展。据有关资料记载，我国进口化肥始于 1905 年，20 世纪 30 年代开始组织全国性肥效试验，称为地力测定。测定结果表明，我国耕地土壤氮素极为缺乏，磷素养分仅在长江流域或长江以南各省缺乏，土壤中钾素很丰富。中华人民共和国成立以后，1958年和1979年先后两次组织了全国性的土壤普查，对我国的土壤类型、特性、肥力状况等进行了系统的调查测定，促进了化肥的施用和农业化学研究工作。中华人民共和国成立以前我国只有两座规模不大的氮肥厂和两个回收氨的车间，1949年氮肥年产量只有0.6万t，1990年国产化肥产量已达1879.7万t，跃居世界第三位，1998年化肥产量已达2956万t，占世界总产量的19%，居世界第一位。化肥已成为我国一项重要的农用物资，在农业生产中发挥重大的作用。

为适应农业现代化发展的需要，化学肥料生产正朝着高效复合化，并结合施肥机械化、运肥管道化、水肥喷灌仪表化方向发展。液氨、聚磷酸铵、聚磷酸钾等因具有养分浓度高或副成分少等优点，成为大力发展的主要化肥品种。很多化学肥料还趋向于制成流体肥料，并在其中掺入微量元素肥料和农药，成为多功能复合肥料，便于管道运输和施肥灌溉（喷灌、滴灌）的结合，有省工、节水和节肥的优点。随着设施农业（如塑料大棚等）的发展，蔬菜、瓜果对二氧化碳肥料的需求量将逐步增多。但是，长期大量地施用化学肥料，常导致环境污染。为了保持农业生态平衡，应提倡有机肥与化肥配合使用，以便在满足作物对养分需要的同时避免土壤性质恶化和环境污染。

从20世纪70年代末至80年代初开始，我国首先在全国各地几种主要农作物的施肥实践中开始了测土配方施肥技术的推广应用，显示了良好的社会、经济和生态效益，既增产，又节约肥料，还克服了由于不合理的施肥造成的养分流失和农田生态环境的污染。但是，这种施肥技术由于需要了解不同地区不同土壤供肥特性和特定作物的需肥规律以及各种肥料的有效养分含量、养分的利用率等资料，对于文化和科技水平不高的农民来说，要做好配方施肥的推广应用则有较大的困难，难以大面积普遍推广应用。作物专用肥的生产、应用便是在克服配方施肥技术应用中存在的局限性基础上发展起来的。

进入21世纪以后，从2005年至2009年，国家财政每年投入专项资金，逐步在全国所有农业县（市、区）全面开展了测土配方施肥工作，对全国各种农作物的施肥参数进行了系统研究，建立了各种农作物的施肥指标体系，为作物专用配方肥的生产与推广应用奠定了坚实的科学基础。从2010年开始，测土配方施肥工作进一步深化，进入常态化，中央财政每年安排一定数额的资金继续支持测土配方施肥工作。主要是应用测土配方施肥实践得到的成果生产和推广应用作物专用配方肥以及运用"3S"技术制作的测土配方施肥专家系统实时向农民发布施肥技术指令，以加快测土配方施肥成果的推广应用。2013 年，农业部办公厅发布了《关于做好 2013 年农企合作推广配方肥绩效考核工作的通知》《关于加快配方肥推广应用的意见》和《2013 年全国农企合作推广配方肥实施意见》等文件，细化了整建制推进测土配方施肥示范县推广配方肥和全国农企合作企业生产供应配方肥的目标任务、工作机制和推广模式。在此基础上，农业部还发布了由农业部测土配方施肥专家组根据小麦、玉米、水稻三大粮食作物需肥特点和不同区域土壤养分供应状况及肥效反应，以"大配方、小调整"为技术思路研究制定的《小麦、玉米、水稻 3 大粮食作物大配方与施肥建议（2013）》。该建议共提出了三大粮食作物的 14 个大配方；在施肥分区上，根据区域生产布局、气候条件、栽培条件、地形和土壤条件确定了 5 个玉米大区、5 个小麦大区和 5 个水稻大区；在配方设计上，依据区域内土壤养分供应特征、作物需肥规律和肥效反应，结合"氮素总量控制、分期调控，磷肥衡量监控，钾肥肥效反应"的推荐施肥基本原则，提出了推荐配方和施肥建议。此外，为加强对秋冬季作物的科学施肥指导，提高肥料利用效率，促进作物增产、农民增收和农业可持续发展，专家组还根据秋冬季作物需肥特点，以测土配方施肥项目成果为主要依据，研究制定了《2013 年秋冬季主要作物科学施肥指导意见》，为各地秋冬季作物的科学施肥提供指导。据统计，通过开展测土配方施肥，三大粮食作物氮肥、磷肥和钾肥利用率分别达到 33%、24% 和 42%，比项目实施前（2005 年）分别提高了 5%、12% 和 10%。同时，化肥用量增幅出现下降趋势。2013 年全国化肥用量增长 1.3%，分别比 2012 年和 2005 年低 1.1% 和 1.5%。

为了进一步解决农业生产中化肥过量施用、盲目施用等问题，降低施肥成本和控制环境污染，提高肥料利用率，保障粮食等主要农产品有效供给，促进农业可持续发展，2015 年农业部制定了《到 2020 年化肥使用量零增长行动方案》，提出到 2020 年，实现化肥使用量零增长的目标。

党的十九大以后，为贯彻 2017 年中央农村工作会议、中央 1 号文件和全国农业工作会议精神，按照"一控两减三基本"的要求，深入开展化肥使用量零增长行动，加快推进农业绿色发展，2017 年 2 月 8 日农业部印发了《关于〈开展果菜茶有机肥替代化肥行动方案〉的通知》（农农发〔2017〕2号）（以下简称《通知》）和《开展果菜茶有机肥替代化肥行动方案》（以下简称《方案》）。《通知》要求各地结合本地实际，细化实施方案，强化责任落实，有力有序推进，确保取得实效。《方案》的行动目标具体为"一减二增"："一减"即化肥用量明显减少。到2020年，果菜茶优势产区化肥用量减少20%以上，果菜茶核心产区和知名品牌生产基地（园区）化肥用量减少50%以上。"二增"一是"产品品质明显提高"。要求到2020年，在果菜茶优势产区加快推进"三品一标"认证，创建一批地方特色突出、特性鲜明的区域公用品牌，推动品质指标大幅提高，100%符合食品安全国家标准或农产品质量安全行业标准。二是"土壤质量明显提升"。要求到2020年，优势产区果园土壤有机质含量达到1.2%或提高0.3个百分点以上，茶园土壤有机质含量达到1.2%或提高0.2个百分点以上，菜地土壤有机质含量稳定在2%以上。果园、茶园、菜地土壤贫瘠化、酸化、次生盐渍化等问题得到有效改善。

《方案》要求在以下四大作物重点实施有机肥替代化肥工作。苹果园区：在黄土高原苹果优势产区和渤海湾苹果优势产区推广"有机肥＋配方肥""果—沼—畜""有机肥＋水肥一体化"和"自然生草＋绿肥"4种技术模式。柑橘园区：在长江上中游柑橘带、赣南—湘南—桂北柑橘带、浙—闽—粤柑橘带推广"有机肥＋配方肥""果—沼—畜""有机肥＋水肥一体化"和"自然生草＋绿肥"4种技术模式。设施蔬菜种植区：在北方设施蔬菜集中产区推广"有机肥＋配方肥""菜—沼—畜""有机肥＋水肥一体化""秸秆生物反应堆"4种技术模式。茶叶园区：在长江中下游名优绿茶重点区域、长江上中游特色和出口绿茶重点区域、西南红茶和特种茶重点区域、东南沿海优质乌龙茶重点区域推广"有机肥＋配方肥""茶—沼—畜""有机肥＋水肥一体化""有机肥＋机械深施"4种技术模式。《方案》要求，要建立100个"替代"模式重点县，力争用3～5年时间，初步建立起有机肥替代化肥的组织方式和政策体系，集成推广有机肥替代化肥的生产技术模式，构建果菜茶有机肥替代化肥的长效机制。

《方案》提出，要通过以上行动，支持有机肥的生产和使用。要提升种植与养殖结合水平、有机肥施用技术与配套设施水平、标准化生产与品牌创建水平以及主体培育与绿色产品供给水平。同时，引导农民利用畜禽粪便等畜禽养殖废弃物积造施用有机肥、加工施用商品有机肥；推广堆肥还田、商品有机肥施用、沼渣沼液还田、自然生草覆盖等技术模式，推进有机肥替代化肥。

（二）我国绿肥的发展概况

绿肥是我国传统的有机肥源，在我国具有悠久的种植和使用历史。纵观其演变和发展过程，大致经历了以下4个阶段：

1. 绿肥利用萌芽阶段

包括从西周至春秋战国时期（公元前1066—前211年），主要是利用锄除杂草肥田。《诗经·周颂》有"荼蓼朽止、黍稷茂止"的记载。《礼记·月令》记载"土润溽暑，大雨时行，烧薙行水，利以杀草，如以热汤，可以粪田畴，可以美土疆"。战国《荀子·富国》记载有"掩田表亩，刺草殖谷，多粪肥田，农夫众庶之事也"。西汉《氾胜之书》（公元前32年—前7年）中提出了"须草生至可耕时，有雨即种。土相亲，苗独生，草秽烂，皆成良田"。这均是绿肥利用萌芽阶段的证据，为以后绿肥生产与利用奠定了基础。

2. 绿肥栽培利用阶段

我国现存最早记载绿肥栽培与利用的书籍是3世纪西晋时期郭义恭所著的《广志》。公元前129年，张骞出使西域时带回了苜蓿。《史记》记载有："马嗜苜蓿，汉使取其实来，于是天子始种苜蓿"，后汉时崔寔《四民月令》中有苜蓿刈刍茭的记述，证明在3世纪以前我们的祖先就开创了栽培绿肥的生产体系。郭义恭写作《广志》时，栽培绿肥利用已经普遍。《广志》记载："苕，草色青黄，紫华……稻下种之，蔓延殷盛，可以美田，叶可食。"至今，我国南方目前依然有大面积的使用苕子作稻田冬绿肥。绿肥栽培与利用的诞生揭开了我国肥料史上新的一页。

3. 绿肥学科体系初建阶段

魏、晋、南北朝时期（386—534年），绿肥已广泛栽培，迅速发展，在农业生产中有了十分重要的地位。如后魏，规定每对夫妇可授田120亩（相当于现在的102亩），耕地面积增加，肥料必须增加，而当时战争频繁，畜牧业很难发展，有机肥料有限，必须寻求新的肥料来源。长期的农业生产实践认识到绿肥栽培利用是解决肥源的有效途径，绿肥由此被广泛利用。绿肥种植日趋广泛，绿肥种类日益增多，利用范围随之扩展。于是，绿肥生产问题亟须明确，迫切需要开展绿肥科学试验工作，以建立绿肥科学体系。当时伟大的农业科学家贾思勰在《齐民要术》中系统地总结了绿肥的栽培利用经验和一些技术理论问题，从而创立了绿肥学科体系。

4. 绿肥生产向广度和深度发展阶段

唐、宋、元、明、清时代，绿肥使用技术广泛传播，《齐民要术》中的原则和技术进一步发挥，绿肥栽培种类和面积都迅速发展。如，元代王祯《农书》上载有苗粪（指用一般豆类禾谷类作物充作绿肥）、草粪（指栽培的绿肥作物）两种肥料。明代徐光启《农政全书》中指出："苗粪如蚕豆、大麦皆好；草粪如翘尧（紫云英）、蔽苕，江南皆特种以壅田，非野草也……苜蓿亦壅田。"明代《天工开物》记载："南方稻田，有种肥田麦者，不粪麦实。当春小麦、大麦青青之时掩杀田中，蒸罨土性，秋收稻谷必加倍也。"明代《法天生意》中指出："绿豆、赤豆之属，候苗开花结荚，犁入地胜于着粪。"清代《补农书》中指出："以梅豆（蚕豆）壅田，力最长而不损苗。"清代《抚郡农产考略》中有萝卜作绿肥的记载："叶青花白、杆直上长二尺三、四寸，较大者稍高。萝卜有大小两种，大者为蔬菜，小者专为肥田之用。"清代《象山县志》中也记有："草子，拌牛猪骨灰，于八九月间开垦种塍。"清代《德阳县志》说："酝苕作粪，宜趁开花之时，翻覆田中方妙。如果迟至结实枯槁时，肥效就差了。"清光绪末年《农学报》中有"温属各邑农人，多蓄萍以壅田"的记述。民国年间，我国南方大量种植绿肥，至 20 世纪 40 年代，我国绿肥种植面积大约在 2000 万亩（1 亩≈666.7 m^2，下同）。这个时期的绿肥种类主要有紫云英、毛叶苕子、田菁、柽麻、箭筈豌豆、草木樨等。

中华人民共和国建立后，在过去绿肥栽培利用的基础上，我国绿肥生产与科研进一步发展，大致经历了三个阶段：

（1）生产繁荣、科研经验累积阶段　这一时期经历了大约 30 年。在这一时期里，绿肥作为当家肥源，为保障我国粮食安全起到了重要作用。绿肥科研工作阶段性特征十分明显：20 世纪 50 年代是绿肥科研和生产发展起步阶段，主要是如何将绿肥纳入种植制度；60 年代是绿肥迅速发展阶段，主要是突破栽培技术难关；60 年代进入绿肥发展高峰，种植面积发展很快，是我国绿肥种植的鼎盛时期。1955 年，陈华癸系统总结了稻田的绿肥耕作制，对绿肥科研提出了建设性意见，顾荣申提出了各地较为适宜的绿肥种类。为应对全国绿肥生产需求，1963 年农业部组建了全国绿肥试验网，各地加快绿肥模式构建与经验总结，华东、华北、东北和西北、中南和西南均大力发展绿肥。绿肥在水田、棉田、盐碱地等各类农田中得到广泛应用。"磷肥治标，绿肥治本"的中低产稻田改良策略应用迅速扩展，在 20 世纪 70 年代达到顶峰。在国家粮食安全对肥源需求大、化学肥料工业尚不发达的背景下，全国绿肥生产取得了历史上的最大发展，绿肥面积最高时达到约 1300 万 hm^2，全国涌现了一批绿肥面积超 66.7 万 hm^2 的省份。还提出了以磷增氮、以田养田、以山养田、以水养田等绿肥管理实践。

（2）生产萧条、科研先活跃后停滞阶段 20 世纪 80 年代至 21 世纪初的 20 多年里，化肥工业迅速崛起，农作物养分供应几乎完全依赖化肥；农业承包责任制全面实施，绿肥生产的空间多被粮棉油及其他经济作物取代；加之绿肥没有明显的直接经济效益，全国绿肥生产跌入低谷，种植面积下降至 200 万 hm^2。而此时期的绿肥科研则相对系统，并且取得了较好的成效。先后开展了中国绿肥区划、绿肥品种资源收集整理和编目、不同农区绿肥种植利用方式和效益、经济林园覆盖绿肥种植和利用、绿肥对土壤有机质积累的影响及其有效条件等协作研究，鉴定了我国不同农区绿肥种植利用和效益、果园覆盖绿肥的种植和利用等科技成果，开辟了绿肥种植和利用的新途径，对促进绿肥科研和生产起到了积极的推动作用。20 世纪 90 年代后，开展了绿肥纳入农作制度提高经济效益研究和技术开发、绿肥在高效施肥体系中的地位及配套技术、农区绿肥饲草种植利用最佳模式及经济效益、多用途经济型绿肥品种资源筛选和开发等协作研究，明确各区域绿肥适宜发展模式和效益提升途径，构建饲用等多种新途径，获得一批具有兼用或多用功能的绿肥资源，为后来的绿肥科研提供了重要借鉴和参考。

（3）生产回升、科研快速恢复阶段 进入 21 世纪后，长期大量化学品投入，导致了我国农业农村的资源环境压力加大、面源污染严重等问题更显凸出，生产与生态不协调、经济与环境效益不统一、经济发展与农产品质量不匹配等矛盾普遍存在，国家及全社会对环境健康、农产品健康关注度高涨，绿肥获得了恢复性发展机遇。2006 年开始，国家启动了包括绿肥种植补贴在内的土壤有机质提升补贴试点，推动了绿肥生产的迅速回升。江西、浙江、江苏、福建、湖南、贵州等省也先后出台了绿肥种植补贴政策，全国补贴绿肥种植面积超过 66.7 万 hm^2。绿肥科研从种质资源的整理与创新、生产利用技术及方式的创新研究、不同生态区及不同种植制度中的生产利用技术集成等方面开展了全国联合协作研究，同时积极探索绿肥产业化和强化绿肥产学研队伍建设，在资源整理、技术进步、机制解析、试验示范、人才培养等方面取得了明显成效，夯实了绿肥科研基础。

（三）微生物肥料的发展概况

微生物肥料亦称为生物肥料，是指一类含有活的微生物，应用于农业生产中，能获得特定肥料效应的生物制品。在这种效应的产生中，生物肥料中活的微生物起关键作用，如果没有活性微生物，则不能称之为微生物肥料，微生物肥料通过生命活动，促进土壤中的物质转化，改善作物的营养条件，刺激和调控作物的生长，防治作物的病虫害，从而达到增产、提质、增收的目的。

微生物肥料的发展起始于 19 世纪后期的微生物固氮功能和豆科根瘤菌的发现以及根瘤菌接种剂的研制成功。1885 年，Berthelot 通过盆栽试验，首次发现微生物可以固定空气中的氮素，转化成植物可吸收利用的土壤氮；1888 年，荷兰科学家 Beijerink 从豌豆根瘤中分离出第一个具有固氮功能的固氮根瘤菌，从而开创了豆科植物共生固氮的研究。1889 年波兰学者 Wski 将纯培养的根瘤菌接种到豆科植物上，形成根瘤。1895年，美国科学家 Nobbe 和 Hitner 首次研发出世界上最早的微生物肥料"Nitragen"根瘤菌接种剂专利产品，从此微生物肥料逐渐进入人们的视线。1901 年，荷兰学者别依林克从运河水中发现并分离出自生固氮菌。20 世纪 30～40 年代，美国、澳大利亚等国开始根瘤菌接种剂（根瘤菌肥料）的研究和试用。

进入 20 世纪后，科学家进一步先后发现并分离出解磷、解钾细菌等单一营养型微生物。1935 年，苏联学者蒙基娜从土壤中分离出一种解磷的巨大芽孢杆菌，能够有效提高土壤的含磷量，最多可达到 42%；1958年，Sperber 等发现不同土壤中解磷微生物的数量有很大的差异，大部出现在植物根际土壤中；1962 年，Kobus 发现解磷菌在土壤中的数量受土壤结构、有机质含量、土壤类型、土壤肥力、耕作方式和措施等因素的影响。

20 世纪 70 年代中期，固氮螺菌与禾本科作物联合共生的研究取得进展，许多国家将其作为接种剂使用；80 年代中期，又从多年生甘蔗根中分离出固氮效率较高的内生固氮菌。20 世纪 80 年代，加拿大筛选出高效溶解无机磷的青霉菌，并制成产品（Jumstart），产品的应用遍及加拿大西部。20 世纪 80 年代以来，国外生物肥料已经进入复合微生物肥料的研究和应用阶段，即由多种微生物组成的复合微生物肥料产品，如美国的"生物一号"，日本的"EM"等。目前，西方发达国家微生物肥料的使用率已占到其国家肥料施用量的 20% 以上。目前国际上已有 70 多个国家生产、应用和推广使用生物肥料。2017 年，孟山都和诺维信公司组建的生物农业联盟推出 2 款新产品：一种为玉米微生物种衣剂，其活性成分为土壤中的一种真菌，该真菌在玉米植株的根部周围生长，帮助植株提升吸收土壤营养的效率；另一种产品则可促进土壤中有益微生物的生长，帮助大豆植株的营养吸收，改善大豆植株的健康状况。近年来，随着生物技术及分子生物学的不断发展，对不同菌种抗逆及促生机制的持续探索，新型促生菌不断涌现，不同菌种组合的复合型生物菌肥正在探索当中，为微生物肥料取代化学肥料提供可能。

我国对微生物肥料的研究起始于 20 世纪 30 年代。东北农业大学张宪武率先对大豆根瘤菌接种技术进行研究，他从我国东北各地土壤样本中分离到 130 个固氮菌菌株并推广 150 万 hm^2，使当时大豆平均增产 10% 以上；1944 年，华中农业大学陈华癸院士等开始对紫云英根瘤菌的研究，发现并报道了有效根瘤和无效根瘤的研究结果。

中华人民共和国成立后，张宪武、陈华癸、樊庆笙等老一辈科学家积极带领并推动根瘤菌研究与应用，引进和选育了一批优良的大豆和玉米根瘤菌菌株，在东北和华北地区大面积应用，取得了显著成效。20 世纪 50 年代，我国从苏联引进自生固氮菌、磷细菌和硅酸盐细菌剂，称为细菌肥料。60 年代，我国大力推广使用放线菌制成的"五四〇六"抗生菌肥和固氮蓝绿藻肥。70～80 年代开始研究丛枝菌根的部分真菌与植物根形成的共生体系，以改善植物磷素营养条件和提高水分利用率。80 年代中期至 90 年代初期，农业生产中应用联合固氮菌和生物钾肥作为拌种剂，如刘荣昌等研发出以肺炎克氏杆菌为有效菌的固氮菌肥和以胶冻样芽孢杆菌为有效菌的生物钾肥；许景钢研发出土壤磷素活化剂，其产品特点是成分为单一的营养菌，主要通过利用微生物特性来提高土壤中主要营养元素的含量和有效性。

1989 年，南京农业大学黄为一教授等提出了将有机肥、微生物肥和化肥复配的"大三元复合微生物肥料"概念，并研发出产品。1991 年，陈廷伟等与海南某公司联合研发出微生物菌剂、化肥和微量元素三元复配的"三维强力肥"，并获中国发明专利和国家级新产品证书，由此标志着我国微生物肥料发展进入复合微生物肥料的新阶段。

20 世纪 90 年代以来，中国农业大学陈文新院士团队对中国根瘤菌资源进行了广泛调查、采样和研究，建立了国际上根瘤菌数量和宿主种类最多的根瘤菌资源库，夯实了我国根瘤菌研发推广应用的基础。到目前为止，众多生物肥料研制单位相继推出联合固氮菌肥、硅酸盐菌剂、光合细菌菌剂、PGPR 制剂和有机物料（秸秆）腐熟剂等适应农业发展需求的一系列新品种。

20 世纪 90 年代中期，农业部设立微生物肥料检测中心，开始了微生物肥料国家标准和行业标准的制定，以引导微生物肥料行业走上标准化和规范化的轨道，推动微生物肥料行业的繁荣和发展。至今，我国的微生物肥料标准框架基本建成。构建了由通用标准、使用菌种安全标准、产品标准、方法标准和技术规程 5 个层面 27 个标准组成的我国微生物肥料标准体系，其中国标 4 个，农业行标 23 个，实现了标准内涵从数量评价为主到质量数量兼顾的转变，将菌种的功能性指标、酶活性指标和内源活性物质指标等纳入标准中；确定了微生物肥料使用菌种和产品安全性评价的主要技术参数及指标，安全分级目录收录的菌种从 40 种增加至110 多种。这将促进产品质量安全的提高，推动我国微生物肥料行业的快速健康发展。产品标准覆盖了市场上的主体产品，覆盖率超过 80%，目前市场上的产品种类有 11 个，除土壤环境修复菌剂外，其余 10 类产品均有相应的产品标准。生物肥料产品标识和生产技术规程正在行业中推广应用，包括包装材料的种类、规格、标识和使用说明，禁止使用有误导内容及行业管理中禁用的产品名称和内容。

进入 21 世纪后，逐渐由功能单一的菌肥发展为复合型菌肥，陆续出现了基因工程菌肥、作基肥、有机无机复合菌肥、生物有机肥及菌粉型微生物接种剂肥料等。近年来，国家通过各种措施推动了微生物肥料的应用与发展，在颁布实施的《生物产业发展规划》中，将微生物肥料纳入"农用生物制品发展行动计划"；2015 年原农业部制定了《到 2020 年化肥使用量零增长行动方案》，明确"有机肥替代化肥"的技术路径；近年又提出"一控两减三基本"的目标，力争实现农药化肥的零增长，微生物肥料的作用将越来越凸显。在此背景下，我国微生物肥料产业迎来了迅猛发展的黄金时期，截止到 2018 年 12 月我国已有微生物肥料企业2050 家，产能达 3000 万 t，登记产品 6528 个，产值 400 亿元，标志着微生物肥料产业已经形成并不断成熟。

三、肥料在农业生产和生态环境保护中的作用

（一）肥料与农作物生产

肥料是作物的粮食，施肥作为农业增产措施已有千年以上的历史，

但是科学的植物营养理论的建立以及在这一理论指导下的施肥实践还不过 200 年的时间。目前的施肥包括肥料品种和施肥技术与科学合理还有很大距离。肥料与植物产品、饲料与动物产品、食物与人类生存是紧密相连的三个不同层次，其中肥料是基础。没有充足的肥料，作物产量就难以提高，动物没有足够的饲料，也就生产不出大量的畜禽产品，人类也就得不到足够的优质食物。因此，在一定程度上也可以说肥料是人类赖以生存的基础。据联合国粮农组织的资料，占世界人口一半以上的人们所需能量的 90% 和所需蛋白质的 80% 仍将从谷物和其他植物性食物中获得。发展中国家粮食总产量的增加，近 75% 是通过提高单位面积产量而得到的。而在提高单位面积产量的诸多因素中，化肥所占的比重为 50% 以上。根据我国对农家肥与化肥的投入总量及比例和粮食产量关系的研究表明，1949 年肥料养分投入总量为 429 万 t，其中化肥占 0.1%；1975 年肥料养分投入总量为 1063 万 t，其中化肥占 33.6%；1985 年肥料养分投入总量为 3157 万 t，其中化肥的比例占 56.3%；至 1995 年肥料养分投入总量达到 5300 万 t，化肥的比例已占到 67.8%。化肥占肥料养分投入总量的比重逐渐提高。由化肥投入量与作物产量的资料也可以看出，随着化肥用量的增加，作物产量得到明显的提高。根据我国大量试验资料统计，每生产 100 kg 经济产量，作物吸收氮、磷、钾的数量。尽管土壤通过风化作用和其他自然过程会释放出一些养分，但事实上土壤释放的养分只能满足作物需要的 40%～60%，其余要靠施肥来解决，在肥料中有 60%～80% 是依靠化肥来解决的。由此可见，在农业生产中，化肥功不可没。

但是，化肥的使用也确实存在很多问题。从我国具体的农业生产实践看，按纯养分计我国化肥施用量由 1984 年的 1740 万 t 到 1994 年增加到 3318 万 t，化肥用量增加了 90.7%。；而粮食总产量由 1984 年的 40731 万 t 到 1994 年总产 44510 万 t，粮食仅增加了 9.3%。由氮（N）、磷（P_2O_5）、钾（K_2O）的比例看，日本为 1∶1.1∶0.89，西欧为 1∶0.45∶0.50，美国为 1∶0.40∶0.48，加拿大为 1∶0.53∶0.32，而我国为 1∶0.45∶0.17。由氮（N）与钾（K_2O）的比值（N/K_2O）看：世界平均为 4.0，发达国家为 2.0，发展中国家（中国除外）为 4.0，而我国为 18.0。由此可以看出肥料养分投入的不平衡。在肥料的投向方面，沿海省、市（福建、广东、江苏、上海、浙江）平均每亩肥料养分投入量为 50.7 kg，粮食平均每亩产 315 kg，每千克养分可以生产 6.2 kg 谷物；内陆地区

（甘肃、黑龙江、青海、内蒙古、西藏）平均每亩肥料养分投入量为8.4 kg，粮食平均产量每亩306.6 kg，平均每千克养分生产谷物36.5 kg。肥料的投入量，沿海地区比内陆地区多6倍，而每千克养分的产量（效益）沿海地区只相当于内陆地区的1/6。此外，化肥对地下水的污染、化肥与土壤肥力等的关系日益引起人们的关注。化肥的利与弊以及在农业生产中的历史和未来地位，确实需要进行客观的评价和全面衡量。关键是如何科学地使用化肥，以兴利避害。

（二）肥料与绿色食品生产

自1990年我国提出绿色食品的概念，倡导生产绿色食品以来，已有30余年的历史。除国家大力宣传倡导外，现已形成一套完整的生产和管理体系，进行组织推广和实施。绿色食品是一个完整的质量控制的系统工程，将农学、生态学、环境科学、营养学、卫生学等学科的原理运用到食品的生产、加工、储运、销售以及相关的教育、科研等环节，从而形成一个完整的无公害、无污染的优质食品的产供销及管理系统，是"从土地到餐桌"的全程质量控制。此外，农业部2000年3月2日发布了《绿色食品标准》（NY/T391—394），规定了《绿色食品　产地环境技术条件》（NY/T391—2000）、《绿色食品　食品添加剂使用准则》（NY/T392—2000）、《绿色食品　农药使用准测》（NY/T393—2000）、《绿色食品　肥料使用准则》（NY/T394—2000）。并于2000年4月1日实施。在肥料使用准则中规定，AA级绿色食品生产过程中不使用化学合成肥料；禁止使用城市垃圾和污泥、医院的粪便、垃圾和有害物质（如毒气、病原微生物、重金属）的垃圾。A级绿色食品限量使用限定的化学合成生产资料，禁止使用硝态氮肥料，"化肥必须与有机肥配合施用，有机氮与无机氮之比不超过1∶1……（厩肥作基肥，尿素可作基肥和追肥用）"（NY/T394—2000，5.2.2）。由此可见，绿色食品生产中对化肥的使用提出了诸多限制，其主要目的在于维护生态环境和控制农产品中对人体有害成分的含量。

绿色食品的生产是保护环境、维护人体健康的必然，也是对农业生产提出的更高要求。发达国家在此前提下均已提出了对农业生产的类似要求。在英语国家称为有机农业，在北欧的非英语国家称为生态农业，德国称为生物农业，日本称为自然农业。我国提出绿色食品的概念也是在质量上与世界接轨，用国际标准规范我国农业产品的重要举措。由于绿色食品是一种高档次的食品，对化肥及不同化肥品种和用量作出明确的限制，在产量上必然受到一定影响。因此，无论在我国还是国外均不可能使所有食品百分之百地达到"绿色"。此外，随着植物营养学的深入研究、新型肥料的研制和施肥方式的改进，克服化肥使用不当对环境和产品质量带来的不利影响，化肥在农业生产中仍将占有重要地位，在未来绿色食品生产中也将占有其应有的位置。

（三）施肥与土壤肥力保育及其可持续利用

土壤肥力是对土壤养分贮存（养分总量）、养分供应能力（有效养分）和土壤物理性状的综合描述。长期以来，人们认为施用化肥将引起土壤板结、肥力退化，不过这种说法非常不全面。由于我国化肥的使用是由氮肥的硫酸铵开始起步，硫酸铵施入土壤后，由于作物对铵离子吸收量明显大于硫酸根离子，硫酸根离子残留在土壤中。硫酸根离子与土壤中的钙形成硫酸钙，硫酸钙在土壤中积累引起了土壤板结，在北方石灰性土壤由于碳酸钙含量高，板结现象更为严重。但是，目前在农业生产中氮肥已大部分使用尿素和碳酸氢铵，尿素和碳酸氢铵的成分构成都是氮、氢、氧、碳，在土壤中转化成铵被植物利用，余下的部分是二氧化碳和水，二氧化碳和水是不会引起土壤板结的。所以，笼统地认为化肥使土壤板结是不确切的，应该明确地说是硫酸铵引起土壤板结。

此外，笼统地认为化肥降低了土壤肥力也是不恰当的。根据我国对4个农作区23个长期肥料定位试验的资料统计，单纯施用化肥，土壤中的有机质和氮、磷、钾含量并未降低。但是，只用氮、磷、钾化肥和农家肥，而不施微量元素肥料，土壤中微量元素的含量会明显降低。据中国农科院土壤肥料研究所在河北辛集进行的长期肥料定位试验结果，经13年的连续试验，单施化肥并未使土壤的物理性状恶化。施用化肥与不施肥相比，施用化肥后作物根系生长旺盛，地上部分收获后土壤中保留了较多的根茬，根茬在土壤中逐年积累，从而使土壤疏松、单位土体的重量（容重）减轻、土壤结构改善。但是，化肥与农家肥配合施用对土壤物理性状的改善明显优于单纯施用化肥。

（四）肥料与土壤污染及农业生态环境保护

在氮、磷、钾化肥中，磷在土壤中移动很小，施入土壤中的磷肥很容易被土壤吸附；钾肥在土壤中移动性虽然很强，但钾对环境和人体的危害不大，所以化肥对水体的污染主要是氮肥。在各种氮肥中，硫酸铵、硝酸铵、碳酸氢铵、尿素等在土壤中经过微生物活动，大部分转化为硝态氮被作物吸收利用。但是硝态氮不易被土壤吸附，很容易在土壤中移动，随降水（雨或雪）和灌溉而移动，通过地表径流汇入河川湖泊，通过渗漏进入地下水，造成地下水硝态氮含量增加，从而导致地下水污染。据对京津唐地区 69 个乡镇地下水、饮用水取样分析，硝酸盐含量超过饮用水标准的有半数以上。另据对太湖流域苏、浙两省一市 16 个县内 76 个饮用井水的调查，硝态氮超标率 38.2%，亚硝态氮的超标率为 57.9%。这些地下水、饮用水硝酸盐严重超标的地区正是氮肥施用量过多的地区。

由于氮肥用量的增加，作物体内硝酸盐含量也相应增加。此外，在氮（N）施用量相同的条件下，不同氮肥品种对蔬菜硝酸盐含量的影响也不相同。据对山东省寿光市 16 个蔬菜大棚施肥量的调查，平均每亩施氮（N）量 120.28 kg、施磷（P_2O_5）64.58 kg、施钾（K_2O）49.33 kg，远远超出了蔬菜的需肥量。过量施肥不仅造成蔬菜品质下降，而且也导致了土壤的次生盐渍化。

因此，化肥，尤其是氮素化肥，在一定程度上对环境和作物产品带来不利的影响。据统计，我国农田养分投入和产出平衡的状况，投入的化肥氮利用率以 50% 计（包括后效），磷肥利用率按 70% 计算（包括后效），农家肥和钾肥利用率按 100% 计算。剩余的大量氮素对环境造成直接的威胁，而土壤中积累的磷素对环境构成潜在的威胁。

化肥大量的盲目投入土壤，造成环境污染是不可否认的事实。但是，对环境污染的更大威胁来自工业废水。这些工业废水中氮、磷、钾的含量相当高。据计算，每千克废水中含氮（N）91600～117100 mg、磷（P_2O_5）45000 mg、钾（K_2O）47600 mg。1 mg 氮（N）相当 3.28 mg 亚硝酸盐或相当于 4.42 mg 硝酸盐，则每千克废水中含硝酸盐 404872～517582 mg，其硝酸盐含量相当于被化肥污染水体（硝酸盐含量以 100 mg/kg 计）硝酸盐含量的 4000～5000 倍。由此可见，工业废水对环境的污染同样是一个非常严重的问题。

化肥在全国农田中普遍施用，所以化肥污染是面源污染；而工业废水污染是以某一个企业工厂为中心，向四周扩散，所以工业污染是点源污染。面源污染通过地表径流和地下水汇集到江河湖泊，点源污染通过排污和地下水汇入江河湖泊。无论是点源污染还是面源污染，最后都对江河湖泊构成威胁。因此，忽视化肥对环境的污染是不正确的，而把环境污染主要归罪于化肥也是不正确的。

（五）肥效与肥害

作物不同生育时期对营养元素的种类、数量和比例要求不尽相同。

但是，在作物生长发育过程中，常有这样一个时期，即对某种营养成分要求的绝对数量虽然不多，如果在这个时期这种养分不足，将影响作物以后的发育，即使以后再供给这种养分或采取其他补救措施，也难以纠正或弥补损失。这个时期叫作作物营养的临界期。作物营养的临界期多出现在作物发育的转折时期。如种子萌发出苗初期，主要依靠种子中储存的营养，当种子储存的营养消耗殆尽，开始依靠根系吸收营养时，这个由依靠种子供应营养转变为依靠根系吸收营养的转变时期就是作物营养的一个临界期。所以苗期是施用速效化肥的重要时期。此外，不同养分临界期的出现并不完全相同。大多数作物磷的营养临界期出现在生长初期，氮的营养临界期较晚。在作物的生长发育过程中，还有一个时期肥料的营养效果最好，称为作物营养的最大效率期。此时期一般出现在作物生长发育的旺盛时期。这个时期根系吸收养分的能力特强，植株生长迅速。在作物营养最大效率期施肥，增产效果十分明显。由此可见，作物的营养最大效率期与营养临界期同等重要，都是作物营养的关键时期。保证这两个时期有足够的养分供应，对提高作物产量具有重要意义。

施肥的目的是为了增产，但是盲目增加施肥量往往适得其反。研究表明，作物对肥料的吸收利用有一定的限度，当缺乏营养时施肥可以明显增加产量，在一定范围内产量的增加随施肥量的增加而增加；增加到一定程度后再增加施肥量，产量并不相应增加；如果再增加施肥量，产量还会下降。这种现象被称为肥害。肥害不仅导致作物减产，农业生产效益下降，还造成农业生态环境污染，甚至危害人们身体健康，后果非常严重。农作物发生肥害的主要原因是由于农作物根部根毛表皮细胞溶液浓度低于根部周围的土壤溶液浓度，导致细胞内水分向细胞外扩散，形成反渗透作用，使细胞原生质失水与细胞壁分离，引起细胞干枯，停止生命活动，导致植株凋萎死亡。若施肥浓度过大，特别是干旱天气施肥浓度过大，容易导致土壤溶液浓度大于根细胞液的浓度，使细胞失水发生细胞质、壁分离，从而使茎叶凋萎，特别是农作物苗期阶段，细胞液浓度更低，在施肥浓度过大时，更易产生肥害。由此可见，肥害的根本原因就是由于施肥不当造成的。在农业生产实践中，肥害普遍发生，表现五花八门。依据其发生原因，有如下种种表现：一是脱水型肥害：即由于一次施用化肥过多或施用浓度过大或土壤水分不足，施肥后，土壤内肥料浓度大，引起作物细胞内水分反渗透，造成作物脱水，往往使作物出现萎蔫，像霜打或开水烫的一样，轻者影响作物正常生长发育，重者造成死亡。二是烧伤型肥害：如在气温比较高的情况下施用碳铵化肥，容易产生大量氨气，烧伤作物叶片，轻者作物下部叶尖发黄，重者全株赤黄枯死。又如在旱育苗床施尿素或其他速效性化肥时，盖上农膜，膜上的露珠因肥料浓度大，滴于稻苗叶片上，滴一点便形成一个烧伤似的叶斑。三是毒害型肥害：有些化肥如石灰氮，如果直接施用，会在土壤中转化，分解过程中产生有毒物质，毒害作物根部。又如在水稻田施用过量的硫酸铵后，稻根会因硫化氢毒害变黑，引起作物受害乃至死亡。肥料中缩二脲、游离酸、三氯乙醛（酸）和重金属元素含量控制不当，同样会引起蔬菜肥害。这些有害物质在植物体内累积致害，伤害根系，破坏植物健康。用尿素作种肥或拌种，因尿素是高浓度肥料，又含有一定量的缩二脲，与种子接触后会影响其发芽，乃至使其丧失发芽力。又如过磷酸钙拌种用量过多，也会影响种子发芽。四是盐分积累型肥害：由于施肥量大，土壤中可溶性盐分聚集在地表。地表盐分含量高，导致根系生长严重受阻，有的地块甚至无法耕种。主要表现为植株矮化，叶色黑绿有硬化感，心叶卷曲，嫩叶及花萼部位有干尖现象，根变褐色以至枯死，果实生长缓慢，受害严重的植株甚至会出现萎蔫、枯萎。五是气体毒害型肥害：主要指氨气、二氧化氮和二氧化硫气体对作物造成的毒害。例如，氮肥、有机肥等都会挥发出氨气，特别是在气温低、土壤碱性的环境中更甚。当氨气浓度达到一定量时，蔬菜地上部分会发生急性伤害，叶肉组织崩坏，叶绿素解体，叶脉间出现点或块状黑褐色伤斑，严重时造成全株枯死。再如，当地温较低、土壤通透性差时，过量施用氮肥后，氮肥硝化过程会受阻，亚硝酸态氮在土壤中大量积累，遇上酸性土壤的话，亚硝酸气体则会大量溢出。亚硝酸害主要危害叶片，叶片上形成很多白色坏死斑点，严重的斑点连片或枯焦，或者叶尖或叶缘先黄化，后向中间扩展，病部发白后干枯。还有，当大棚内施用大量生饼肥、有机粪肥后，由于温度较高，在腐解过程中会产生大量硫化氢，硫化氢在空气中进一步氧化生成二氧化硫。二氧化硫气体由气孔进入叶片，再溶解浸润到细胞壁的水分中，使叶肉组织失去膨压而萎蔫，产生水渍斑，最后变成白色，在叶片上出现界限分明的点状或块状坏死斑，严重时斑点可连接成片，造成全部叶片枯黄。因此，我们必须采取科学合理的施肥技术手段，保证作物产量接近最高产量而又不致发生肥害。

四、绿色有机肥的发展对策

前已述及，绿色有机肥是指不仅具有特定的培肥土壤、促进农作物生长和高产优质，还对环境和农作物无污染，保证环境清洁和农产品安全的一类有机肥。它既符合农业节本增效，高效发展的要求，更符合资源节约、环境友好、绿色发展的新理念，是今后肥料发展的新方向。我们必须不断完善其内涵，加快其生产、推广应用和管理的力度，使之成为保证农业可持续发展、作物高产优质以及农业生态环境安全的重要技术手段。

首先，通过肥料制造新技术、新手段的研发应用，不断完善绿色有机肥的功能内涵。包括功能拓展或功效提高，如除了提供作物养分外，还通过添加具有保水功能的保水剂和具有防病功能的农药等新型材料增加肥料的保水、抗寒、抗旱、杀虫、防病、促长、改善品质等功能。外观形态多样，改善肥料的使用效能，如除了固体肥料外，根据不同材料和使用对象等要求生产出液体肥料、气体肥料、膏状肥料等。转变或更新施用方式方法，提高施肥效益；除直接提供作物养分外，通过在肥料中添加某些微生物制剂，如接种 VA 菌根、解磷细菌、解钾细菌等，可提高土壤中养分的有效性，以间接提供作物养分。

其次，要加快新问世的绿色有机肥肥料标准的制定和公布实施速度。随着我国政府对绿色有机肥生产和应用的重视以及各种优惠政策的制定实施，各种绿色有机肥制造企业快速发展，绿色有机肥新品种层出不穷，纷纷走向社会，进入市场。为保证新肥料品种质量和使用效果，相应管理部门要及时组织专家制定相应的质量标准，以防止粗制滥造、以次充好、以假乱真和损害农民利益。

第三，农业、环保、化工等部门要定期派遣专业技术人员加强对农民积制农家肥以及绿肥种植和使用的技术指导。绿色有机肥不仅包括工厂化生产的各种商品有机肥，还包括大量的农民利用堆肥技术生产的农家肥以及种植的各种绿肥作物，相关部门必须加强这方面的技术指导，包括举办各种形式的培训班、技术人员上门指导、印发各种技术资料等。要把这项工作纳入政府相关部门的日常工作和考核指标，使这些肥料成为真正的绿色有机肥，既促进农作物高产优质、培肥土壤，又不破坏农村生产生活环境，造福社会，服务人民。

第四，农业、环保、质检、化工等行政管理部门要加强行政执法检查，严厉打击肥料生产企业粗制滥造、以次充好、以假乱真、哄抬物价等坑农现象，如发现上述问题，应严加惩处。

第二章　作物施肥概论

第一节　植物的营养成分

植物从外界环境中吸收生长发育所需的营养物质，以维持生命活动的作用称营养。植物体所需的化学元素称营养元素。1939 年阿诺·斯吐特确定了植物体的化学元素有 70 余种，其中不少对植物有直接或间接的营养作用。

一、植物生长的必需营养元素

健全的植物体内含有几十种元素，但作为植物必需的营养元素只有少数。作为植物必需的营养元素，必须要具备三个标准：①该元素对所有植物的生长发育是不可缺少的。缺少这种元素植物就不能完成其生活周期（即由种子萌发到开花结实，又形成种子的过程）。②缺乏这种元素后，植物会表现出特有的症状，其他任何一种化学元素均不能代替其作用，只有补充这种元素后症状才能减轻或消失。③这种元素必须是直接参与植物的新陈代谢，对植物起直接的营养作用，而不是改善环境的间接作用。综合这 3 条标准才能被确定为是植物必需的营养元素。

根据植物学家多年的研究表明，植物必需的营养元素有 16 种：碳（C）、氢（H）、氧（O）、氮（N）、磷（P）、钾（K）、钙（Ca）、镁（Mg）、硫（S）、铁（Fe）、锰（Mn）、铜（Cu）、锌（Zn）、硼（B）、钼（Mo）、氯（Cl）。各必需植物营养元素在植物体内的含量差别很大，一般根据植物体内含量的多少而划分为大量营养元素、中量营养元素和微量营养元素。大量营养元素一般占植物干物质重量的 5g/kg 以上，它们是碳、氢、氧、氮、磷、钾 6 种；中量营养元素的平均含量一般占植物干物质重量的 1～5 g/kg，它们是钙、镁和硫共 3 种；微量营养元素的含量一般在 1g/kg 以下，最低的只有 0.1 mg/kg，它们是铁（Fe）、锰（Mn）、铜（Cu）、锌（Zn）、钼（Mo）、硼（B）、氯（Cl）等7种。其实，大量、中量与微量没有严格的界限，随着环境的变化，微量元素含量可超过大量元素含量。这就是由著名的植物营养学家李比希先生在170多年以前创立并经后人不断丰富的化学植物营养学理论，是当今植物营养学和土壤肥料学的主流学说。

但是，最近10多年来，李瑞波先生通过对传统植物营养学理论的深入剖析和对大量的实践调研后认为，把碳元素与其他5种大量营养元素归为一类不妥。首先，植物体内碳元素含量远大于其他全部必需营养元素的总和。其次，碳元素在植物体内发挥着其他必需营养元素不可替代的功能，既是植物体的基本结构元素，又是植物新陈代谢所需能量的来源。据此，他认为，必须把碳元素单独列为一类，叫作植物营养的基础元素。

二、植物必需营养元素的主要生理功能

尽管植物对各种营养元素的需要量不一样，但各种营养元素在植物的生命代谢中各自有不同的生理功能，相互间是同等重要和不可代替的。了解各种元素的生理功能对于科学施肥、实现优质高产具有重要的意义。

（一）碳、氢、氧

碳、氢、氧3种元素在植物体内含量最多，占植物干重的90%以上，是植物有机体的主要组成，它们以各种碳水化合物，如纤维素、半纤维素和果胶质等形式存在，是细胞壁的组成物质。它们还可以构成植物体内的活性物质，如某些纤维素和植物激素。它们也是糖、脂肪、酸类化合物的组成成分。此外，氢和氧在植物体内生物氧化还原过程中也起到很重要的作用。由于碳、氢、氧主要来自空气中的二氧化碳和水，供应充足，因此一般不考虑肥料的施用问题。但塑料大棚和温室要考虑施用 CO_2 肥，但需注意 CO_2 的浓度应控制在 0.1% 以下为好。

（二）大量元素养分——氮、磷、钾

1. 氮

氮是植物体内许多重要有机化合物的成分，在多方面影响着植物的代谢过程和生长发育。氮是蛋白质的主要成分，是植物细胞原生质组成中的基本物质，也是植物生命活动的基础。没有氮就没有生命现象。氮是叶绿素的组成成分，又是核酸的组成成分，植物体内各种生物酶也含有氮。此外，氮还是一些维生素（如维生素 B_1、维生素 B_2、维生素 B_6

等）和生物碱（如烟碱、茶碱）的成分。由于土壤中氮的供应不足，所以我们常需施氮肥，尤其随着高产、优产工程的进行，我们更应注意氮肥的施用。

2. 磷

磷是植物体内许多有机化合物的组成成分，又以多种方式参与植物体内的各种代谢过程，在植物生长发育中起着重要的作用。磷是核酸的主要组成部分，核酸存在于细胞核和原生质中，对植物生长发育和代谢过程都极为重要，是细胞分裂和根系生长不可缺少的。磷是磷脂的组成元素，是生物膜的重要组成部分。磷还是其他重要磷化合物的组成成分，如腺苷三磷酸（ATP），各种脱氢酶、氨基转移酶等。磷具有提高植物的抗逆性和适应外界环境条件的能力。

3. 钾

钾不是植物体内有机化合物的成分，主要呈离子状态存在于植物细胞液中。它是多种酶的活化剂，在代谢过程中起着重要作用，不仅可促进光合作用，还可以促进氮代谢，提高植物对氮的吸收和利用。钾调节细胞的渗透压，调节植物生长和经济用水，增强植物的抗不良因素（旱、寒、病害、盐碱、倒伏）的能力。钾还可以改善农产品品质。

（三）中量元素养分——钙、镁、硫

1. 钙

植物含钙量为 $2.0\sim10.0$ g/kg，不同植物含钙量差异很大。一般双子叶植物含钙量高于单子叶植物，双子叶植物中又以豆科植物含钙量最高。含钙量高的植物有三叶草、豌豆、花生和蔬菜中的甘蓝、番茄、黄瓜、甜椒、胡萝卜、洋葱、马铃薯以及烟草等。钙对植物的生理功能如下：①以果胶酸钙的形态构成植物细胞壁的中胶层，使细胞与细胞能联结起来形成组织，并使植物器官或个体具有一定的机械强度。缺钙引起染色体不正常。②中和植物体内代谢过程产生的过多且有毒的有机酸，特别是钙与草酸结合形成不溶性的草酸钙而消除有机酸的毒害。③钙是植物体内一些酶的组分与活化剂，如钙是 α-淀粉酶的组分，三磷酸腺苷酶中也含有钙等。④钙有助于细胞膜的稳定性，促进植物对钾离子（K^+）的吸收，延缓细胞衰老。此外，钙还能减低原生质胶体的分散度，使原生质的黏性加强，与钙离子配合，调节原生质的正常活动，使细胞的冲水度、黏性、弹性及渗透性等维持在正常的生理状态，从而有利于作物的正常代谢。钙还能消除某些离子，如 H^+、Al^{3+}、Na^+ 过多的毒害。

2. 镁

植物含镁量因植物不同而差异较大。一般农作物含镁量为 $1\sim6$ g/kg。通常豆科作物比禾本科作物含镁量高，块根作物镁的吸收量通常是禾本科作物的 2 倍。大田作物的花生、芝麻、谷子，经济作物的棉花、甜菜、烟草、油棕榈、咖啡、香蕉、菠萝以及蔬菜中的马铃薯、番茄都是需要镁较多的作物。镁对作物的生理功能如下：①镁是叶绿素的组分，是叶绿素分子中唯一的金属元素。叶绿素是植物光合作用的核心，植物缺镁，叶绿素必然减少，外观出现缺绿症，光合作用减弱，糖类、蛋白质、脂肪的合成受到影响。②镁是多种酶的活化剂。已见报道的由镁所活化的酶有 30 多种，镁还参与其中一些酶，如丙酮酸激酶、腺苷激酶、焦磷酸酶的构成。在呼吸作用的糖酵解过程中需要磷酸葡萄糖变位酶、磷酸己糖激酶、磷酸果糖激酶、磷酸甘油激酶等的参与，而这些酶都需要镁作活化剂。③镁是聚核糖体的必要成分。适量的镁能稳定核糖体的结构，而核糖体是蛋白质合成所必需的基本单元，缺镁能抑制蛋白质的合成。镁还能促进作物体内维生素 A、维生素 C 的形成，从而提高果树、蔬菜的品质。

3. 硫

硫是组成植物生命的基础物质——蛋白质、核酸不可缺少的元素。作物需硫量大致与磷相当，因此，硫被认为是植物第四大营养元素。一般说来，植物含硫平均为 0.2% 左右，植株含硫量的多少视土壤硫素供应水平和生长环境条件不同而变化。禾本科作物如水稻、小麦、玉米等含量低于 0.2%，而油菜、甜菜、萝卜、蚕豆、豌豆、烟草含硫较高，一般大于 0.2%。硫的主要生理功能如下：①硫是含硫氨基酸的组分。硫化氢（H_2S）能与丙酮酸结合而参与半胱氨酸、胱氨酸、蛋氨酸等分子的构成，都是合成蛋白质的重要氨基酸。缺硫时蛋白质形成受阻碍，非蛋白质氮积累而导致生育障碍。②参与硫胺素、生物素、辅酶 A 及铁氧还原等的组成与代谢活动。③硫是一些酶的组分，如磷酸甘油醛脱氢酶、脂肪酶、氨基转移酶、脲酶及木瓜蛋白酶等都含有硫。硫营养不足时，碳水化合物含量增加，还原糖减少，植物体内柠檬酸代谢受阻，蛋白质减少；同时，可溶性糖、酰胺态氮、硝态氮增加，游离氨基酸中精氨酸增加；蛋白质中甲硫氨酸降低；豆科植物根瘤减少。

（四）微量元素养分——铁、锰、铜、锌、硼、钼、氯

1. 铁

铁是作物体内一些酶的组分。由于它常居于某些重要氧化还原酶结构上的活性部位，起着电子传递的作用，对于催化碳水化合物、脂肪和蛋白质等的代谢中的氧化还原反应，有着重要影响。因此，铁与碳、氮代谢的关系十分密切。①铁有利于叶绿素的形成。铁虽然不是叶绿素分子的组分，但铁对叶绿素的形成是必需的。缺铁时，叶绿体的片层结构发生很大变化，严重时甚至使叶绿体发生崩解，可见铁对叶绿体的形成是必不可少的。缺铁时，叶绿素的形成受到影响，叶片发生失绿现象，严重时叶片变成灰白色，尤其是新生叶更易出现这类失绿症状。铁与叶绿素之间的这种密切联系进而影响光合作用和碳水化合物的形成。②铁促进氮素代谢。与铜一样，铁在硝态氮还原成铵态氮的过程中起着促进作用。缺铁时，亚硝酸还原酶和次亚硝酸还原酶的活性显著降低，从而使这一还原过程变得相当缓慢，蛋白质的合成和氮素代谢受到一定影响。铁还是固氮系统中铁氧还蛋白的重要组分，对于生物固氮具有重要作用。③铁与作物体内的氧化还原过程关系密切。铁是一些重要的氧化-还原酶催化部分的组分。在作物体内，铁与血红蛋白有关，铁存在于血红蛋白的电子转移键上，在催化氧化还原反应中铁可以成为氧化或还原的形态，即铁能增加或减少一个电子。因此，铁就成为一些氧化酶或非血红蛋白酶（如黄素蛋白酶）的重要组分。④铁能增强作物的抗病力，保证作物的铁素营养，可增强作物的抗病力。如用氧化铁溶液处理冬黑麦种子，提高了植株对锈病的抗性。施铁肥能使大麦和燕麦对黑穗病的感染率显著降低。铁盐还可大大增强柠檬对真菌病的抗性。

2. 锰

锰在作物体内的生理功能有以下几个方面：①增强光合作用。锰是叶绿体的成分，是维持叶绿体结构所必需的微量元素。锰在叶绿体中直接参与光合作用过程中水的光解，是电子转移的传递体。如果作物体内锰素不足，会引起叶片失绿，使光合作用减弱，锰素供应充足，能减少正午阳光对光合作用的抑制，从而使光合作用得以正常进行，有利于作物体内的碳素同化过程。②调节体内氧化还原状况。锰是三羧酸循环中许多酶的成分，而三羧酸循环是作物体内的一切代谢过程的中心。锰与铁一起可以调节作物体内的氧化还原作用，提高作物的呼吸强度，当作物吸收硝态氮时，锰起还原作用，而在作物吸收铵态氮时，又起氧化作

用。由此可见，锰在这些氧化还原过程中担当着催化剂的角色。③促进氮素代谢。锰是作物体内羟胺还原酶的组分，参与硝酸还原过程。缺锰时，硝态氮的还原受阻，叶片中游离氨基酸有所积累，并影响蛋白质的合成。研究表明，小麦施锰，能增加籽粒中含氮量和蛋白质成分中的麦胶蛋白质含量。豆科作物施锰，根瘤的数目和大小均有增长，根瘤菌的固氮能力增强，根的重量和土壤含氮量均有提高，表明锰素对作物体内的氮素代谢有着显著的影响。④有利于作物生长发育。锰有促进种子发芽，幼苗早期生长，促进开花，增加花数的作用。锰是氧化还原酶、水解酶与转化酶等的活化剂。在锰素的影响下，不仅对胚芽鞘的延伸有刺激作用，而且加强种子萌发时淀粉和蛋白质的水解过程，使单糖和氨基酸的含量提高。锰能加速同化作用，促进蔗糖从叶部向根部和其他器官的转移，为作物各部位及时提供充足的碳素营养和能量，从而促进作物的生长发育。锰还能抑制铁过多的毒害作用。棉花施锰可减轻蕾花脱落，防止早衰，增加霜前花。⑤降低作物病害。缺锰时，作物易感染某些病害，锰充足，可以增强作物对某些病害的抗性。施锰可以大大降低大麦和黑麦对黑穗病的感染率，提高马铃薯对晚疫病、甜菜对立枯病和黑斑病的抗性。锰肥作种肥施用，可以减轻亚麻对立枯病、炭疽病和细菌病的感染。用高锰酸钾溶液处理冬黑麦种子，可提高冬黑麦对锈病的抵抗力。

3. 铜

铜在作物中的生理作用大多与酶的活性有关。铜在作物体内与蛋白质结合构成多种含铜的蛋白酶，缺铜时直接影响铜蛋白酶所催化的生化反应，影响作物的正常代谢。铜的生理作用，按其活化的酶种类可分为以下几种：①铜是叶绿体中类脂的成分，对叶绿素的合成和稳定起促进作用。作物缺铜，叶绿素含量减少。②作物的呼吸作用和氧化磷酸化过程中重要的酶，如多酚氧化酶、维生素 C 氧化酶、细胞色素氧化酶等都是含铜酶。所以，铜在作物的碳素代谢中起着重要作用。③铜作为亚硝酸还原酶和次亚硝酸还原酶的活化剂，参与作物体内硝酸还原过程，铜也是胺氧化酶的还原剂，起催化氧化脱胺作用，影响蛋白质的合成。在作物生殖生长过程中，铜能促进营养器官中的含氮化合物向生殖器官转运。缺铜会影响花粉受精和种子的形成，造成"花而不实"。④在脂肪代谢中，脂肪酸的去饱和作用和羟基化作用都需要含铜的酶起催化作用。由于铜在作物的主要物质代谢过程中起主要作用，所以，施铜可以明显改善作物生长状况，达到高产的目的。⑤铜在木质素合成中起着重要作用。作物缺铜会导致木质素合成受阻，厚壁组织和输导组织发育不良，支持组织软化，作物体内水分运输恶化。铜可促进作物细胞壁的木质素和聚合物合成，从而增加植株抵抗病原侵入的能力。此外，施铜可增强作物的抗逆性。铜对真菌性和细菌性病害具有防治效果。甘薯施铜可以提高整个生育期及储存期对疫病的抗性，减轻细菌病、普通疮痂病、粉痂病和丝核病的感染，连续 2 年施铜，储藏块茎细菌性软腐病得到有效控制。施用铜肥还可显著降低菜豆炭疽病、番茄褐斑病、棉花和麻类立枯病、炭疽病及细菌的感染率。铜可提高细胞液的黏滞性，降低透性，增加蛋白质和核蛋白的亲水胶体含量，降低植物的凋萎系数，增强抗寒性和抗旱性。

4. 锌

自 1926 年证实锌是作物正常生长发育所必需的微量营养元素以来，世界各国科学家对锌在作物体内的生理作用做了多方面的研究，发现锌有以下几方面的生理作用。①锌是一些酶和辅酶的组分。酶是一种具有催化活性的蛋白质，对作物体内物质的水解、氧化还原及蛋白质、淀粉的合成起着重要作用。研究证明，锌是一些脱氢酶、蛋白酶和肽酶，包括碳酸酐酶、黄素酶、二肽酶、谷氨酸脱氢酶、苹果酸脱氢酶、乙醇脱氢酶、L-乳酸脱氢酶、D-乳酸脱氢酶、D-3 磷酸甘油醛脱氢酶、D-乳酸细胞色素 C 还原酶和醛缩酶等必不可少的组分。最早证实含锌的金属酶是碳酸酐酶，它的活性与作物体内含锌量呈平行的关系，缺锌使碳酸酐酶活性降低。这种酶在作物体内分布很广，主要存在于叶绿体中。它能催化二氧化碳的水合作用，使二氧化碳进入作物体内，形成重碳酸盐和氢离子，促进光合作用中二氧化碳的固定。②参与作物体内生长素吲哚乙酸的合成过程。吲哚乙酸是作物自身合成的一种生长素。锌参与吲哚和丝氨酸合成色氨酸的过程。而色氨酸是吲哚乙酸的前身。作物缺锌时生长素含量下降，导致生长发育出现停滞状态，叶片变小，节间缩短，形成小叶簇生等症状。③以某种方式影响叶绿体的形成。禾谷类作物缺锌时，叶片维管束鞘细胞中叶绿体的数目明显减少，叶绿体的片层结构遭到破坏。因此，降低了作物光合作用强度和干物质积累。④与作物碳、氮代谢的关系密切。在缺锌情况下，作物体内总氮量变化不大，但氨基酸态氮的含量增加，蛋白质态氮的含量下降，说明蛋白质的合成受到影响。缺锌作物中大量积累 α-酮戊二酸，α-酮戊二酸是形成糖类化合物和蛋白质的中间体。α-酮戊二酸与胺结合形成氨基酸和蛋白质，与碳氢化合物结合形成糖和淀粉。α-酮戊二酸的大量积累，既影响了蛋白质的生成，也影响了淀粉的生成。⑤锌是稳定细胞核糖体的必要成分。锌是稳定细胞核糖体的必要成分，作物缺锌则使核糖核酸和核糖体减少。⑥对生殖器官的影响。在缺锌情况下，番茄花蕾呈长椭圆形，萼片表皮毛稀少。随着花蕾的生长，花药生长停滞，花药长度只相当于正常花药的1/3左右，花柱和子房比正常植物稍粗壮，但花蕾不能开放，且开始脱落，并且花药中不能形成正常的花粉粒。此外，锌在某种程度上能稳定作物的呼吸作用，提高抗逆性，锌还能调节作物对磷的吸收和利用。缺锌时，作物对磷的利用减少，导致体内无机磷大量积累。

5. 硼

硼在作物体内的生理作用大致有以下几个方面：①硼参与作物体内糖的运输与代谢。缺硼时，作物体内的碳水化合物代谢发生混乱，作物叶中糖累积而茎中糖减少，表明糖的运输受阻。缺硼时糖类物质不能运输至生长点，引起生长点死亡。在有硼的情况下，有利于糖穿过细胞膜的运输。②硼与作物体内生长素合成或利用有关。虽然还没有证实硼在生长素代谢中起某种特别的作用，但是芳基硼酸对根的生长肯定有促进作用。硼还能间接控制作物体内吲哚乙酸的活性及含量，保持其促进生长的生理浓度。缺硼时会产生过量的生长素，抑制根系的生长。硼能抑制吲哚乙酸活性，因而有利于花芽的分化。③硼影响作物体内细胞伸长和分裂。这主要与硼影响核酸的含量有关，也与果胶的合成有关。硼和核糖核酸（RNA）的代谢有关，缺硼时核糖核酸明显降低，植株组织中果胶物质显著减少，而纤维素含量增加，细胞壁具有异样结构，韧皮部薄壁细胞和一般薄壁细胞壁增厚，使这些组织易于撕裂。木质素形成受阻，木质素含量下降。而硼能促进作物根中木质素的形成。④硼与6-磷酸葡萄糖络合，抑制6-磷酸葡萄糖脱氢酶的活性。缺硼时，6-磷酸葡萄糖脱氢酶的活性增强，导致含酚化合物的积累，这些化合物的积累同作物组织出现的褐色坏死有关。作物缺硼时，出现顶芽褐腐病、根心腐病等。⑤硼对作物生殖器官建成和发育有影响。缺硼时，作物的生殖器官及开花结实受到影响，不能形成或形成不正常的花器官，表现为花药和花粉萎缩，花粉管形成困难，妨碍受精作用，甚至生殖器官受到严重破坏，花粉粒发育不能正常进行，形成"花而不实"等现象。硼能促进D-半乳糖的形成和L-阿拉伯糖转入花粉管薄膜果胶部分的数量，促进花粉萌发，有利于花粉管的生长。⑥硼与豆科作物根瘤菌的固氮作用有关。缺硼时，根瘤生长不良，甚至无固氮能力，作物的生长也受到限制。

6. 钼

钼是已知作物必需的微量营养元素中需要量较少的一种。其主要生理功能如下：①促进氮素代谢。作物将硝态氮吸入体内后，首先必须在硝酸还原酶等的作用下，转化成铵态氮以后，才能参与蛋白质的合成。而钼是参与这一转化过程的硝酸还原酶的不可缺少的成分。因此，缺钼时硝酸还原反应受阻，植株叶片内硝酸盐大量积累，给蛋白质的合成带来困难。②参与根瘤菌的固氮作用。生物固氮是由固氮酶催化的。固氮酶包括钼铁氧还蛋白和铁氧还蛋白两种，只有两者结合时才具有固氮能力。而钼是钼铁氧还蛋白的必需成分，它在其中起电子传递体的作用。因此，钼对于豆科作物具有特别重要的意义。③钼与维生素 C 的形成有关。作物缺钼时，体内维生素 C 的浓度显著减少，补充钼肥后，维生素 C 的浓度显著上升，并在数天后恢复正常。④钼与作物的磷代谢有密切关系。钼酸盐影响正磷酸盐和焦磷酸酯类的化学水解作用，进而影响到有机磷和无机磷的比例。缺钼时，番茄叶片的无机磷浓度比正常叶片高 4～10 倍，喷钼 2～4 d 后，其有机磷含量开始恢复。⑤参与碳水化合物的代谢过程。缺钼会引起光合作用水平降低，糖的含量特别是还原糖的含量降低，由此证明钼参与碳水化合物的代谢过程。⑥钼是一些酶的活化剂和抑制剂。钼能促进过氧化氢酶、过氧化物酶和多酚氧化酶的活性，是酸式磷酸酶的专用抑制剂。

7. 氯

氯离子在植物体内起着各种生理学作用，主要表现在电荷平衡与渗透调节两方面：在气孔开放过程中，K^+ 向保卫细胞内流时，Cl^+ 作为 K^+ 的反离子，也向保卫细胞内转移，降低保卫细胞水势，促进保卫细胞吸水，引起气孔张开，因而促进 CO_2 吸收及光合作用。缺氯时，叶缘易萎蔫，叶面积减少。

三、植物的有益元素

除上述植物生长必需的 16 种营养元素外，还有一些矿质元素，它们对植物生长有刺激作用，但不是必需的，或只对某些植物种类或在特定条件下是必需的，这些元素被称为有益元素。如钠（Na^+），对某些盐土植物（如盐蓬）是必需的；硅（Si）是水稻生长所必需的；钴（Co）是豆科植物产生固氮所必需的。另外，如镍（Ni）、硒（Se）、铝（Al）对某些植物也有一定的有益作用。试验证明，在一些作物上施用钛（Ti）肥和稀土也有一定的增产效果。随着科学技术的发展，还会发现更多的有益元素。植物对以上营养元素的吸收是通过根和叶从土壤中和空气中吸收的。

（一）硅素

据研究，硅对农作物具有如下生理功能：①提高作物的光合作用，从而提高作物产量。吸入水稻体内的硅，大部分累积在角质层下面的表皮细胞中，形成"角质-硅质双层"（表皮细胞的硅化），形成硅化细胞，使茎硬叶挺，开展度小，茎叶间夹角减小，光透射比率增大，叶片的厚度增加，寿命延长，从而提高了农作物叶面同化 CO_2 的能力，尤其是下部叶片，从而提高稻谷产量。②增强作物抵抗病虫害的能力。由于硅化细胞的形成使作物表层细胞壁加厚，角质层增加，从而增强对病虫害的抵抗能力，特别是对稻瘟病、叶斑病、茎腐病和白叶枯病、小麦白粉病、锈病以及稻飞虱、螟虫、蚜虫等病虫害的抵抗能力增强。③提高作物抗倒伏和根系氧化能力。硅素能增强植株基部茎秆强度，使作物导管的刚性增强，增强植物内部通气性，从而增强根系的氧化能力和呼吸率，防止根系早衰和腐烂，从而增强作物的抗倒伏能力。④增强作物的抗旱、抗寒能力。作物中的硅化细胞能够有效地调节叶面气孔开闭及水分蒸腾。因此，增强了作物抗旱、抗干热风、抗寒及抗低温的能力。⑤活化土壤中的磷和提高磷肥利用率。通过对铁、锰沉淀，与钙的结合以及与磷酸根竞争阴离子吸附位点，施硅能降低土壤对磷的固定，从而提高生物有效性磷的含量，尤其在不施磷处理中施硅对作物的增产更明显。⑥减轻 Fe^{2+}、Mn^{2+} 以及一些重金属的毒害。硅肥能增强水稻体内的通气组织，有较多的氧输送到根部，提高根系氧化力，使 Fe^{2+}、Mn^{2+} 被氧化并沉积在根系表面，降低了根际土壤溶液中 Fe^{2+}、Mn^{2+} 的浓度，从而降低水稻对 Fe^{2+}、Mn^{2+} 的吸收。同时，硅能促使锰在叶片中分布均匀，防止其局部过浓而引起氧化锰（MnO_2）的褐色斑点，或是硅与重金属在植物体内形成"硅-重金属"共沉淀，从而增强植物组织内部耐过量锰或重金属的能力。⑦改良土壤。硅肥中含有较多的钙、镁和一定量的微量营养元素，对作物起着营养均衡供应和复合营养的作用。硅肥能够改良红壤和黄壤已是不争的事实，并且硅肥能防治重金属元素对农业土壤的污染，同时硅可提高作物耐铝毒、耐镉毒和耐盐害的能力。

（二）稀土元素

稀土元素（代号 RE）是一个沿用下来的历史名称，它是一族金属元素的总称，即位于化学元素周期表中原子序数为 57~71 的镧系元素。包括镧（La）、铈（Ce）、镨（Pr）、钕（Nd）、钷（Pm）、钐（Sm）、铕（Eu）、钆（Gd）、铽（Tb）、镝（Dy）、钬（Ho）、铒（Er）、铥（Tm）、镱（Yb）、镥（Lu）以及和镧系元素化学性质相似的钪（Sc）和钇（Y）共 17 种元素，统称为稀土元素。前 7 个为轻稀土元素，又称铈组，后 10 个为重稀土元素，又称钇组。据研究，稀土元素有如下主要生理功能：①促进植物生长发育。促进种子萌发、促进幼苗及植株生长、改善作物经济产量性状及产品品质。②促进植物根系发育。促进生根及根系生长、增强根系活力、促进根系对养分的吸收。③促进植物光合作用。提高叶绿素含量、提高光合面积和光合势、提高光合速率、促进光合产物向经济产量部分运转。④提高植物生理活性。促进氮素吸收和硝态氮还原、促进硝酸还原酶、淀粉酶、脂肪酶、脱氢酶、超氧化物歧化酶（SOD）及过氧化物酶（POD）等一系列酶的活性。⑤促进植物体内物质代谢，增强植物的抗寒、抗旱、抗高温干热、抗盐碱、抗病等抗逆性。

（三）钠

植物体中钠的平均含量大约是干物重的 0.1%，是含钾量的 1/10。不同种类的植物含钠量变化很大。根据植物对钠的不同反应，人们将植物分为喜钠植物和嫌钠植物两类。典型的喜钠植物有甜菜、澳洲囊状盐蓬、三色苋、滨藜和蓝藻等，它们在缺钠时会产生典型的缺素症状。然而，许多栽培作物在钠多时会出现毒害现象。钠对植物有如下营养功能：①刺激植物生长。对于一部分具有 C_4 光合途径和景天酸代谢（CAM）途径的植物种类来说，钠是必需的微量元素。已发现在许多作物上钠对植物生长具有刺激作用，而且植物种类之间、同种植物的不同基因型之间对钠的反应都存在差异。②调节渗透压。钠对于许多盐土植物都有明显的生长效应。这里钠不是作为微量营养元素对生长产生刺激作用，而是作为一种渗透调节物质调节植物渗透压，以适应高盐环境。③影响植物水分平衡与细胞伸展。钠与钾同样能增加液泡中的溶质势，产生膨压而促进细胞的伸长。在液泡中钠的累积优先于钾，当以累积钠为主时，植物形态上的变化有如下特征：叶片面积和厚度、单位叶面积储水量和肉质性都有所增加，呈现出多汁性，这些变化是耐盐植物的典型特征。同时，钠的供应还能增加单位叶面积的气孔数。高钠供应刺激盐生植物生长的一个主要原因是通过良好的渗透调节机制，并且在水分胁迫条件下，这种变化可以减缓植物叶片水势的进一步降低，有利于缓解干旱胁迫。在水分供应有限或者介质中水的有效性突然降低时，供钠植株比供钾的植株气孔关闭快，而当水分胁迫解除后，供钠植株的气孔开放得晚。由于钠对气孔的这种调节作用，从而改善了植物的水分平衡。即使在干旱或在盐土条件下，供钠植株叶片的相对含水量也仍然保持在较高的水平上，具有明显的抗旱功能。④代替钾行使营养功能的作用。某些植物在供钾不足时，钠可在一定程度上替代钾的功能。钠取代钾的程度因植物的种类而异。根据植物对钠的反应不同以及钠、钾之间的互换关系，可将植物分为以下 4 类：a. 钠可替代植物体内大部分钾。属于这一类植物的有糖用甜菜、食用甜菜、萝卜、芜菁和许多 C_4 草本植物。b. 钠可替代植物体内少部分钾。钠对这类植物的生长有一定的刺激作用，例如甘蓝、萝卜属、棉花、豌豆、菠菜、亚麻和小麦。c. 钠可替代植物体内极少量钾。钠对这类植物的生长无明显的刺激作用，如狗尾草属、水稻、大麦、燕麦、番茄、马铃薯、黑麦草等。d. 钠完全不能替代植物体内钾，如玉米、黑麦、大豆、菜豆、莴苣和猫尾草等。

（四）钴

植物含钴量因土壤类型、环境条件和植物种类与品系不同而变化。通常植物体含钴量的范围为 0.02～0.5 mg/kg，但不同种类植物之间钴的含量差异很大，豆科植物需要并累积较多的钴，平均为 0.24～0.52 mg/kg；禾本科植物只有 0.08～0.26 mg/kg；粗饲料和牧草含钴量通常为 0.1～0.5 mg/kg。一般而言，禾本科植物含钴量变异较小，豆科植物变异较大，野生种与栽培种植物之间差异更大。有些植物具有富集钴的作用，如紫云英、华东楤叶树和野百合等。钴对植物的营养功能如下：①参与豆科植物根瘤固氮。钴是钴胺素辅酶的金属组分。钴在钴胺素（维生素 B_{12}）中类似于铁血红素中的铁，位于卟啉结构的中心与四个氮原子相螯合。在根瘤菌中有 3 种专性的酶系统，它们是甲硫氨酸合成酶、核糖核苷酸还原酶和甲基丙二酰辅酶 A 变位酶。这些酶依赖于钴胺素，钴诱导其活性变化。在缺钴的条件下，这 3 种酶的活性下降，并导致相应的生化作用受阻，致使蛋白质的合成速率下降、细胞分裂受抑制、豆血红蛋白的合成降低，因此固氮率明显下降。②刺激植物生长。钴具有促进茎、芽和胚芽鞘伸长的作用。这是由于低浓度的钴可以抑制植物体内乙烯的生物合成。当乙烯合成减少后，它对细胞分裂素和生长素的抑制作用就会降低，因此认为钴对植物体生长有一定的调控作用。③稳定叶绿体。钴具有稳定叶绿体膜上脂蛋白复合体的功能。因此，在矫正缺钴后，大麦植株单位叶面积上叶绿体的数目、表面积和色素含量均有所增加，从而促进了光合作用，提高了籽粒产量。

（五）镍

大多数植物体的营养器官镍含量一般为 $0.05 \sim 10$ mg/kg，平均 1.10 mg/kg。不同植物种类之间镍的含量差异很大。某些植物具有累积镍的特点，根据其累积程度不同可分为两类：第一类为镍超累积型植物，主要是野生植物，其体内镍的含量超过 1000 mg/kg；第二类为镍累积型植物，其中包括野生的和栽培的植物，主要有紫草科、十字花科、桃金娘科、豆科和石竹科的某些种类。镍对植物的营养功能如下：①有利于种子发芽和幼苗生长。低浓度的镍能刺激许多植物的种子发芽和幼苗生长，如小麦、豌豆、蓖麻、白羽扇豆、大豆、水稻等。微量镍不仅能促进植物生长，而且能明显增加植物的光合速率，促进植物体内叶绿素、胡萝卜素等的合成，增加过氧化氢酶等多种酶的活性。②催化尿素降解。在生物系统中，镍是维持许多酶活性必需的金属成分。在这些酶中，Ni 与 N-配位体、O-配位体（如脲酶），S-配位体（如氢化酶中半胱氨酸残体）或 N-配位体结合形成四面体结构。在高等植物中，脲酶是目前已知的唯一一个含 Ni 的酶，脲酶的作用是催化尿素水解为氨和二氧化碳。脲酶普遍存在于高等植物、细菌、真菌和藻类中。不同种类脲酶的含镍量不同。镍对于脲酶维持构型与发挥功能是必需的。研究发现，通过 EDTA 处理钝化的脲酶，在加入镍后可恢复活性，在一定范围内其活性恢复的程度与添加镍的数量呈直线相关。如果土壤施用尿素过多而镍不足时，脲酶活性降低，导致体内尿素过量累积会致叶片异常甚至坏死。即使高等植物不以尿素为氮源，代谢过程中体内也可能累积尿素，因此也需要适量的镍以促使尿素分解。研究表明，植物体内存在着合成尿素的各种途径。由此可见，镍参与催化尿素降解具有普遍的生理生化意义。此外，镍还可能参与固氮作用和保护硝酸还原酶的作用。③防治某些病害。低浓度的镍可以激发紫花苜蓿叶片中过氧化物酶和抗坏血酸氧化酶的活性，促进微生物分泌的毒素降解和增强作物的抗病能力。研究表明，镍可降低 IAA 氧化酶活性而提高多酚氧化酶活性，间接影响酚类合成，并提高作物的抗病性，如低浓度镍能防治谷类作物的锈病、水稻叶枯病、棉花枯萎病等。

（六）硒

植物体的含硒量因植物种类不同而有很大变异，由每千克含量几千微克到每千克含量几千毫克。根据植物的含硒量将植物分为三类：第一类为高硒累积型植物。这类植物大多数为多年生深根植物，主要包括黄芪属、剑莎草属、金鸡菊属、长药芥属中的某些种。硒对这些植物的生长似乎是必需的。这些植物中的硒绝大部分以无机形态存在。高硒累积型植物能从土壤中吸收大量的硒，其含硒量明显高于一般植物，它们可以作为硒毒区的指示植物。第二类为亚硒累积型植物。主要有紫菀属、滨藜属、扁萼花属和黏胶葡属中的一些植物种。这些植物通常生长在硒有效性较高的土壤上，体内硒大部分以无机硒存在，少部分为有机硒。第三类为非硒累积型植物。它们是大多数食用植物、一部分杂草和禾本科植物。含硒量低于 30 mg/kg，这类植物中的硒主要与蛋白质结合，以有机态形式存在。大多数粮食作物和其他食用植物含硒量一般都比较低，平均含硒量在 0.01～1.00 mg/kg，对人类和动物均无毒害。在食用植物中，含硒量的大致趋势是油料作物＞豆类＞粮食＞蔬菜＞水果，其中，低等植物蘑菇含硒量高，其含量有时可以达到一般高等植物的 1000 倍。植物体的含硒量常因器官、部位、生育时期的不同而有变化。通常植物籽粒含硒量最高，其次是叶、茎、根，而且累积型植物新叶的含硒量大于老叶。植物体内的硒以无机态、有机态和挥发态 3 种形态存在。硒对植物的营养功能如下：①刺激植物生长。研究证明，低浓度的硒可不同程度地促进百合科、十字花科、豆科、禾本科等一些植物的种子萌发和幼苗生长，这主要是通过增强植物的光合作用，提高叶片的叶绿素含量和可溶性蛋白质含量而促进植物生长。②增强植物体的抗氧化作用。需氧生物体在正常生理代谢条件下产生的活性氧大部分可通过酶促作用还原成水，剩余的少部分活性氧及其衍生物必须得到及时清除，否则可能与生物大分子发生一系列反应而出现毒害，损伤细胞、组织及机体。通常生物体内存在着两种清除有害活性氧的系统，即酶促系统与非酶促的抗氧化系统。其中谷胱甘肽过氧化物酶（GSH-Px）即是高等植物体内的抗氧化剂，可以清除脂质过氧化作用的自由基。

（七）铝

植物体的含铝量通常为 20～200 mg/kg，不同植物种间有明显的差异。根据不同植物体内铝的含量将含铝量超过 0.1％的植物称为铝累积型植物，低于 200 mg/kg 含量的植物为非累积型植物。植物体的含铝量还因土壤条件的不同而有差异。在酸性土壤上生长的植物含铝量较高，而当土壤 pH 值上升后，由于土壤溶液铝的浓度下降，植物体的含铝量也有所下降。铝对植物的营养功能如下：①刺激植物生长。低浓度的铝能刺激多种植物的生长，原因之一是铝可防止过量铜、锰或磷的毒害。如浓度为 0.2～0.5 mg/kg 铝对非铝累积型植物，如水稻、玉米、棉花、甜菜、燕麦、豌豆、小麦等的生长都有促进作用。对一些铝累积型植物，即使含铝量再高也有刺激生长的作用。茶树是最耐铝的植物，当铝浓度高达 27 mg/kg 时，仍有促进生长的作用。②影响植物的颜色。对于铝累积型植物茶树与绣球而言，铝可以改变它们的颜色，例如使茶叶的绿色加深、绣球的花色由粉红色变成蓝色。③激活酶的作用。铝是抗坏血酸氧化酶的专性激活剂，也是某些酶的非专性激活剂。此外，适量的铝可以提高植物对干旱、霜冻与盐碱的抗性。

（八）钛

很早的研究结果就表明，在营养液培养条件下用 0.01～0.1 mg/L 的钛能使植物生长良好。后来国内外许多试验一致证明钛对植物生长确有刺激和促进作用，增产效果非常显著。因此，国内外学者一致认为，钛是植物的一种有益元素。钛对植物的有益作用主要表现在以下几方面：①增加叶片中叶绿素含量，提高光合效率。用钛制剂对小麦浸种或喷施，其叶片单位鲜重所含的叶绿素数量较对照分别提高 25.2% 和 11.4%，表明钛能促进光合色素的合成，有利于植物吸收更多的光能，为光合作用提供更充足的能量，并保证所吸收的光迅速有效地被利用，从而为作物干物质积累和产量提高奠定了良好的物质基础。②提高植物体内许多酶的活性。叶面喷施钛制剂能提高植物体内许多酶（如过氧化物酶、过氧化氢酶、固氮酶、硝酸还原酶）的活性，因而可以促进植物体内生理代谢作用和豆科作物固氮作用的旺盛进行，从而有利于作物增产。③促进植物对土壤中养分的吸收。有资料表明，植物喷施钛制剂后，对土壤中多种养分的吸收量增加。因为钛能促进植物根系生长，增加根量从而促进植物对土壤中养分的吸收。④提高作物的抗逆性。小麦浸种试验证实，其幼苗叶片单位鲜重所含类胡萝卜素含量比对照增加了 11.6%。钛促进类胡萝卜素的合成，有助于提高植物的抗逆性。因为类胡萝卜素尤其是 β-胡萝卜素，能保护受光激发的叶绿素免遭光氧化的破坏，并使光合膜免遭活性氧的破坏或降低其受损害的程度，使光合作用得以顺利进行。这对于处于强光、高温和干旱等不利生态环境的植物尤为重要。⑤促进作物早熟。试验结果表明，使用钛制剂对多种作物有明显促进早熟的作用。早熟的天数随作物品种及地区有所不同，大多数在 2～3 d，个别的可达 10～15 d。瓜果、蔬菜的早熟、早上市就意味高效益。⑥改善农作物品质。试验表明，使用钛制剂的作物不仅能增加产量，还能改善农产品品质，如提高小麦籽粒蛋白质含量、甜菜和瓜果的含糖率、瓜果的维生素 C 含量以及烟草的上等烟比例等，经济效益明显上升。

第二节　植物对养分的吸收及其影响因素

一、植物对养分的吸收

（一）植物根系对养分的吸收

1. 根系吸收养分的形态和部位

植物根系是植物吸收养分和水分的主要器官（距根尖 10 cm 以内，离根近吸收多），其次是茎叶。根系主要吸收离子态养分（Ca^{2+}、Mg^{2+}、K^+、NH_4^+），其次吸收分子态养分（尿素、氨基酸）。

根系吸收养分的过程一般包括以下四个过程，即养分由土体向根表的迁移；养分从根表进入根内自由空间，并在细胞膜外表面聚集；养分跨膜进入原生质体；养分由根部运输到地上部。

2. 养分向根系的迁移

（1）截获　养分在土壤中不经过迁移，而是在根系生长过程中，直接从与根系接触的土壤颗粒表面吸收养分。

（2）质流　蒸腾使根系吸水引起水流中所携带的养分向土壤要部流动的过程。质流方式迁移的距离较长，数量较多。

（3）扩散　由植物根系与根际外土体存在养分的浓度差或浓度梯度。养分沿着浓度梯度由土体向根表迁移的过程。迁移速度慢，距离也短。

养分到达根表后，通过主动吸收和被动吸收进入植物体内。因在根尖 10 cm 内吸收养分最多，故在施肥时种肥距种子 2～3 cm 或施在种子下，基肥施在根系分布密集处，追肥距根苗 6～10 cm，深 7～10 cm，这些都是为了保证养分离子迁移到根。

（二）作物根外器官对养分的吸收

通过作物茎叶供给作物养分，称根外追肥或根外营养。

1. 根外营养的特点

（1）直接供给作物营养　防止养分在土壤中的固定和转化如 N 的硝化和反硝化、磷的固定等。

（2）能及时满足作物的需要　养分转化比根快。根外追肥 1～2 d 见效；土壤施肥 4～5 d 见效。对缺素症状和快补营养及后期根弱脱肥有特效。

（3）促进根部营养，强株健体。

（4）节省肥料，经济效益高　根外追肥相当于土壤施肥的 10%～20%，成本低，对微量元素尤为重要，可防止土施不均或量大产生毒害。但根外追肥也有其局限性：肥效短暂，施肥总量有限，容易被雨水淋失，不能代替根部营养，根外追肥只是一种辅助措施。

2. 影响根外营养的因素

（1）矿质养分的种类　植物叶片对不同种类矿质养分的吸收速率是不同的。例如，叶片对钾的吸收速率依次为：氯化钾＞硝酸钾＞磷酸二氢钾；对氮的吸收速率为：尿素＞硝酸盐＞铵盐。

（2）矿质养分的浓度：大量元素＜5%；微量元素 0.01%～0.1%。禾本科作物 1.5%～2.0%；蔬菜 0.3%～1.5%、果树 0.5%。

（3）植物的叶片类型（单子叶和双子叶）　双子叶植物叶面积大，叶片角质层较薄，溶液中的养分易被吸收；而单子叶植物如水稻、谷子、麦类等，叶面积小，角质层厚，溶液中的养分不易被吸收。因此，对单子叶植物可以适当加大喷施浓度或增加喷施次数。

（4）叶片的吸附力　叶片对养分的吸附量与吸附能力与溶液在叶片上附着的时间长短有关。有些植物叶片的角质层较厚，很难吸附溶液；有些植物虽然能够吸附溶液，但吸附得很不均匀，也影响对养分的吸收效果。一般以下午施肥效果较好；加入具有表面活性物质的湿润剂，降低表面张力，也能增大叶面对养分的吸附力，明显提高肥效。

（三）作物吸收养分的特性

1. 作物吸收养分的选择性

植物对养分的吸收既有共性，也有个性。其共性是，植物对 16 种高等植物所必需的营养元素都需要吸收，也都能够吸收；其个性是，各种植物吸收养分的多少和能力有差别，如块根块茎类及烟草等作物需 K 多，豆科植物需 P、K 较多，而谷类及蔬菜需 N 较多，棉花、油菜等作物需硼较多。

2. 植物营养的连续性与阶段性

植物在其生长发育过程中，要连续不断地从外界吸收养分，以满足生命活动的需要，这就是植物营养的连续性。植物吸收养分的一般规律是前期缓慢，随时间推移逐步上升，达到最大点后又逐步下降。

植物在不同阶段对营养元素的种类、数量和比例等都有不同的要求，这种特性就是植物营养的阶段性。植物吸收养分的一般规律是：生长期前少中多后少。植物营养有两个关键时期，即植物营养临界期和植物营养最大效率期。

（1）植物营养临界期　植物对某种养分供应不足或过多，对于植物生长发育起着明显不良影响的时期。在营养临界期，植物对某种养分的需求的绝对数量虽然不多，但很迫切，若因某种养分缺乏、过多或比例不当而受到损失，即使在以后该养分供应正常也很难弥补。各种植物的营养临界期不完全相同，但多出现在植物生育前期。大多数植物氮素、磷素营养临界期多出现在幼苗期，或种子营养向土壤营养的转折期。水稻钾素的营养临界期则在分蘖初期和幼穗形成期。

（2）植物营养最大效率期　植物对某种养分能够发挥最大效能那段时间。这一段时间植物对某种养分的需求量和吸收量都是最多的。一般这一段时间，植物的生长发育最旺盛，吸收养分的能力最强，如能及时满足植物对养分的需求，其增产效果非常显著。大多数植物在植物营养生长和生殖生长并进时期。

二、影响植物吸收养分的外部环境条件

植物吸收养分是一种复杂的生理现象，植物生长的许多内外因素共同对养分吸收起着制约作用。内在因素就是植物的遗传特性，而外部因素则有气候和土壤条件等。

（一）植物吸收养分的基因型差异

在许多栽培植物不能正常生长甚至死亡的地方，野生植物却能蓬勃生长。如在海滨偶尔还受海潮侵袭的地方，海蓬子能连片生长；在 pH 值 4.0 左右的红黄壤土上，杜鹃和白茅却能正常绵延后代。同一种植物的不同品种或品系，由于产量不同，尽管植株中养分浓度相差不大，但从土壤中带走的养分却相差很大。杂交种和其他高产品种需肥量都高于常规品种。一个品种的适应性广，往往需肥量低、产量低。造成以上现象的原因在于不同植物的形态特征以及控制其营养特性的基因不同。

1. 植物形态特征对养分吸收的影响

（1）根　根系有支撑植物、吸收水分和养分、合成植物激素和其他有机物的作用，就吸收养分能力大小而言，根表面积和根密度与根的形态有关，包括根的长度、侧根数量、根毛多少和根尖数。单子叶植物的根和双子叶植物的根在形态上有很大的不同，因而在对养分的利用上也有差别。如禾本科牧草的根可以吸收黏土矿物层间的非交换性钾，而豆科牧草这种能力较弱。

根系吸收养分的潜力远远超过植物对养分的需要。所以，只要一小部分根系所吸收的养分就能满足整株植物的需要。在田间并不是所有根系都与土壤密切接触，因为根系穿过土壤时必然会遇到许多孔隙。因此，只有一部分根系在吸收水分和养分。

（2）叶和茎　植物叶、茎不仅本身可由于形态大小、角度、位置不同而造成吸收养分的能力不同，而且由于光合作用能力的不同造成可供吸收养分所消耗的能量也不同，从而也就影响着根系对养分的吸收能力。

2. 植物生理生化特性对养分吸收的影响

（1）根系离子交换量　植物根系具有较高的阳离子交换量，甚至还有一定的阴离子交换能力。根系的离子交换点位于质外体上。根系的阳离子交换 $70\% \sim 90\%$ 是由细胞壁上的自由羧基引起的，其余部分是由蛋白质或许还有细胞原生质产生的。根系的离子交换量与植物吸收养分有关。如 Ca^{2+} 和 Mg^{2+}，随着根系阳离子交换量的增大，植物对它们的吸收也增加。

（2）酶活性　植物吸收养分是个能动的过程，是根据体内代谢活动的需要而进行的选择性吸收，因而与植物体内的酶活性有一定的相关性。米切利克（1983）报道，植物对磷的吸收速率与植物体内磷酸酯酶活性的相关系数为 0.97。

再如，植物体内硝酸还原酶的活性强烈影响着植物对硝酸盐的吸收与利用，传统的水稻水作都认为水稻前期不能利用硝态氮，但晚期旱育秧及水稻旱作的研究结果表明，水稻苗期体内也存在着较强的硝酸还原酶活性，因此旱作条件下水稻一生均能很好地吸收和利用硝态氮。

（3）植物激素和植物毒素　植物激素和植物毒素，虽然在植物体内含量很少，但对代谢活动起重要作用。同样影响着植物对养分的吸收。

3. 植物生育特点对吸收养分的影响

（1）不同植物种类对元素吸收的选择性　例如，烟草体内含钾多，叶用蔬菜含氮多。某些植物对有益元素的必需性很强，如水稻喜硅。许多植物对元素的形态也有一定的选择性。如水稻生长前期喜铵。一些植物喜酸，例如酸模，在代谢过程中能形成有机酸的铵盐来消除氨的毒害，因而可以吸收较多的铵盐而不会中毒。

（2）植物不同生育阶段对元素吸收的选择性　植物在各生育阶段，对营养元素的种类、数量和比例都有不同的要求。据此，可将植物整个生育期可分为营养临界期和肥料最大效率期。

营养临界期是指植物对养分供应不足或过多显示非常敏感的时期，不同植物对于不同营养元素的临界期不同。大多数植物磷的营养临界期在幼苗期。氮的营养临界期，对于水稻来说为三叶期和幼穗分化期；棉花在现蕾初期；小麦、玉米为分蘖期和幼穗分化期。水稻对钾的营养临界期在分蘖期和幼穗形成期。

在植物的生育阶段中，施肥能获得植物生产最大效益的时期，叫作肥料最大效率期。这一时期，作物生长迅速，吸收养分能力特别强，如能及时满足植物对养分的需要，产量提高效果将非常显著。玉米的氮素最大效率期在喇叭口期至抽雄期；油菜为花薹期；棉花的氮、磷最大效率期均在花铃期；对于甘薯，块根膨大期是磷钾肥料的最大效率期。

植物吸收养分有年变化、阶段性变化，还有日变化，甚至还有从几小时至数秒的脉冲式变化。如果环境条件符合上述变化规律，将促进植物生长。

（3）植物不同的生长速率对元素吸收的选择性　植物的生长速率不同，对养分吸收的多少也不同，生长速度小的植物，即使在肥力较低的土壤中，也能正常生长，施用肥料的增产效果较差；相反，生长速度大的植物，如果处在贫瘠的土壤上，生长受到阻碍，产量也受影响，施用肥料能收到较好的增产效果。

（二）影响植物吸收养分的环境因素

在自然条件下，植物生长发育时刻受到土壤和气候条件的影响。光照、温度、通气、酸碱度、养分浓度和养分离子间的相互作用都直接影响植物对养分的吸收速度和强度。

1. 光照

植物吸收养分是一个耗能过程，根系养分吸收的数量和强度受地上部往地下部供应的能量所左右。当光照充足时，光合作用强度大，产生的生物能也多，吸收的养分也就多。有些营养元素还可以弥补光照的不足，例如，钾肥就有补偿光照不足的作用。光由于影响到蒸腾作用，因而也间接地影响到靠蒸腾作用而吸收的养分离子。

2. 温度

植物的生长发育和对养分的吸收都对温度有一定的要求。大多数植物根系吸收养分要求的适宜土壤温度为 15℃～25℃。在 0℃～30℃ 范围，随着温度的升高，根系吸收养分加快，吸收的数量也增加。低温影响阴离子吸收比阳离子明显，可能是由于阴离子的吸收是以主动吸收为主。低温影响植物对磷、钾的吸收比氮明显。所以植物越冬时常须施磷肥，以补偿低温吸收阴离子不足的影响。钾可增强植物的抗寒性，所以，越冬植物要多施磷、钾肥。

3. 通气

大多数植物吸收养分是一个好氧过程，良好的土壤通气，有利于植物的有氧呼吸，也有利于养分的吸收。某些植物如水稻、芦苇等，在淹水条件下，仍能正常生长，是因为它们的叶部和茎秆有特殊的构造能进入氧气，并向根部运输供植物利用。

4. 酸碱度

土壤溶液中的酸碱度常影响植物对养分离子形态的吸收和土壤中养分的有效性。在酸性反应中，植物吸收阴离子多于阳离子；而在碱性反应中，吸收阳离子多于阴离子。如番茄吸收 $NH_4^+ - N$ 和 $NO_3^- - N$ 的培养试验证明，在 pH4.0～7.0 范围时，培养液的 pH 值越低，则对阴离子 $NO_3^- - N$ 的吸收增加；反之则阳离子 $NH_4^+ - N$ 的吸收增加。首先，土壤溶液中的酸碱度影响土壤养分的有效性。如在石灰性土壤上，土壤 pH 值在 7.5 以上，施入的过磷酸钙中的 $H_2PO_4^-$ 离子常受土壤中钙、镁、铁等离子的影响，而形成难溶性磷化合物，使磷的有效性降低。大多数养分在 pH6.5～7.0 时其有效性最高或接近最高。因此这一范围通常认为是最适 pH 范围。其次，各种植物对土壤溶液酸碱度的敏感性不一样。据研究，大麦对酸性最敏感，金花菜、小麦、大豆、豌豆次之，花生、小米又次之，芝麻、黑麦、荞麦、萝卜菜、油菜都比较耐酸，而以马铃薯最耐酸。茶树只宜在酸性土壤中生长。植物对土壤碱性的敏感性也有类似情况。田菁耐碱性较强，大麦次之，马铃薯不耐碱，而荞麦无论酸、碱都能适应。

5. 水分

水是植物生长发育的必要条件之一，土壤中养分的释放、迁移和植物吸收养分等都和土壤水分有密切关系，土壤水分适宜时，养分释放及其迁移速率都高，从而能够提高养分的有效性和肥料中养分的利用率。应用示踪原子研究表明，在生草灰化土上，冬小麦对硝酸钾和硫酸铵中氮的利用率，湿润年份为 $43\%\sim50\%$，干旱年份为 34%；当土壤含水量过高时，一方面稀释土壤中养分的浓度，加速养分的流失；另一方面会使土壤下层的氧不足，根系集中生长在表层，不利于吸收深层养分，同时有可能出现局部缺氧而导致有害物质的产生而影响植物的正常生长，甚至死亡。

6. 离子间的相互作用

土壤是一个复杂的多相体系，不仅养分浓度影响植物的吸收，而且各种离子之间的相互关系也影响着植物对它们的吸收，从已有的研究结果可知，离子间的相互关系中影响植物吸收养分的主要有离子拮抗作用和离子协同作用。这些作用都是对一定的植物和一定的离子浓度而言的，是相对的而不是绝对的。如果浓度超过一定的范围，离子协同作用反而会变成离子拮抗作用。所谓离子拮抗作用（Ion antaganism），是指介质中某种离子的存在能抑制植物对另一种离子吸收或运转的作用，这种作用主要表现在阳离子与阳离子之间或阴离子与阴离子之间。如 $K^+-Cs^+-Rb^+$ 的拮抗作用；$NH_4^+-Cs^+$ 也有这种作用，但不及 K^+、Rb^+、Cs^+ 那样明显。$Ca^{2+}-Mg^{2+}$ 有抑制作用，如果同时存在 Ca^{2+}、K^+，则大豆对 Mg^{2+} 的吸收所受的抑制作用就显著的增加。水稻吸收 K^+ 离子能减少对 Fe^{2+} 离子的吸收。一般来讲，一价离子的吸收比二价离子快，而二价离子与一价离子之间的拮抗作用，比一价离子与一价离子之间所表现的要复杂得多。此外阴离子如 Cl^--Br^- 之间，$H_2PO_4-NO_3^-Cl^-$ 之间，都存在不同程度的拮抗作用。离子协同（Ion synergism）作用，则是指介质中某种离子的存在能促进植物对另一种离子吸收或运转的作用，这种作用主要表现在阴离子与阳离子之间或阳离子与阳离子之间。阴离子 $H_2PO_4^-$、NO_3^- 和 SO_4^{2-} 均能促进阳离子的吸收，这是由于这些阴离子被吸收后，促进了植物的代谢作用，形成各种有机化合物，如有机酸，故能促使大量阳离子 K^+、Ca^{2+}、Mg^{2+} 等的吸收。阳离子之间的协同作用最典型的是维茨效应，据维茨研究，溶液中 Ca^{2+}、Mg^{2+}、Al^{3+} 等二价及三价离子，特别是 Ca^{2+} 离子，能促进 K^+、Rb^+ 以及 Br^- 的吸收。值得注意的是，吸收到根内的 Ca^{2+} 离子并无此促进作用。根据这些事实，认为 Ca^{2+} 离子的作用是影响质膜，并非影响代谢，通常这一作用称为"维茨效应"。试验证明，Ca^{2+}离子非但能促进 K^+ 离子的吸收，而且还能减少根中阳离子的外渗。氮常能促进磷的吸收，生产上氮磷配合使用，其增产效果常超过单独作用正是由于氮磷常有正交互效果所致。

第三节　肥料施用的基本原则、原理与施肥技术

一、施肥的基本原理

施肥有经验施肥和科学施肥。古代的传统施肥都是经验施肥，它是劳动人民生产实践和研究工作者试验研究的科学技术总结。西周时期，我国农民就知道用粪肥了。西汉的《氾胜之书》就叙述了施肥技术分为基肥和追肥；随着生产的发展，对合理施肥的认识日益深化，南宋陈旉的《农书》中也曾把用粪比作用药。清代的《知本提纲》在施肥方法上讲究与耕、灌相结合，并指出施肥要注意"时宜""土宜"和"物宜"。由此可见，我国历史上劳动人民对于肥料的施用积累了丰富的经验，在施肥的理论和实践上都具有独特的创造，如地力常新论，三宜施肥（时宜、土宜和物宜）的概念等。到了 19 世纪，科学的发展和技术的进步，尤其是欧洲文艺复兴，西方许多学者曾对植物营养进行了大量研究工作，特别是 1840 年李比希"植物矿质营养学说"的创立开始了科学施肥的新阶段。19 世纪中叶至 20 世纪初，随着研究的深入，逐渐揭示并集成了一系列植物营养与合理施肥方面的规律性材料。如养分归还学说、最小养分律、限制因子律、最适因子律和报酬递减律等。这些学说和规律反映了施肥实践中存在的客观事实，至今在施肥上仍有指导意义。

（一）植物矿质营养学说

德国化学家、现代农业化学的倡导者李比希在 1840 年提出了"植物矿质营养学说"，为化肥的生产与应用奠定了理论基础。植物矿质营养学说的主要内容为：土壤中矿物质是一切绿色植物的养料，厩肥及其他有机肥料对植物生长所起的作用，并不是其中所含的有机质，而是这些有机质分解后所释放的矿物质。该学说的确立驳斥了过去占统治地位的腐殖质营养学说，建立了植物营养学科，明确作物主要以离子形态吸收养分，无论是化肥还是有机肥，其营养对植物同等重要，从而促进了化肥工业的兴起。然而，该学说对腐殖质的作用认识不够，这是在实践中应该注意克服和避免的。

（二）养分归还学说

该学说也是由李比希建立的。19 世纪中叶，李比希根据索秀尔、施普林盖尔等人的研究和他本人的大量化学分析材料，认为植物仅从土壤中摄取为其生长所必需的矿物质养分，每次收获必从土中带走某些养分，使得这些养分物质在土壤中贫化。但土壤贫化程度因植物种类而不同，进行的方式也不一致。某些植物（如豌豆）主要摄取石灰（Ca），其他一些则大量摄取钾，另外一些（谷类作物）主要摄取硅酸，因此，植物轮换茬只能减缓土壤中养分物质的贫竭和较协调地利用土壤中现存的养分源泉。如果不正确地归还植物从土壤中所摄取的全部物质，土壤迟早是要贫瘠的。要维持地力就必须将植物带走的养分归还于土壤，办法就是施用矿物质肥料，使土壤的养分损耗和营养物质的归还之间保持着一定的平衡。这就是李比希的养分归还学说。其要点是为恢复地力和提高植物单产，通过施肥把植物从土壤中摄取并随收获物而移走的那些养分归还给土壤。

自从养分归还学说问世之后，不仅产生了巨大的化肥工业，而且使农民知道要耕种并持续不断的高产就得向土壤施入肥料。李比希的养分归还学说得到了马克思的肯定，在以后近代科学施肥中也以此为依据，确定了土壤测试施肥技术。

（三）营养元素同等重要与不可替代律

这一学说的主要内容是：植物所需的各种必需营养元素，包括大量元素、中量元素和微量元素，不论它们在植物体内含量多少，均具有各自的生理功能，它们各自的营养作用都是同等重要的。每一种营养元素具有其特殊的生理功能，其作用是其他元素不可替代的。

作物体内各种营养元素的含量，从高到低相差可达十倍、百倍，甚至万倍，但它们在作物营养中的作用并无重要与不重要之分。以大量元素中的氮、磷为例，作物体内氮素不足时，不仅蛋白质的合成受到阻碍，而且会降低叶绿素含量，当氮缺乏时，叶片变黄，甚至枯萎早衰，施用除氮以外的任何元素均不能解除这种症状。如果作物供氮充足时，只有磷素缺乏，由于核蛋白不能形成，影响细胞分裂和糖代谢，就会导致作物茎叶停止生长，叶色由绿变紫，只有补充磷肥才能促使作物正常生长。另外，尽管作物对某些微量元素养分的需求量甚微，但缺乏时也会导致作物生长发育受到抑制，严重者甚至死亡，与作物缺乏大量元素所产生的不良后果完全相同。因此，在作物施肥时要有针对性，凡土壤缺乏的，不能满足作物生长发育和丰产优质的营养元素，都必须通过施用相应肥料来补充，而不能用一种肥料去代替另一类肥料，必须遵循因缺补缺的原则进行平衡施肥。

（四）最小养分律

李比希提出"植物矿质营养学说"和"养分归还学说"之后，曾引发了一门巨大的化学肥料工业。为了有效地施用化学肥料，李比希在自己的试验基础上，于1843年又创出了最小养分律。按李比希自己的说法是"田间作物产量决定于土壤中最低的养分，只有补充了土壤中的最低养分才能发挥土壤中其他养分的作用，从而提高农作物的产量"。这就是施肥的"木桶理论"。最小养分律是科学施肥的重要理论之一。当代的平衡施肥理论就是以李比希的最小养分律为依据发展建立的。

我国农业生产发展的历史充分证明了这一施肥原理的正确性。20世纪50年代我国农田土壤普遍缺氮，氮就是当时限制产量提高的最小养分，所以那时增施氮肥，其增产效果极为显著。到了60年代末，随着氮肥工业的发展和人们对施氮重要性的认识提高，不少田块的化学氮肥施用数量逐年增加，植物对氮素的需要也初步得到满足。再增施氮肥，就出现了增产效果不显著的现象。这时，土壤供磷相应不足，于是磷就成了当时限制产量提高的最小养分。所以，在施氮肥的基础上增施磷肥，植物产量就大幅度增加。进入70年代，随着产量和复种指数的提高以及秸秆移出农田，植物对养分的需要量也愈来愈多，例如，在南方酸性土壤上开始出现单施氮、磷肥也不能大幅度增产的现象。相反，在施氮、磷肥的基础上配合施用钾肥，对不少植物却能持续增产，这就是说，在南方酸性土壤上，土壤供钾不足已成了限制产量再提高的新的最小养分。进入80年代，钾在北方一些低钾土壤和经济植物和高产田上也成为限制因素。80年代末，微量元素在一些土壤和植物上成为新的最小养分。

生产上及时注意最小养分的出现并不失时机地予以弥补，使得产量持续不断地增加，但是在应用最小养分方面应注意以下3点：第一，最小养分是指土壤中有效性养分含量相对最少的养分；第二，补充最小养分时，还应考虑土壤中对作物生长发育必需的其他养分元素之间的平衡；第三，最小养分是可变的，它是随植物产量水平和土壤中养分元素的平衡而变化。

（五）肥料报酬递减律

早在18世纪后期，欧洲经济学家杜尔哥和安德森同时提出了报酬递减律这一经济规律。目前对该定律的一般描述是：从一定土地上所得到的报酬随着向该土地投入的劳动和资本量的增大而有所增加，但随着投入的单位劳动和资本量的增加，到一个"拐点"时，投入量再增加，则肥料的报酬却在逐渐减少。

这一定律的诞生对工业、农业及其他行业都具有普遍的指导意义，最先引入农业上的是德国土壤化学家米切利希等人，在20世纪初，在前人工作的基础上，通过燕麦施用磷肥的砂培试验，深入研究了施肥量与产量之间的关系，从而发现随着施肥剂量的增加，所获得的增产量具递减的趋势，得出了与报酬递减律相吻合的结论。

米切利希的试验证明：①在其他技术相对稳定的前提下，随着施磷量的逐渐增加，燕麦的干物质量也随之增加，但干物质的增产量却随施磷量的增加而呈递减趋势，这与报酬递减律相一致。②如果一切条件都是理想的，植物就会产生某一最高产量；相反，只要某一主要因素缺乏时，产量便相应减少。

要强调指出的是，报酬递减律和米切利希学说都是有前提的，它们只反映在其他技术条件相对稳定的情况下，某一限制因子（或最小养分）投入（施肥）和产出（产量）的关系。如果在生产过程中，某一技术条件有了新的改革和突破，那么原来的限制因子就让位于另一新的因子，同样，当增加新的限制因子达到适量以后，报酬仍将出现递减趋势。充分认识报酬递减规律，在施肥实践中，就可以避免盲目性，提高利用率，发挥肥料的最大经济效益。

（六）因子综合作用律

作物丰产是影响作物生长发育的各种因子，如水分、养分、光照、温度、空气、品种以及耕作条件等综合作用的结果。要使作物获得优质高产，仅考虑养分因素是不够的，还要考虑水分、光照、温度、空气等诸多因素，依靠良种、植保、栽培等农业技术措施，保证多种因子的综合协调。单靠一个因子或一项技术措施是不可能获得高产的，要充分发挥某一因素的增产效果，就必须协调影响作物生长发育的其他因素。

为了充分发挥肥料的增产作用和提高肥料的经济效益，根据因子综合作用律，各种养分肥料要配合施用以使各养分元素之间比例协调，纠正过去单一施肥的偏见，实行氮、磷、钾和微量元素肥料的配合施用，发挥诸养分之间的互相促进作用，维持作物体内的营养平衡。同时，科学施肥除了要注意施肥技术的创新外，还应考虑施肥与其他因子的相互关系，使施肥措施与其他影响肥效的农业技术措施，如选用良种、肥水管理、耕作制度等密切配合，以最大限度地发挥肥料的增产作用。

二、施肥的基本原则

施肥过程就是根据土壤的供肥能力与作物的需肥特性，通过施肥手段，来满足作物对养分的需求，以实现作物生产的高产优质，并达到提高肥料养分的利用率和保护生态环境。为达此目标，根据多年的时间和我国的国情，施肥应遵循以下基本原则：

（一）有机肥与化肥相结合施用

我国农业生产中有施用有机肥的悠久历史。有机肥有许多优点，如经济易得、来源广泛，养分含量不高但含多种养分元素，有机质含量高、肥效长。但也存在一些缺点，如养分当季利用率低，为满足作物生长时施用量大。而化肥的特点则相反，如见效快、养分含量高，但肥效短。

由于化肥与有机肥刚柔相济、优势互补，两者配合使用能起到互相促进的作用，可使其增产效果和培肥地力的长处得到充分的体现。首先，化肥可以为作物生长发育提供较多的所需速效养分，缓解有机肥前期养分释放缓慢的不足。其次，化肥尤其是氮肥的施用有利于降低有机肥较高的碳氮比（C/N值），使之容易被微生物分解，加速了有机肥分解过程中的矿化作用和腐殖化作用，其培肥土壤的效果进一步加强。再次，有机肥中的腐殖质作为一种有力的吸附载体，可以减少化肥的损失，提高其养分利用率。例如，有机肥可以促进化学氮肥的生物固定，减少无机氮的硝化及反硝化作用，从而减少无机氮的损失；再如，有机肥腐解产生的有机酸能活化土壤磷，并减少磷肥和微量养分在土壤中的固定，因而提高磷及微量养分的有效性。此外，有机肥还能改善土壤结构，提高土壤的保肥供肥能力。

（二）大量、中量和微量养分肥料配合施用

根据作物营养元素的同等重要和不可替代律，在我国目前耕地高度集约利用的情况下，多种元素同时缺乏常常出现在同一田块中。因此，必须强调氮、磷、钾的相互配合，并补充必要的中、微量元素，才能获得高产稳产。在目前人们对氮、磷、钾肥料三要素已普遍认识的情况下，更要重视中、微量元素肥料的配合施用，真正做到平衡施肥。目前，我国 51.1% 的耕地土壤缺锌，34.5% 的土壤缺硼，46.8% 的土壤缺钼。其中，缺锌的土壤主要分布在北方，如北方的石灰性土壤。我国南方严重

缺硼区包括赤红壤、黄壤和紫色土等以花岗岩及其他酸性火成岩、片麻岩风化物发育的土壤。北方严重缺硼区主要是排水不良的草甸土和白浆土。我国易发生缺钼的土壤主要有全钼和有效钼含量均低的缺钼土壤，如黄土和黄河沉积物发育的各种石灰性土壤；土壤条件不适导致缺钼的土壤，如南方红壤区酸性土壤；淋溶作用强的沙土及有机质过高的沼泽土和泥炭土。另外，我国南方地区的缺硫、缺镁耕地面积也在不断增加，应引起高度重视。

（三）用地和养地相结合，投入与产出相平衡

只有坚持用地和养地相结合，投入与产出相平衡，才能保障作物—土壤—肥料的物质和能量良性循环，才不至于破坏或消耗土壤肥力，才能保障农业再生产的持续能力。

（四）因地、因作物施肥

不同区域、不同土壤的供肥能力均不同，而不同作物的营养特点和需肥规律也不同。因此，应该充分利用各地区测土配方施肥项目取得的成果，根据不同区域和不同土壤的供肥特点以及不同作物的营养特点和需肥规律确定施肥方案，既保证农作物的持续高产优质，又保证土壤的可持续利用，还保证肥料资源的高效利用和生态环境的永久友好。

三、施肥技术

化肥利用率低是一个全球性问题，在我国尤其突出。一般的施肥方法条件下氮肥的利用率为 35％～40％，磷肥的利用率更低，一般为 10％～25％。特别是进入 21 世纪以来，一些地区化肥用量大增，造成减产现象，使肥效明显下降。究其原因，施肥方法不当和不讲究施肥技术是导致肥效降低的重要因素。因此，如何经济合理地施肥，提高肥料的经济效益，以最小的肥料投入获得最大的经济收益，已成为今后农业生产中迫切需要解决的问题。

科学合理的施肥技术包括施肥量、施肥时期、施肥方法和肥料养分配比的确定等内容，而确定经济合理施肥量是合理施肥的中心问题。

（一）施肥量的确定

施肥量的确定要受到植物产量水平、土壤供肥量、肥料利用率、当地气候、土壤条件及栽培技术等综合因素的影响。确定施肥量的方法也很多，诸如，养分平衡法、田间试验法等，这里仅以养分平衡法为例介绍施肥量的确定方法。

1. 施肥量确定的依据

（1）植物计划产量的养分需求总量　土壤肥力是决定产量高低的基础，某一种植物计划产量多高要依据当地的综合因素而确定，不可盲目过高或过低，确定计划产量的方法很多，常用的方法是以当地前三年植物的平均产量为基础，再增加 10%～15% 的产量作为计划产量。不同植物由于其生物学特性不同，每形成一定数量的经济产量，所需养分总量是不相同的（表 2-1）。按照计划产量，参考表 2-1 可以按下列公式算出植物计划产量所需要氮、磷、钾的总量。

表 2-1　　　　不同植物形成 100 kg 经济产量所需养分的大致数量

作物		收获物	从土壤中吸取氮、磷、钾的数量/ kg*		
			N	P_2O_5	K_2O
大田作物	水稻	稻谷	2.1～2.4	1.25	3.13
	冬小麦	籽粒	3.00	1.25	2.50
	春小麦	籽粒	3.00	1.00	2.50
	大麦	籽粒	2.70	0.90	2.20
	荞麦	籽粒	3.30	1.60	4.30
	玉米	籽粒	2.57	0.86	2.14
	谷子	籽粒	2.50	1.25	1.75
	高粱	籽粒	2.60	1.30	3.00
	甘薯	块根**	0.35	0.18	0.55
	马铃薯	块茎	0.50	0.20	1.06
	大豆***	豆粒	7.20	1.80	4.00
	豌豆	豆粒	3.09	0.86	2.86
	花生	荚果	6.80	1.30	3.80
	棉花	籽棉	5.00	1.80	4.00
	油菜	菜籽	5.80	2.50	4.30
	芝麻	籽粒	8.23	2.07	4.41
	烟草	鲜叶	4.10	0.70	1.10
	大麻	纤维	8.00	2.30	5.00
	甜菜	块根	0.40	0.15	0.60

续表

作物		收获物	从土壤中吸取氮、磷、钾的数量/ kg*		
			N	P_2O_5	K_2O
蔬菜作物	黄瓜	果实	0.40	0.35	0.55
	茄子	果实	0.81	0.23	0.68
	架芸豆	果实	0.30	0.10	0.40
	番茄	果实	0.45	0.50	0.50
	胡萝卜	块根	0.31	0.10	0.50
	萝卜	块根	0.60	0.31	0.50
	卷心菜	叶球	0.41	0.05	0.38
	洋葱	葱头	0.27	0.12	0.23
	芹菜	全株	0.16	0.08	0.42
	菠菜	全株	0.36	0.18	0.52
	大葱	全株	0.30	0.12	0.40
果树	柑橘（温州蜜柑）	果实	0.60	0.11	0.40
	梨（20世纪）	果实	0.47	0.23	0.48
	柿（富有）	果实	0.59	0.14	0.54
	葡萄（玫瑰露）	果实	0.60	0.30	0.72
	苹果（国光）	果实	0.30	0.08	0.32
	桃（白凤）	果实	0.48	0.20	0.76

注："*"包括相应的茎、叶等营养器官的养分数量。

"**"块根、块茎、果实均为鲜重，籽粒为风干重。

"***"大豆、花生等豆科作物主要借助根瘤菌固定空气中氮素，从土壤中吸取的氮素仅占1/3左右。

（2）土壤供肥量　土壤供肥量是指植物达到一定产量水平时从土壤中吸收的养分量（不含施用的肥料养分量）。获得这一数值的方法很多，一般来讲，土壤的供肥量多以该种土壤上无肥区全收获物中养分的总量来表示，各地应按土壤类型，对不同植物进行多点试验，取得当地的可靠数据后，按下式估算土壤供肥量：

土壤供肥量＝无肥区全收获物中养分量＝无肥区产量×形成单位经

济产量所需养分的数量

（3）肥料利用率 肥料利用率是指植物吸收来自所施肥料的养分占所施肥料养分总量的百分率。它是合理施肥的一个重要标志，也是计算施肥量时所需的一个重要参数，它可以通过田间试验和室内的化学分析结果按下式求得：

肥料利用率（%）＝〔（施肥区植物地上部分该元素的吸收量－无肥区植物地上部分该元素的吸收量）/所施肥料中该元素的总量〕×100%

2.确定施肥量的方法

知道了实现计划产量所需的养分总量、土壤供肥量和将要施用的肥料利用率及该种肥料中某一养分的含量，就可依据下面公式估算出计划施肥量：

计划施肥量（kg）＝（计划产量所需的养分总量－土壤供肥量）÷（肥料的养分含量×肥料养分的当季利用率）

计划产量所需的养分总量＝计划产量×形成单位经济产量所需的养分数量

（二）施肥时期的确定

掌握植物的营养特性是实现合理施肥的最重要依据之一。不同的植物种类其营养特性是不同的，即便是同一种植物在不同的生育时期，其营养特性也是各异的，只有了解植物在不同生育期对营养条件的需求特征，才能根据不同的植物及其不同的时期，有效地应用施肥手段调节营养条件，达到提高产量、改善品质和保护环境的目的。

植物的一生要经历许多不同的生长发育阶段，在这些阶段中，除前期种子营养阶段和后期根部停止吸收养分的阶段外，其他阶段都要通过根系或叶等其他器官从土壤中或介质中吸收养分，植物从环境中吸收养分的整个时期，叫作植物的营养期。植物不同生育阶段从环境中吸收营养元素的种类、数量和比例等都有不同要求的时期，叫作植物的阶段营养期。例如，冬小麦越冬前吸收的养分以氮为主，磷次之，钾最少。返青后，吸收养分的数量猛增，直至孕穗、开花期，氮、磷的吸收仍占相当比例，开花以后，磷的吸收明显下降，而氮到乳熟期还有占总量的20%被吸收，到开花期钾已停止吸收。

不仅各种植物吸收养分的具体数量不同，而且养分的种类和比例也有区别，如冬小麦吸收氮磷钾的比例为3∶1∶3，棉花为1∶0.4∶0.93。不同植物养分吸收高峰也有差别，如小麦吸收养分高峰，特别是氮大致在拔节期，而开花期所需的养分则有所下降，棉花吸收氮素高峰约在现蕾开花期。

还要说明的是，植物对养分的要求虽有其阶段性和关键时期，但决不能忘记植物吸收养分的连续性。任何一种植物，除了营养临界期和最大效率期外，在各个生育阶段中适当供给足够的养分都是必需的。

（三）施肥时期（或环节）与方法的确定

1. 施肥时期（或环节）

植物有营养期，且有阶段营养期，在植物营养期内就要根据苗情而施肥，所以施肥的任务不是一次就能完成的。对于大多数一年生或多年生植物来说，施肥应包括基肥、种肥和追肥 3 个时期。每个施肥时期都起着不同的作用。

（1）基肥　群众也常称为底肥，它是在播种（或定植）前结合土壤耕作施入的肥料。其作用是双重的，一方面是培肥和改良土壤，另一方面是供给植物整个生长发育时期所需要的养分。通常多用有机肥料，配合一部分化学肥料作基肥。基肥的施用应按照肥土、肥苗、土肥相融的原则施用。

（2）种肥　种肥是播种（或定植）时施在种子附近或与种子混播的肥料。其作用是给种子萌发和幼苗生长创造良好的营养条件和环境条件。因此，种肥一般多用腐熟的有机肥或速效性化学肥料以及细菌肥料等。为了避免种子与肥料接近时可能产生的不良作用，应尽量选择对种子或根系腐蚀性小或毒害轻的肥料。凡是浓度过大、过酸或过碱、吸湿性强、溶解时产生高温及含有毒性成分的肥料均不宜作种肥施用，碳酸氢铵、硝酸铵、氯化铵、土法生产的过磷酸钙等均不宜作种肥。

（3）追肥　追肥是在植物生长发育期间施入的肥料。其作用是及时补充植物在生育过程中所需的养分，以促进植物进一步生长发育，提高产量和改善品质，一般以速效性化学肥料作追肥。

2. 施肥方法

（1）撒施　撒施是施用基肥和追肥的一种方法，即把肥料均匀撒于地表，然后把肥料翻入土中。凡是施肥量大的或密植植物如小麦、水稻、蔬菜等封垄后追肥以及根系分布广的植物都可采用撒施法。

（2）条施　条施也是基肥和追肥的一种方法，即开沟条施肥料后覆土。一般在肥料较少的情况下施用，玉米、棉花及垄栽红薯多用条施，再如小麦，在封行前可用施肥机或耧把肥料耩入土壤。

（3）穴施　穴施是在播种前，把肥料施在播种穴中，而后覆土播种。其特点是施肥集中，用肥量少，增产效果较好，果树、林木多用穴施法。

（4）分层施肥　将肥料按不同比例施入土壤的不同层次内。

（5）随水浇施　在灌溉（尤其是喷灌）时将肥料溶于灌溉水而施入土壤的方法。这种方法多用于追肥方式。

（6）根外追肥　把肥料配成一定浓度的溶液，喷洒在植物叶面，以供植物吸收，因此，也叫叶面施肥。

（7）环状和放射状施肥　环状施肥常用于果园施肥，是在树冠外围垂直的地面上，挖一环状沟，深、宽各 30～60 cm，施肥后覆土踏实。来年再施肥时可在第一年施肥沟的外侧再挖沟施肥，以逐年扩大施肥范围。放射状施肥是在距树木一定距离处，以树干为中心，向树冠外围挖 4～8 条放射状直沟，沟深、宽各 50 cm，沟长与树冠相齐，肥料施在沟内，来年再交错位置挖沟施肥。

3. 其他施肥方法

（1）拌种法　一般情况下，可将根瘤菌剂与种子均匀拌和后一起播入土壤。

（2）蘸秧根　对移栽植物如水稻等，将磷肥或微生物菌剂配制成一定浓度的悬着液，浸蘸秧根，然后定植。

（3）浸种法　用一定浓度的肥料溶液来浸泡种子，待一定时间后，取出稍晾干后播种，因肥水浸种有肥育种子的作用，故也叫种子肥育法。

（4）盖种肥　开沟播种后，用充分腐熟的有机肥料或草木灰盖在种子上面，称盖种肥，有供给幼苗养分、保墒和保温作用。

第三章　传统有机肥及其施用

　　有机肥（Organic Fertilizer）是指含有有机物质，能为作物提供多种营养养分，具有培肥改良土壤功能的一类肥料。有机肥料的范围很广，几乎包括除化肥外的所有肥料，其来源十分广泛，品种繁多。按照有机肥料的性质、来源和生产方式，可分为传统有机肥和商品有机肥两大类型。传统有机肥又叫农家肥，它是利用人粪尿、家畜粪尿、动物遗体、植物残体、天然杂草、污泥等为原料积制的肥料。有机肥料几乎包括除化肥外的所有肥料，来源极为丰富，性质复杂，品种繁多，地区差异大。传统的有机肥料按其相同或相似的产生环境或施用条件，类似的功能性质和积制方法，大致分为粪尿肥、堆沤肥、秸秆肥、绿肥、饼肥、土杂肥、泥土肥等几大类。

第一节　粪尿肥及其施用

　　粪尿肥是人和动物的排泄物，它含有丰富的有机质，氮、磷、钾、钙、镁、硫、铁等作物需要的营养元素以及有机酸、脂肪、蛋白质及其分解物。

一、人粪尿

（一）组成与性质

　　人粪尿一般含水 70%～80%，内含少量磷酸盐、硅酸盐和氯化物等无机盐成分，以及 20% 左右有机物质，具体包括纤维素、半纤维素、脂肪、脂肪酸、蛋白质、多肽、氨基酸、酶、粪胆汁和微生物。人尿含水 95% 以上，内含 1% 左右的氯化钠和少量的磷酸盐、铵盐，以及 3% 左右的有机含 N 化合物，如尿素、尿酸和马尿酸等，人尿中不含任何微生物，但含有很少量的生长素和微量元素，是一种比较优质的有机肥料。人粪一般呈中性，但食肉者的偏碱性，素食者的偏酸性，由于人粪含有粪臭质、吲哚、挥发性脂肪酸和硫化氢等物质，散发出臭味。

（二）合理储存

人尿在储存过程中会发生由酸性变为碱性，由透明变为浑浊，并伴有氨气挥发损失。人粪在储存过程中会发生由酸、中、碱变为碱性并放出氨气，由黄褐色变为暗绿色，由原始形状变为烂浆状的流体或半流体。因此，为了减少养分的渗漏与挥发，消灭病源菌的传播，人粪尿在储存过程中，注意采取以下主要措施：防渗、防挥发地储存；加保 N 物质防治氨挥发；采用粪、尿分存方式储存；通过发酵、加杀虫药物，如氨水、石灰、桐籽饼、茶籽饼等进行无害化处理，达到消灭病菌的目的。

（三）合理施用

①人粪尿适宜施用于叶菜类作物、禾谷类作物和纤维类作物，不宜施用在对氯敏感的作物上；②适宜施用在各种土壤上，但由于含有大量的钠，故要配合其他有机肥料施用；③可作基肥和追肥，作追肥时应兑水稀释后施用；④人粪尿是一种富含 N 的速效有机肥特别是人尿，应配合 P、K 肥的施用；⑤由于人尿中含有种子萌发所需的水分，又含有生长素和多种养分，用人尿浸种，可使种子出苗早，苗生长健壮。

二、家畜粪尿

（一）组成

家禽粪含有纤维素、半纤维素、木质素、蛋白质、氨基酸、脂肪类、有机酸、酶和多种无机盐，但是具体的成分比较复杂，并与家禽饲料成分有关。家禽尿中的成分相对比较简单，大部分家禽粪尿主要含有尿酸、尿素、马尿酸以及 K、Na、Ca、Mg 等无机盐。

（二）性质

1. 猪粪

猪粪的 C/N 值比较低，内含有大量的氨化细菌，易腐熟，CEC 较大为 $468 \sim 495$ me/100 g，劲柔而后劲长，具有长苗、壮棵、实籽的功效。

2. 牛粪

牛粪具有质地细密，含水量较高，通气性差等特点。其养分含量较低，C/N 值比较大，达 21.5 以上，属冷性肥料，其 CEC 为 $402 \sim 423$ me/100 g。

3. 马粪

马粪中纤维含量高，具有疏松多孔，含水量小等特点。由于内含有大量的高温纤维分解菌，腐熟分解快，容易发热升温，其 CEC 为 380～394 me/100 g。马粪施用对黏重土壤的改良效果较好。

4. 羊粪

羊粪具有质地细密干燥、肥分浓厚、养分含量高等特点，属热性肥料，但腐熟过程中的发热量不如马粪，发酵较快，其 CEC 为 438～441 me/100 g。

5. 兔粪

兔粪含 N、P 较高，是一种优质的有机肥。

6. 家禽粪

主要包括鸡、鸭、鹅、鸽等的粪便，其主要特点：养分含量高，且比较均匀；C/N 值较小，易腐熟，且为热性肥料；N 的形态以尿酸较多，不能直接被植物吸收，应先经腐熟后作肥料利用；施用新鲜禽粪容易招引地下害虫，应注意经充分腐熟杀菌后作肥料使用。

7. 家畜尿

由于家禽尿中含有多量的马尿酸，而尿素的含量较低，故分解速度相对较慢。由于家畜的消化能力强，其矿物质是以碳酸钾和有机酸钾排到体外，一般呈碱性。

（三）储存

家禽（畜）粪尿的储存一般采用垫圈法和冲圈法两种方法。垫圈法主要采用秸秆、杂草、泥炭、干细土等为垫料。冲圈法主要采用水冲洗，将粪尿一起冲入沼气池作为沼气发酵的原料，发酵后的残渣和沼液，可直接作为沼渣沼液有机肥施用。家禽粪尿宜干燥储存，否则易发生高温，使氮素遭受损失。

（四）使用方法

猪粪尿：①腐熟后施入冷凉的土壤及沙质土、黏质田以改良土壤。②作种肥，有利于幼苗生长、保墒全苗、壮苗。

牛粪尿：①腐熟后用作基肥，施于冷浸烂泥田肥效较差。②叶菜类蔬菜拌腐熟牛粪播种，效果较好。

马粪尿：①马粪中含有纤维素分解细菌，用作堆肥材料可加速堆肥腐烂。②用作冬种蔬菜育苗保温肥效果较好。

羊粪尿：①圈内积存，不能露晒，随出随施并及时盖土。②与猪、牛粪混合堆肥，肥效长、平稳。

家禽粪尿：①N 的形态以尿酸较多，不能直接被植物吸收，应先经充分腐熟后，可作基肥、追肥、种肥施用；②施用新鲜禽粪尿容易招引地下害虫，应注意经充分腐熟杀菌后作肥料使用。

第二节 堆沤肥及其施用

堆沤肥包括厩肥、堆肥和沤肥，是我国农业生产上的重要有机肥源。厩肥是牲畜粪尿与垫料混合堆沤腐解而成的有机肥料。通常北方称其为"圈肥"，南方称其为"栏粪"。农业生产和日常生活中的植物、动物性有机废弃物，在好气条件下，经微生物的作用，堆制而成的肥料，称为堆肥。相反，在嫌气厌氧条件下，经微生物的作用，沤制而成的肥料，称为沤肥。因此，厩肥、堆肥与沤肥3种均为传统的有机肥种类，由于其腐熟方式和条件完全不同，因而其养分形态、含量及肥性特征均有差异。

一、堆肥

(一) 定义及特点

堆肥是指利用自然界广泛存在的微生物，有控制地促进固体废物中可降解有机物转化为稳定的腐殖质的生物化学过程。堆肥是一种生产有机肥的过程，即利用农业生产和日常生活中的植物、动物性有机废弃物，在好气条件下，经微生物的作用，堆制而成的肥料。这种肥料所含营养物质比较丰富，且肥效长而稳定，有利于促进土壤团粒的形成，能增加土壤保水、保温、透气、保肥的能力，而且与化肥配合施用又可弥补化肥所含养分单一，长期单施化肥导致土壤板结、保水和保肥性能减退的缺陷。制作堆肥的原料主要包括农作物秸秆、杂草、树叶、泥炭、有机生活垃圾、餐厨垃圾、污泥、人畜粪尿、酒糟、菌糠以及其他有机类废弃物等。

(二) 主要类型

堆肥主要包括普通堆肥和高温堆肥。普通堆肥一般混土较多，堆积腐解时温度较低，所需要堆置时间较长，适用于常年积造，北方地区应用较多。高温堆肥以含纤维素多的有机物料为主，加入一定量的人畜尿等物质，以调节碳和氮元素含量，促进微生物的活动，加速其分解速率。高温堆肥后期可加入一定的草炭、黏土、塘泥、石膏、过磷酸钙、磷矿粉等作为保氮剂，防止堆肥在物质分解过程中氮的损失。高温堆肥堆肥腐熟过程由于有明显的高温阶段，因而其堆置时间较普通堆肥短。

堆肥的成分以钾元素含量最多，氮次之，磷较低，其中磷含量虽然低，但大多数为速效磷，易被作物吸收利用。堆肥的养分含量一般如表3-1所示，高温堆肥与普通堆肥比较，一般高温堆肥的氮、磷含量和有机质量较高，而C/N值低于普通堆肥。

表3-1 堆肥的养分含量

种类	水分/%	有机质/%	氮(N)/%	磷(P_2O_5)/%	钾(K_2O)/%	C/N值
高温堆肥	—	24~42	1.05~2.00	0.32~0.82	0.47~2.53	9.7~10.7
一般堆肥	60~75	15~25	0.4~0.5	0.18~0.26	0.45~0.70	16~20

（三）高温堆肥的四个阶段及其特征

堆肥堆腐过程中要经过以下4个主要阶段，每个阶段均有其特有的变化特点。第一个阶段为发热阶段（也叫升温阶段），该阶段主要是水溶性有机物在中温型微生物的作用下迅速分解，继而分解蛋白质、纤维素等，并放出大量热量，堆体不断升温。第二个阶段为高温阶段，堆肥堆制2~3 d后，好热性真菌不断增加并大量活动，主要分解半纤维和纤维素，同时完成矿质化过程和腐质化过程。第三个阶段为降温阶段，该阶段有机物的分解锐减，中温型微生物大量繁殖，主要进行腐质化过程。第四个阶段为后熟保温阶段，该阶段温度不断降低，完成原料中未分解有机物质的分解，腐殖质不断积累，实现完全腐熟。

（四）堆肥腐熟的影响因素

堆肥腐熟快慢与水分、温度、C/N值、通气状况、养分等因素密切相关。因此，堆肥过程中要控制和调节好下列主要影响因子，为加快堆肥腐熟提供良好环境条件。

1. 堆肥的干湿程度

水分以60%~75%最好。

2. 通气情况

通气良好有利于好气性微生物活动，有机物分解快，但损失有机质及氮较多。通气差，有利于嫌气微生物活动，分解慢，但有机质及氮损失少。因此，堆积时不宜太紧，也不宜太松，可用通气沟或通气管连接外界空气供氧来调节。

3. 堆内温度

堆内温度影响着不同微生物群落的活动。高温堆肥需要55 ℃~

65 ℃，且维持 1 星期以上，以促使高温性微生物分解有机质，加快分解。以后慢慢降温，堆肥在微生物的作用下分解有机物，促使腐殖质的形成和养分释放。

4. 物料酸碱度

大部分微生物适合在中性和微碱性条件下活动，所以在堆肥中要加入适量的石灰或钙镁磷肥，以中和有机质分解产生的有机酸。

5. 物料组成，特别是 C/N 值

一般微生物分解有机质的适宜 C/N 值是 25，而作物秸秆的 C/N 值较大，为 60～100。因此，在堆积时适当加入家畜粪尿等含氮多的物质，调节碳氮比，以利于微生物的活动，促进堆肥有机物质的分解。

（五）堆肥的工艺流程

目前国内不少物料的堆肥生产已规范化，如以 DB37/T 3591—2019《畜禽粪便堆肥技术规范》为例，该标准堆肥工艺流程如图 3-1 所示。

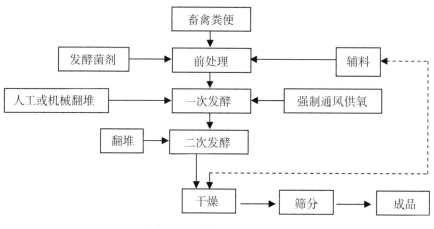

图 3-1 堆肥工艺流程

通过该工艺达到的成品有机质的质量分数（以烘干基计）大于 30%，发芽率指数（GI）大于 70%，蛔虫卵死亡率大于 95%，酸碱度为 6.5～8.5，污染物指标控制在国家相关标准之内。

（六）堆肥的合理施用

堆肥主要作基肥。施用量主要受生产水平、肥料数量的影响，各地差别较大，一般每亩 1000～2000 kg。对生长期长，土壤通气性好且温暖多雨的季节和地区，可施用半腐熟的，反之施用腐熟的。腐熟的堆肥可作种肥。半腐熟的堆肥不能与种子或根直接接触，以免产生烧苗现象。施用后应立即耕翻，宜配合速效性肥料施用。

二、沤肥

(一) 定义与原料

沤肥，也叫凼肥，即利用能提供植物养分的材料，通过沤制、发酵、腐熟后，形成可被植物吸收利用的肥料养分的肥料。沤肥具有高效益、低成本、易操作、可持续等优点，容易推广。沤肥的腐熟物料有粪肥、饼肥等多种可利用材料，沤肥原料材料无处不在，主要有：

1. 以粪肥与动物尿液为原料，此类有机肥不仅含有植物生长需要的主要营养元素，还含有植物必需的重金属及稀有元素，是较好的有机肥。

2. 饼肥，如豆饼、菜籽饼、棉籽饼、芝麻饼等，此类原料经沤制后，养分比较全面，是一类肥力温和的好肥料。

3. 动物内脏及下脚料、骨头（粉）、蹄角等，此类有机肥磷、钾成分含量相对较高。

4. 蔬菜下脚、豆角壳、淘米水等也是很好的沤肥材料。

5. 以草木灰为有机肥料添加成分的有机肥，是较优质的钾肥，入冬前使用，有利于作物越冬。

(二) 沤制方法

沤肥的沤制方法比较简单，少量沤肥只要将用来沤肥的材料装入大口容器中，加水充分浸没，如材料为干料需要多加水泡胀，尽量保持水有余量，然后将盖子盖好，并保持一定的透气余地，因发酵过程中会释放气体，盖得过紧容易将容器胀裂，不盖好又容易长蛆。沤制时间的长短则视季节的不同而异，夏天温度高发酵相对较快，一般1～2个月即可，冬季沤肥时间较长，则应沤至来年开春使用。沤制好的肥料颜色较原有颜色变深，甚至变黑或变成酱色不等。一般情况下，再熟的沤肥都有臭味，因此，以沤制时间来界定其熟化程度比较切合实际。

沤肥时可将农作物有机废物、粪肥和化肥（如尿素或碳酸氢铵等）依次按有机物料、粪肥和化肥顺序堆放，并移至发酵池内进行沤制。堆满整个发酵池以后，可浇一些稀粪水和污水等水体成分将之淹没，并在嫌气的条件下让物料初步分解，再盖膜发酵。

(三) 沤制过程中的温度变化特点及调节

在沤肥的过程中，堆温的变化大致分为 3 个主要阶段：发热阶段、高温阶段、降温阶段。温度是影响沤肥过程中微生物生理活性的一个重要因素，并且每一种微生物都有其自身适宜的最佳温度范围。一般地，微生物的生理活性随着温度的升高而增加，并且肥堆的温度在 32 ℃～60 ℃时，有机物料的降解最为高效，超过 65 ℃时，微生物的活性下降，温度达到 70 ℃左右，由于耐高温的微生物缺乏，微生物的活性基本丧失。

沤肥过程中温度主要靠堆体自身和人工翻动来调节，发酵堆体中心温度达到 60 ℃左右，并在 60 ℃左右高温条件下经过 24～36 h 后可翻动 1 次。然后再等到堆体中心温度达 60 ℃左右持续 24～36 h 后，翻动第 2 次，如此翻动 2～3 次后，当发酵温度稳定在 40 ℃以下，基本完成发酵过程。另外，为了加快腐熟速度，可向堆料中加入发酵剂。发酵剂的选用应遵循一定的原则，即不得使用未经菌种安全评价或未经农业部登记的制剂；菌种制品的选择应依据有机废物的类型及其特点选用，选用菌种的技术指标需达到《农用微生物菌剂》标准 GB 20287—2006 中的要求。堆肥发酵剂应在原料混合时均匀加入，发酵剂添加比例不少于 1‰（以重量计）。

(四) 沤肥过程完成的主要标志

沤肥过程是否结束可依据以下标志性特征来确定：

1. 肥堆的温度与周围环境温度基本一致。

2. 肥堆的颜色变化明显，基本呈褐色、深褐色或黑色。

3. 新鲜堆肥柔软、有弹性，干燥后的沤肥很脆，容易破碎，有机质失去弹性。

4. 其他腐熟性指标，如完全堆沤好的肥料碳氮比为（20∶1）～（30∶1），腐殖质含量明显增加，腐殖化系数达 30% 左右，肥料含氮量 0.3%～0.45%。

(五) 沤肥的合理施用

沤肥主要作基肥施用，有供应作物养分和培肥土壤的作用。用前先将卤液排至田中，再将卤肥均匀撒于田面，耕入土中。卤肥虽含有养分，但不能完全满足作物的需要，尚需配合施用其他速效性肥料。

三、厩肥

（一）定义及特点

厩肥又叫踏粪，指以家畜粪尿、垫圈材料、饲料残茬混合积制，并经微生物作用而成的肥料。厩肥富含有机质和各种营养元素。厩肥分圈内积制和圈外积制两种方式，圈内积制厩肥指将垫圈材料直接撒入圈舍内吸收粪尿，经嫌气分解腐熟而成；圈外积制厩肥指将牲畜粪尿清出圈舍外与垫圈材料逐层堆积，经嫌气分解腐熟。厩肥积制期间，其化学组分受微生物的作用而发生变化。各种畜粪尿中，以羊粪的氮、磷、钾含量高，猪、马粪次之，牛粪最低；排泄量则牛粪最多，猪、马类次之，羊粪最少。垫圈材料主要有秸秆、杂草、落叶、泥炭和干土等。从不同来源厩肥的养分含量来说，一般羊厩肥最好，其他依次为鸭棚肥、鸡棚肥、猪厩肥、兔厩肥、驴厩肥、牛厩肥、骡厩肥。

（二）主要作用

厩肥富含营养物质，不仅含有作物生长所必需的无机养分，如氮、磷、钾大量元素和钙、镁、硫、铁、锰、硼、锌、钼、铜等中微量元素，还含有氨基酸、酰胺、核酸等有机养分和活性物质，如维生素 B_1、维生素 B_6 等。因此，合理施用厩肥可有效保持土壤养分平衡。此外，厩肥中还含大量微生物及各种酶（如蛋白酶、脲酶、磷酸化酶），有机态氮、磷在微生物和酶的作用下可变为无机态，供作物吸收，并能使土壤中钙、镁、铁、铝等形成稳定络合物，减少其对磷的化学固定，从而提高土壤中有效磷含量。厩肥合理施用还有提高土壤的通透性，协调土壤中水、气矛盾，提高土壤的缓冲性，减缓矿污农田的毒害作用。

（三）合理施用

厩肥的施用，应依作物种类、土壤性状、气候条件及肥料性质等因素来考虑，因地制宜地合理施用，才能更好地发挥肥效。

1. 根据土壤性状施用

厩肥应首先分配在肥力较低的土壤上，因为等量厩肥施用条件下，低肥力地的增产潜力明显高于高肥力地。沙质土壤因其通透性良好，粪肥易分解，可施半腐熟厩肥，但应考虑其保肥性差，建议采用深施，且每次用量不宜太多。对于黏重的土壤，应施用腐熟的厩肥，因为黏重的土壤保肥性好，一次用量可大些，且不宜耕翻过深。

2. 根据作物种类施用

生育期长而且旺盛生长期处于高温季节的作物，如油菜、玉米、马铃薯、甘薯、棉花、麻类等，可施用半腐熟的厩肥；而生长期较短的作物，如西瓜、番茄、大豆、花生等，应考虑施用腐熟度较高的厩肥。

3. 根据肥料性质施用

半腐熟的厩肥最好作基肥施用，腐熟的厩肥既可作基肥、种肥和追肥施用，且作追肥时施后必须盖土，以免造成肥料养分流失或氨挥发损失。

4. 根据气候条件施用

在降雨量少、气温较低的地区或季节，宜选施腐熟的厩肥，且需耕翻得深些；降雨量较多、气温较高的地区或季节，可施用半腐熟的厩肥，且需稍浅些翻耕。

第三节　秸秆类有机肥及其施用

一、原料来源与特性

（一）原料来源

随着复种指数的提高，优质良种的出现，施肥量的增加，栽培技术和栽培条件的改善，农作物产量随之提高，秸秆的数量增多。因此，农作物秸秆是秸秆类有机肥的主要肥源。此外，蔬菜收割后的尾菜、黄瓜和甘薯茎藤、果树和园林植物的叶片、枯枝以及木材加工后的锯末等均是重要的秸秆有机肥原料来源。

（二）不同原料的主要性状

不同的秸秆养分含量和材料特性均有差异，通常豆科作物和油料作物的秸秆含氮较多，旱生禾谷类作物的秸秆含钾较多，水稻茎叶中含硅丰富，油菜秸秆含硫较多，在施用时应注意这些特点。由于各类秸秆的物理、化学特性差异较大。因此，无论是作为传统有机肥原料，还是现代的商品有机肥资源，在肥料生产腐熟与使用过程中均应综合考虑其基本特点的影响，促进有机肥顺利腐熟，达到使用基本要求。部分秸秆类材料的主要成分、特性及物理化学性状见表 3-2、表 3-3、表 3-4、表 3-5。

表 3-2　　　　　　　　各类秸秆类材料的主要成分含量

原料名		水分/%	CaO/%	MgO/%	K/%	P/%	N/%	C/%	C/N值
秸秆类	稻草类	10	0.5	0.2	2.0~2.5	0.2~0.5	0.5~1.0	35~40	50~60
	麦秸类	10	0.5	0.2	2.0~2.5	0.1~0.3	0.5~1.0	40~45	60~70
	稻糠类	10	0.1	0.1	0.5	0.1~0.3	0.3~0.5	35~40	70~80
蔬菜类	萝卜叶	90	5.0~7.0	0.3~0.5	5.0~6.0	0.8~1.0	5.0~6.0	40~45	8~10
	葱叶	80	3.0~4.0	0.5~0.7	5.0~6.0	0.8~1.0	3.0~4.0	40~45	10~15
	包菜	90	1.5~2.0	0.2~0.3	5.0~6.0	1.0~1.5	5.0~6.0	40~45	8~10
	白菜	90	5.0~6.0	0.7~1.0	5.0~6.0	1.5~2.0	3.0~4.0	40~50	10~15
	黄瓜茎	70	6.0~8.0	0.5~0.7	7.0~10	1.0~1.5	4.0~5.0	40~45	9~12
	甘薯茎	70	4.5~5.0	0.3~0.5	0.7~0.9	1.0~1.5	2.0~3.0	40~45	10~15
	甜玉米茎	70	2.5~3.0	0.7~1.0	1.5~2.0	1.0~1.5	3.5~4.0	40~50	10~15
树木类	柳树叶	约70	1.0~1.5	0.2~0.5	1.0~1.5	0.5~1.0	1.0~1.5	45~50	30~40
	杉叶	约60	0.3~0.5	0.2~0.5	0.1~0.2	0.1~0.2	1.0~1.5	45~50	40~50
	松叶	约60	1.0~1.5	0.2~0.5	0.3~0.5	0.1~0.2	0.5~1.0	45~50	50~60
	柿叶	约60	2.5~3.0	0.5~1.0	4.0~5.0	4.0~5.0	3.0~4.0	45~50	15~20
	树皮	约30	2.0~2.5	0.1~2.0	3.0~4.0	0.1~0.2	0.0~0.1	45~50	>500
	锯末	约10	0.3~0.5	0.1~0.2	0.1~0.2	0.0~0.1	0.0~0.1	45~50	>500

　　各类秸秆材料在堆肥过程中，水分调节材料的性能也有差异，每种类型的材料均具有各自的优点和缺点，因此在有机肥制作过程中必须充分考虑材料物理及化学性状等特征的影响。

表 3-3　　　　　　　　　　　　不同秸秆材料的性能优缺点

材料	优点	缺点
稻草 麦秸类	①通气性调节效果好； ②比较容易分解； ③材料易得。	①受季节性限制； ②材料收集较费工； ③需前处理如破碎等。
稻壳	①有一定的通气性调节效果； ②粉碎后吸水性高。	①比较难分解； ②粉碎需耗能。
锯末 树皮	①通气性调节效果好； ②有一定的吸水性。	①难分解； ②产生影响作物生长发育的有害成分； ③来源受限制。

表 3-4　　　　　　　　　　　不同秸秆材料水分调节的化学性状

材料	水分/%	容重/(T·m⁻³)	吸水率/%	全C/%	全N/%	C/N 值	纤维素/%	半纤维素/%	木质素/%
锯末	25～45	0.2～0.25	280～450	44～60	0.03～0.53	230～1670	50～60	10～25	20～38
树皮	45	0.2～0.3	280～500	52.4	0.24	218	21.9	11.7	38
稻草	9.7～15	0.05	300～430	35.5	0.61	58	24.7	20.6	7.7
小麦秸	9.2～12	0.03	226～498	37	0.3	124	25	21	8
大麦秸	12～15	0.02	285～443	37	0.3	125	25	21	7.8
稻壳	9.5～15	0.1～0.13	75～80	33～40	0.56	60～72	32～42	29～37	1.3～38
粉碎稻壳	8.3～9	0.2	136～250	33～40	0.5	60～70	32～42	29～37	1.3～38

表 3-5　　　　　　　　　　　　不同秸秆材料水分调节的物理性状

材料	水分/%	灰分/%	容重 / (kg·L^{-1})	最大容水量 /%	pH	备注
锯末 A	14.65	0.90	0.10	399.4	5.1	未粉碎
锯末 B	13.09	0.95	0.11	756.6	5.4	适当粉碎
花生壳	12.84	3.28	0.16	214.2	5.1	粗粉状
稻草	13.86	17.59	0.07	347.2	7.1	长约 1.5 cm
稻壳	11.00	27.32	0.09	229.3	7.2	未粉碎

二、秸秆类有机肥的制作方法

传统的秸秆类肥料制作方法主要是用干秸秆（70%）、人粪尿（10%）、畜禽粪尿（20%），有条件的地方可适当添加马粪或禽粪。把准备好的秸秆切碎或粉碎成 3 cm 左右的碎块，按体积比 1∶2∶7 的比例将人粪尿、畜禽粪尿和粉碎好的秸秆充分混拌均匀，浇足水，一般材料含水量以 60%～70%，即手握成团，触之即散的状态为宜。然后把已混拌好的秸秆一层层盖好，堆成一圆堆，堆高不应低于 1.5 m，堆好后要注意管理，防止人畜践踏，并观察堆体温度，把堆温基本控制在 50 ℃～60 ℃。因为此温度范围有利于微生物的活动，并加快秸秆有机物质的分解，同时又可利用升高的温度杀死病菌、虫卵，尽量减少氨的挥发。这样堆腐 7～10 d，温度达 60 ℃～65 ℃，此时可以进行翻堆（倒粪），然后每隔 7 d 左右翻堆一次，经 3～4 次翻堆以后，需 35～45 d 就可以将其发酵好。发酵好的秸秆肥具有黑、乱、臭的特点，有黑色汁液和氨臭味，湿时柔软，有弹性，干时很脆，容易破碎。如果 3 月底或 4 月初制作秸秆肥，为了确保在种地前发酵腐熟好，可采取堆顶用塑料薄膜覆盖和适当多加些人粪尿与畜禽粪的办法促使秸秆尽快发酵。秸秆肥在堆制过程中，人不可随意去踩，更不能往秸秆肥里掺土和用土压堆，否则将延迟或阻隔发酵。秸秆肥堆好后应注意观察，发现肥堆冒气挂霜时，及时用拌好的秸秆覆盖上，利于保温。

三、秸秆类有机肥的作用与合理施用

与原始秸秆相比，秸秆肥与尿素配合施用能明显提高土壤生物量碳氮含量，土壤微生物量碳氮是土壤氮素转化的主要驱动因子，秸秆肥施用后，前期发生强烈的微生物增殖过程，中后期必会发生无机氮释放过程，这对作物的生长发育极为重要。因此，秸秆类有机肥施用可提高肥料氮利用率。此外，秸秆肥中有机质十分丰富，氮、磷、钾养分较为均衡，还含有各种微量元素，是各种作物、各种土壤都适宜的常用肥料，对农产品品质提高和增产效果显著。

农作物秸秆可直接翻耕入土用作基肥，或用作覆盖物，即秸秆还田。但是在秸秆还田的过程中，应注意以下几个方面的问题：①农作物秸秆经切碎预处理后配施 N、P 化肥，原则上每亩施 10 kg 碳铵和 15～20 kg 过磷酸钙即可；②及时翻耕深埋入土，埋深 18～22 cm，经 1～2 周腐熟化后进行作物移栽或扦插；③注意秸秆还田量应适宜；④适当施用石灰，调节土壤 pH，中和酸性，加速秸秆分解；⑤积极预防病虫害；⑥积极克服有机酸，如丁酸＞丙酸＞乙酸＞甲酸，以及其他还原性物质，如 CH_4、H_2S 的毒害。

秸秆肥不宜发酵过劲（易导致养分损失）或发酵不好就施用，以免影响其肥效。秸秆肥一般用作基肥，可潮湿施用。作追肥应注意覆土，防止养分损失。一般地，半腐熟的肥料施用于生长期较长的作物，腐熟度较高的秸秆肥施用于生长期较短的瓜果蔬菜等作物，沙性地用半腐熟的肥料，黏土地最好施用腐熟度高的肥料。

第四节　饼肥及其施用

一、饼肥的定义与特点

饼肥是含油较多的种子提取油分后的残渣，俗称油饼，又叫油枯。它含有丰富的营养成分，做肥料称为饼肥。饼肥是一种优质的有机肥，N、P、K 养分含量丰富，特别是 N、P 养分比 K 含量更高。饼肥属于热性肥料，未经腐熟的饼肥直接施用，会引起烧根或影响种子发芽，因此，饼肥应先行腐熟后使用，或适当早施，或与作物种子或幼苗保持适当距离施入。饼肥的 C/N 值小施入土壤后分解较快，与其他原料的有机肥相比，肥效更快；饼肥由于含油脂，直接施用容易招引地下害虫，应拌少量农药一起施用。

我国的饼肥主要原料有大豆饼、菜籽饼、乌桕饼、芝麻饼、棉籽饼、莱菔子饼、大眼桐饼、楂饼、猪干豆饼、麻饼、大麻饼等11种。饼肥中含有75%～85%的有机质，氮（N）为1.1%～85%，磷（P_2O_5）为0.4%～3.0%，钾（K_2O）为0.9%～2.1%，还含有蛋白质和氨基酸等。油菜籽饼和大豆饼中还含有粗纤维6%～10.7%，钙0.8%～11%及0.27%～0.70%的胆碱。此外，还有一定数量的烟酸及其他维生素类物质。不同的原料饼肥，其养分含量不同（表3-6），与肥料的品质与应用效果密切相关。

表3-6　　　　　　　　常见饼肥的主要养分含量　　　　单位：%

油饼种类	N	P_2O_5	K_2O
大豆饼	7.00	1.32	2.13
芝麻饼	5.80	3.00	1.30
花生饼	6.32	1.17	1.34
棉籽饼	3.41	1.63	0.97
菜籽饼	4.50	2.48	1.40
茶籽饼	1.11	0.37	1.23
桐籽饼	3.60	1.30	1.30

饼肥中的氮主要以蛋白氮形态存在，磷以植酸及其衍生物和卵磷脂等形态存在，均属迟效性养分，钾多为水溶性的，用热水浸提可溶出90%以上。油饼含氮较多，C/N值较窄，易于矿质化。因油饼内含一定量的油脂，导致油饼的分解速度降低。然而，在嫌气条件下不同油饼的分解速度不同，如芝麻饼分解较快，茶籽饼分解较慢。此外，土壤质地对饼肥的分解及氮素的保存均有一定的影响，一般来说，沙土有利于饼肥分解，但保氮能力较差，黏土前期分解较慢，却有利于氮素保存。就肥力而言，大豆饼优于菜籽饼，菜籽饼优于棉籽饼。

二、大豆饼肥

豆饼是作物的果实，其中富含氮磷钾和其他微量元素，施肥后对土壤的酸碱度影响不大，对土壤基本性状和植物生长有明显改善和促进作用。大豆饼既可作动物饲料，又是一种优质高效的有机肥料。施用大豆饼不但能改良土壤，提高农作物产量，而且能提高农产品品质。尤其在西瓜、烟草等作物上施用，能明显提高西瓜的固形物，提升烟叶品质。

据测定，大豆饼（风干基）中含粗有机物 67.7%、有机碳 20.2%、C/N 为 3∶7、氨基酸（N）6.68%、磷（P）0.44%、钾（K）1.19%、钙（Ca）0.69%，还含有镁、铜、锌、锰、硼等多种微量元素。根据全国有机肥料品质分级标准，大豆饼属一级品。

　　大豆饼适用于各类土壤和各种作物，可作基肥、追肥，作基肥施用时，每亩施用量 100～200 kg；作追肥施用时，可视作物不同，采用沟施或穴施。由于饼肥中糖类分解时产生各种有机酸，同时还产生高温，会对作物造成伤害，不宜直接施用。因此豆饼施肥前，需进行发酵腐熟，以保证其为作物及时提供养分。在农业生产上，可先将豆饼放于发酵槽中，发酵 7～8 d，使其充分腐热，然后加水 30～40 倍，滤去残渣。开沟后浇于作物行间，待肥水基本浸入土中，培土复原，每米沟施用饼肥水量一般为 3～4 kg 即可。也可将粉碎的豆饼与堆肥同时堆积，发酵 1～3 d 后施用；或者将打碎的豆饼在尿水中浸泡 2 周，完成发酵后再粉碎即可施用。此外，大豆饼也可作肥施用，注意肥料不能靠近种子施用，以免发生种蛆，影响种子萌发。

三、菜籽饼肥

　　菜籽饼是油菜籽榨油后的副产物，是一种较好的有机肥料，同时也是一种优质饲料，并且饲料过期后仍可作有机肥料使用。菜籽饼作有机肥料施用，能明显改善土壤质量，培肥地力，促进作物增产，改善农产品品质，尤其在改善烟草、葡萄等经济作物品质方面效果更加显著。以风干基计，菜籽饼中平均含粗有机物 73.8%、碳 33.4%、C/N 值为 6.6∶1、氨基酸（N）5.25%、磷（P）0.80%、钾（K）1.04%、钙（Ca）0.80%、镁（Mg）0.48%，且铜、锌、铁、锰、硼、钼等微量元素营养含量也比较丰富。按照全国有机肥料品质分级标准，油菜籽饼属一级品。

　　菜籽饼多用在果树、蔬菜、瓜类、棉花、烟草等经济作物上，常作基肥，每公顷施用量 525 kg 左右，也可作追肥使用。施用前可先将菜籽饼碾碎成粉末状，将碾碎后的菜籽饼与水混合，比例大致为菜籽饼∶水＝1∶7，其施用方法和用量同大豆饼肥。也可先用水湮没菜籽饼，使菜籽饼接触空气和水，便于其发酵。沤制时如果肥料呈糊状，用水按 1∶20 的固液体积比稀释后浇施，注意尽量将菜籽饼与水充分搅拌均匀。一般要经过 3 个月左右的时间，搅拌在一起的发酵水肥变黑，菜籽饼不再长白毛，菜籽饼肥不再发臭没有味道说明肥料沤制好。可以与堆肥、厩肥混合后作基肥施用，也可单独作追肥，还可以作为饲料过腹后还田。施肥时，总的原则是"薄肥勤施"，不可一次施用过多，并且只要沤制腐熟彻底，所有的作物都能浇施，也不必刻意避开植物的根部。

四、芝麻饼肥

芝麻饼是一种优质的有机肥料，因其具有很高的营养价值，可作饲料。芝麻饼平均养分含量（风干基）：粗有机物 87.1％、有机碳 17.6％、C/N 值为 3：9、氮（N）5.08％、磷（P）0.73％、钾（K）0.56％、钙（Ca）2.86％、镁（Mg）3.09％、硅（Si）0.96％，还含有铜、锌、铁、锰、硼、钼等微量元素营养。根据全国有机肥料品质分级标准，芝麻饼属一级品。芝麻饼一般作基肥，每公顷用量 450～900 kg。施用方法，发酵办法，注意事项同其他饼肥。

芝麻饼肥的肥力很高，可作为有机复合肥料。芝麻饼肥的肥力很大，注意不要施在土壤表面，一定要深埋，约 5 cm 深度，同时泡水不宜太长，以免肥效下降。首先准备好温水备用，一般每 100 kg 芝麻饼约需 20 kg 水，将芝麻饼摊开，约 5 cm 厚，边喷洒温水边将肥料翻拌，直至翻拌均匀，手握成团、落地即碎，方可停止喷水。然后将翻拌好的芝麻饼堆成堆，堆高 50～70 cm，再用塑料薄膜封严进行发酵，并且 4～5 d 翻堆一次，每次翻堆完后继续封严发酵，直至有腐熟的酵香味，并有轻微成团现象，即可将其快速腐熟好。最后将发酵完的肥料掀开薄层，晾晒至干燥后可以储存。此外，还可以借助有机肥肥料发酵剂加速腐熟，并提高饼肥发酵后的肥效。

五、花生饼肥

花生饼是花生仁榨油后的副产物，花生饼含有大量的氮、磷、钾元素，花生饼是一种肥分浓厚的有机肥料。花生饼平均养分含量（风干基）：粗有机物 73.4％、有机碳 33.6％、C/N 值为 4：7、氨基酸氮（N）6.32％、磷（P_2O_5）1.17％、钾（K_2O）1.34％、钙（Ca）0.41％、镁（Mg）0.44％，并富含铜、锌、镁、锰、硼等微量元素营养。根据全国有机肥料品质分级标准，花生饼属一级品。肥效上 55 kg 花生饼与 50 kg 大豆饼相当。

目前花生饼一般采用堆积腐熟法发酵，其发酵过程产生大量热量可清理有害杂菌，杀死虫卵。发酵过的饼肥里含有益菌较多，大量有益菌进入土壤后形成优势菌群，可抑制土壤中有害病菌繁殖，并对疏松土壤，提升土壤肥力有明显作用。花生饼自然腐熟速度慢，肥效容易流失，因此，目前成熟的技术是采用微生物发酵处理，发酵处理后的花生麸不会烧根烧苗，肥效较高，肥力持续时间长。花生饼可作底肥或者液肥。花生饼肥制作方法：第一种是采用花生饼添加发酵剂菌液沤制矾肥水，作液肥；第二种是采用堆放沤制，可以采用一层土一层花生饼直接堆沤，也可加入发酵剂（兑水）沤制，并且发酵后的肥料耐储存，两年期也不会变质；第三种是不沤制直接作底肥，在蔬菜上应用较多。

六、棉籽饼（粕）肥

棉籽饼肥是棉籽榨完油后剩下的残渣为原料做成的饼肥，作饲料和肥料施用均可。我国年产棉籽 1000 多万吨，棉籽饼（粕）是一种极具开发潜力的植物蛋白饲料资源。棉籽饼（粕）营养成分和含量与棉籽是否去壳及加工工艺密切相关。作饲料原料的棉籽饼（粕）粗蛋白质含量一般在 40% 左右，仅次于豆粕。新疆棉花面积大，棉籽饼、棉秆资源丰富，将其直接还田后当年可分别增产籽棉 15.7%～30% 和 8.5%～14.6%，是连作棉田土壤有机质的重要来源和补充途径。因此，棉籽饼、棉秆还田，结合化肥深施，是培肥地力、维护棉田土壤肥力、解决有机肥不足的最有效措施。

棉籽饼（风干基）含粗有机物 83.6%、有机碳 22.0%、C/N 值为 6∶3、氮（N）4.29%、磷（P）0.54%、钾（K）0.76%、钙（Ca）0.21%、镁（Mg）0.54%，各类微量如铜、锌、铁、硼、钼含量也较丰富。按照中国有机肥料品质分级标准，棉籽饼属一级品。棉籽饼属迟效肥料，常作基肥，每公顷施用量约 750 kg。棉籽饼发酵和饼肥施用方法、注意事项同其他饼肥。此外，生产上也有先将棉籽饼用作食用菌的培养基等，再作肥料用。

七、乌桕饼肥与桐籽饼肥

乌桕是大戟科、乌桕属落叶乔木，为中国特有的经济树种，已有 1400 多年的栽培历史。其种仁榨取的油称"桕油"或"青油"，供油漆、油墨等用。桕仁饼可作肥料，也可用来作洗衣服用的土碱。但是，桕籽饼不能作肥料，只能用作燃料。有数据表明，乌桕饼含氮（N）5.95%、含磷（P_2O_5）2.32%、含钾（K_2O）1.34%，50 kg 乌桕饼相当于

17.5 kg 碳酸氢铵、6.5 kg 过磷酸钙、1.35 kg 氯化钾化肥。

桐籽饼是桐籽榨桐油后剩下的残渣，不宜作饲料，可作肥料。桐籽饼平均养分含量（风干基）：粗有机物 83.2%、有机碳 40.0%、C/N 值为 15∶8、氮（N）2.94%、磷（P）0.43%、钾（K）1.16%、钙（Ca）0.59%、镁（Mg）0.41%，各类微量营养如铁、锌含量较高，铜、硼、钼含量相对较低。根据全国有机肥料品质分级标准，桐籽饼属一级。桐籽饼适用于一般的作物与土壤，肥效与棉籽饼相仿。不易腐熟分解，多数与家畜粪尿混合沤制，腐熟后作基肥使用，一般每公顷施桐籽饼量为 525～1050 kg。

第五节　土杂肥及其施用

土杂肥是以杂草、垃圾、灰土等所沤制的肥料，主要包括各种土肥、泥肥、糟渣肥、骨粉、草木灰、屠宰场废弃物及城市垃圾等。土杂肥是我国传统的农家有机肥料，来源广，品种多。我国农业生产历史中，素有"山肥下山，水肥上岸，海肥登陆，家肥出门，地肥出土，城肥下乡"之说。随着农业生产水平的提高和肥料科学的发展，一些养分含量不高的土杂肥已很少施用，如熏土、炕土等。而河泥、湖泥、沟泥、塘泥等泥肥，常因水污染严重造成泥肥重金属等有害元素含量超标，故泥肥一般不宜在无公害果树、蔬菜上施用。草木灰是植物燃烧后留下的灰分，含有较多的无机养分，其中以钾、钙含量最高，磷次之。草木灰适用于各类作物和盐碱土以外的各类土壤，多作基肥或追肥。各种类型的土杂肥由于其来源、性状、成分及含量差异较大，在施用过程中应注意科学选择与合理施用。

一、土肥

土肥包括熏土、炕土、老房土、墙土、地皮土等。由于人民生活水平的改善，炕土、老房土及墙土已日益减少。熏土是指农田表土在适宜温度和少氧条件下用枯枝、落叶、草皮、稻根、秸秆等熏制而成，故又称熏肥、火粪、火土、烧土、焦泥灰等，亦指熏烧过的泥土。它是山区、半山区及部分平原地区的一种有机肥源。土壤经熏烧后，其渗透率、孔隙度、阳离子交换量明显提高，有效态氮、磷、钾等养分有所增加，但有机质和氮素总量减少，一般作基肥施用。炕土是北方农村的大宗土肥。

在北方农村几乎家家都有土炕，主要用于冬季烧火取暖，也有将锅灶的烟道通过土炕，再由烟筒出去，所以，炕土从本质上来说，就是熏土的一种。为了保障暖气回流，便于取暖，一般土炕的构造呈回笼形，在烧炕过程中，炕土因长期受到烟熏后，其物理、化学性质不断变化并得到改善，变成了对作物生长有利的土肥。老房土主要是指用泥土压制的一些房子，这些泥土经过微生物活动将原有的磷钾释放成植物可以吸收的形态，从而提高其肥效，俗话讲的"闲土三年可肥田""一年锅头当年炕，熏透的烟筒顶肥上"指的就是这种土肥。不同的土肥形成过程不同，因而其养分含量差异较大。常见土肥的养分含量如表3-7所示。

表3-7 不同土肥的养分含量

土肥种类	全氮/%	速效性磷/%	速效性钾/%	pH
墙角土	1.20	0.0054	0.31	8.50
猪圈、茅厕土	1.85	0.0091	0.14	8.10
炕土	—	—	0.14	7.90
村边附近土	0.71	0.0090	0.07	9.03
混杂土	1.14	0.0088	0.08	9.30
草木灰	—	0.0098	0.09	8.50

二、泥肥

河、塘、沟、湖里的肥沃淤泥称为泥肥，此项肥源具有来源广、数量多、就地取、就近用等优点。泥肥中肥分的来源主要是由雨水流动（冲刷）和风力作用，将地表肥沃的细土、无机盐、污物、枯枝落叶、水生动物的排泄物与遗体、水生植物的残体等汇集于河、塘、沟、湖的底部，在长期厌氧条件下经微生物的作用缓慢分解，便形成较肥沃的泥肥。

泥肥中除含有一定数量的有机质外，还含氮、磷、钾等多种养分（表3-8）。但由于泥肥形成条件不同，其养分含量差异很大，靠近城市和村庄以及养有水生植物的水面下的泥肥养分含量较高。从地形部位看，冲田塘泥的质量优于高地形部位塘泥的质量。平原区河泥比三角洲河泥质量要好。泥肥质量的鉴别，以色黑，味臭，结构松软，多孔，不见杂草根、茎、叶痕迹的比较肥沃，反之肥力较差。由于泥肥长期处于水底嫌气条件，有机质降解慢，养分分解程度相对较弱，所以泥肥多属迟效性的有机肥料。泥肥也是一种冷性肥料，且由于长期淹水条件，会产生还原性物质，如硫化氢、甲烷、氧化亚铁等，这些物质可能对作物生长产生不利影响。

表 3-8　　　　　　　　　　　　不同泥肥的养分含量

泥肥种类	有机质/%	全氮/%	全磷/%	全钾/%	铵态氮/($mg \cdot kg^{-1}$)	速效磷/($mg \cdot kg^{-1}$)	速效钾/($mg \cdot kg^{-1}$)
河泥	5.28	0.29	0.36	1.82	1.25	2.8	17.5
塘泥	2.45	0.20	0.16	1.00	27.3	97	24.5
沟泥	9.37	0.44	0.49	0.56	100	30	—
湖泥	4.46	0.40	0.56	1.83		18	55

泥肥含有较多有机物质，且养分全面，大量施用泥肥不仅可以供给作物生长所需的各种养分，而且微生物多样性丰富，对土壤耕作层增厚，土壤物理性质改善，土壤肥力提升具有重要意义，是一种很好的改土肥料。

泥肥一般用作基肥，可与速效性肥料，如化肥、人粪尿等配合施用，充分发挥其增产效应。泥肥挖出后，须经过一段时间的存放和晾干，便于打碎并施用均匀，如此还可以加速有机质分解与养分转化，消除内含的还原性有毒有害物质对作物的影响。

三、草木灰

植物（草本和木本植物）燃烧后的残余物，称草木灰。草木灰的主要成分为碳酸钾，其次是硫酸钾，氯化钾含量较少，是一种碱性肥料，相对分子质量为138。草木灰肥料因其为植物燃烧后的灰烬，内含原料植物所含的所有矿质养分元素。草木灰中以钾素含量最高，一般含钾6%～12%，其中90%以上以碳酸盐形式存在，为水溶性速效钾肥；其次是磷，以能被作物吸收利用的弱酸溶性的磷为主，一般含量为1.5%～3%；还富含有钙、镁、硅、硫和铁、锰、铜、锌、硼、钼等微量营养元素。不同植物的灰分，其养分含量不同，以向日葵秸秆灰含钾量为最高（表3-9）。由于草木灰中以水溶性速效钾为主，因此在等钾量施用条件下，施草木灰的肥效明显优于化学钾肥。考虑环境等因素的影响，将植物直接燃烧获得草木灰肥料的方式已不可取，但是一些电厂以秸秆等作为发电原料，燃烧后产生的大量草木灰，可作为高品质的钾肥来还田。若在草木灰中添加其他成分，还可做成具有多种用途的草木灰肥料。此外，有些塑料制品厂烧锅炉时也会产生大量草木灰，烧的全是木柴，产生出来的灰是纯白色或灰白色草木灰，粉末状，无任何杂质，经检测 pH 值为 12 左右，也是一种很好的碱性钾肥。

表 3 - 9　　　　　　　　　草木灰的成分含量　　　　　　单位：%

草木灰类	K_2O	P_2O_5	CaO
一般针叶树灰	6.00	2.90	35.00
一般阔叶树灰	10.00	3.50	20.00
小灌木灰	5.02	3.14	25.09
稻草灰	8.09	0.59	5.90
小麦秆灰	13.80	0.40	5.90
棉籽壳灰	5.80	1.20	5.90
糠壳灰	0.67	0.62	0.89
花生壳灰	6.45	1.23	—
向日葵秆灰	35.40	2.55	18.50

草木灰是一种来源广泛、成本低廉、养分齐全、肥效明显的农家肥。然而，草木灰质轻且呈碱性，干时易随风飘逸，湿时易随水流失，因此，草木灰施用时注意采用覆盖等防止灰分损失的措施，特别注意不能将草木灰与铵态氮、腐熟的有机肥料混合施用，以免造成氨的挥发损失。草木灰可作基肥、追肥和盖肥。作基肥时，可沟施或穴施，深度约 10 cm，施后覆土。作追肥时，可在叶面撒施，既能供给养分，也能在一定程度上防止或减轻病虫害的发生。作盖肥时，主要用于水稻、蔬菜、瓜果等育秧，既可供应秧苗养分，又能吸热增加土表温度，促苗早发，防止水稻烂秧。

四、糟渣肥与糠肥

糠麸糟渣肥主要以统糠、细米糠、小麦麸、啤酒糟、白酒糟等为原料制成的有机肥，按照原料不同分为糟渣肥和糠肥。糟渣肥是指农副产品加工中产生的各种糟渣废料，如酒糟、醋糟、豆腐渣、油渣等，这些糟渣废料均含有丰富的有机物、N、P、K以及各种微量元素营养。糟渣肥大多属于迟效性有机肥料，有的还含有脂肪、蜡质、粗纤维等，需要通过沤制或堆腐发酵，将高分子的有机化合物分解后才能被作物吸收利用。糟渣肥富含有机质和氮、磷、钾等养分，施用后对提高土壤有机质含量和阳离子交换量（CEC），改善土壤理化性状，促进作物增产有重要意义。

糟渣含有脂肪、蜡质、粗纤维等作物难以直接吸收利用的高分子化合物，具有一定芳香味，若未充分腐解入田，不仅作物不能有效吸收，还易引起土传病害等发生，因此，在施用前应将糟渣与畜禽粪肥、厩肥等有机肥混合，或者添加作物秸秆、统糠、细米糠等，结合沤制或堆腐发酵方法，将作物难以利用的大分子有机物质分解后再作物肥料施用，才能充分发挥其肥效。

糟渣一般用作基肥，也可作追肥施用，追施时亩用量约100 kg，基施时用量可视作物种类适当增加用量。糟渣肥虽然富含有机物和各种营养成分，但由于施用量有限，加之不同的糟渣肥其营养成分的含量及其比例各不相同，需要结合化肥等配施，才能完全满足作物生长的需要。具体施肥方法与同普通有机肥。

糠肥是以米糠、统糠等为原料支撑的有机肥，如糠醛渣，即利用生物质类物质，如玉米芯、玉米秆、稻壳、棉籽壳，以及农副产品加工下脚料中的聚戊糖成分水解生产糠醛（呋喃甲醛）产生的生物质类废弃物残渣。颜色呈深褐色，细度 3～4mm，较疏松，内含有机质 70% 以上，全氮 0.45%～0.52%，全磷 0.072%～0.074%，速效氮 328～533 mg/kg，速效磷 109～393 mg/kg，速效钾 700～750 mg/kg，残余硫酸 3.50%～4.21%，pH 为 1.86～3.15。因其含有丰富有机质和养分，可用作有机肥料。施用方法同普通有机肥，但必须注意其强酸性的影响，使用前需中和，如用于碱性土和盐土的改良会收到很好的效果。

五、骨粉

我国农村应用较早的有机磷肥品种。它是由动物骨骼加工制成粉状肥料。它的成分比较复杂，最主要的是羟磷灰石晶体 $[Ca_{10}(PO_4)_6(OH)_2]$ 和无定型磷酸氢钙（$CaHPO_4$），在其表面还吸附了 Ca^{2+}、Mg^{2+}、Na^+、Cl^-、

HCO_3^-、F^-及柠檬酸根等离子，内含少量氮素、骨胶、脂肪等。由于含有较多的脂肪，不易粉碎，也不易分解，肥效缓慢。一般需经过脱脂处理才能提高肥效。骨粉中含有丰富的矿物质，一般按制作方法可将骨粉分为粗制骨粉（生骨粉）、蒸制骨粉和熬制骨粉（脱胶骨粉）。熬制法即将碎骨放入锅内加水熬煮，熬制中可加适量生石灰、草木灰等，熬制过程中捞去脂肪和胶质，直到骨中基本不含油脂为止，再晒干粉碎即可；粗制骨粉是将畜骨压碎、煮沸，除去部分油脂和骨胶后烘干、粉碎而成；蒸制骨粉是将动物骨置于高压罐中，经高温、高压和蒸汽除去绝大部分油脂和骨胶后制成。骨粉一般是灰白色粉末，不溶于水，其中所含磷素较难被植物利用，但在酸性土壤中利用较快，施前需加少量碱性物质（石灰、草木灰）进行皂化处理，也可将其混入堆肥或厩肥中发酵后作基肥施用，未经处理的骨粉施入旱地会因含脂肪引发地下害虫，所以一般需经脱脂、发酵后施用，也可用作动物饲料。

六、屠宰场废弃物

屠宰场废弃物主要指人、禽、畜等的排泄物，及动物残体、加工后的下脚料、屠宰场废弃物等作肥料，还包括骨粉、鱼粉、羽毛、皮毛、皮革等。废弃物中含有较多的氮、磷、钾等养分，但也往往含有大量病菌、虫卵及重金属等。

屠宰场废弃可利用垃圾或土壤中存在的微生物的降解作用，将废弃物垃圾中的有机物质腐解，可直接作肥料使用，也可与其他肥料混合施用。生活污水的性质和稀释后的人粪尿相似，也含有一定量的氮、磷、钾和有机质等。除含有养分物质外，污水中还含有病菌、病毒、寄生虫卵等有害物质，所以一般需经过稀释、沉淀或曝气等自然净化处理，经检查水质符合标准后，才可用作灌溉水或流入沟渠、河流等水体。屠宰场的废物如角蹄、羽毛等，分解速度很慢，肥效迟缓，为了加速其分解，可加入一些石灰等碱性物质，进行混合沤制，待分解后再和厩肥、堆肥进行堆沤发酵，发酵腐熟后即可施用，角蹄可通过敲打粉碎制成角蹄粉使用。血粉腐熟快，肥效高，可直接施用，作基肥、追肥均可。施用时可与细泥土拌匀，开沟施下，施后注意盖土，以免肥分损失。屠宰场的废水排出后，可积于沤水池中，通过曝晒发酵后，掺水浇施，肥效较好。

第六节　海肥及其施用

一、海肥的定义与分类

我国海岸线长达约 3.2 万 km，海肥资源丰富。海肥是指海产加工的废弃物和不能食用的海生动植物或矿物经处理后制成的肥料，是沿海地区的地方性肥料。海肥的种类很多，按其性质可分为动物性海肥、植物性海肥和矿物性海肥。动物性海肥主要以鱼杂肥为主，是水产加工的副产品或下脚料，包括鱼杂、鱼鳞、鱼骨、鱼尾等，其次为虾、贝、蟹、海星等。动物性海肥富含蛋白质、磷酸三钙和磷脂等，钾含量少，经沤制腐解后，肥效较快，常作追肥。植物性海肥主要以藻类为主，还包括海青苔、海茜等，N、P、K 养分含量均较高，同时盐分含量也高，不宜大量直接施用，须与动物性海肥或土粪、污泥等混合沤制，腐熟后作基肥施用。矿物性海肥主要包括海泥、苦卤等，海泥是由海中动植物遗体和江河入海随带的大量泥土、有机物质等淤积而成，含盐分较高。海肥与其他有机肥一样，不仅能供作物所需营养，而且能疏松土壤，培肥地力。因此，海肥是一种种类多样，取材方便，使用简单，成本低，肥效高，增产效果显著的传统有机肥。

二、海肥的利用方法

（一）沤渍

将新鲜海肥如海鱼等放在粪池中与猪粪尿、沟土或其他农家肥料混合沤渍，使其腐解，沤渍 15 d 后即可施用。施用量视作物的种类而定，一般地，作甘薯追肥每亩用量 400～500 kg，作早晚稻追肥每亩用量500～600 kg。

（二）混合

与草木灰、土杂肥、厩肥等农家肥按一定比例（5∶1）充分混合后施用。按照作物类型确定其使用量，如作水稻追肥每亩施用 500～600 kg，作甘薯追肥每亩可施用 300～400 kg。

（三）鲜施

可将捞取的海肥直接作甘薯的基肥或追肥，每亩 600～800 kg 作水稻追肥每亩 800～100 kg。植物性和矿物性海肥均可直接施用，如每亩可施苔菜 500～600 kg，沙质土壤宜作追肥用。每亩施用海肥 1000～1500 kg，作基肥、追肥均可，宜用于黏性土壤。贝壳类应粉碎后再施用。

三、动物性海肥

（一）肥料来源与养分特征

动物性海肥是海肥中数量多、肥效高的一种肥料。主要包括鱼杂肥类、虾蟹类、贝壳类和海星类、腔肠类和软体类动物等，富含氮、磷、钾、钙和有机质，以及各种微量元素，是以氮、磷为主的有机肥料。不同类型的动物性海肥，在养分含量上各有特点，其中，鱼杂肥类和虾蟹类含氮磷较多；贝壳类除含氮、磷、钾外，富含碳酸钙；海星类中氮、磷、钾较多（表 3-10）。

表 3-10　　　　　　　动物性海肥的主要种类与养分含量　　　　单位：%

种类		N	P_2O_5	K_2O
鱼杂类	鱼杂	7.36	5.34	0.52
	鱼鳞	3.59	5.06	0.22
	鱼肠	7.20	9.23	0.08
	杂鱼	2.76	3.43	—
	鱼水	0.31	0.30	0.40
虾蟹类	虾糠	3.85	2.34	0.64
	虾皮	4.74	2.72	0.87
	干蟹	4.21	2.97	0.57
	蟛蜞	1.63	3.30	0.17
贝壳类	蛏子	1.17	0.32	0.51
	藤壶	1.84	0.48	0.28
	海螺	2.11	0.32	0.46
	鬼螺	0.85	0.52	0.09
	白蚬子	0.20	0.80	0.40
	蛎子皮	1.21	0.23	0.38
	壳头	0.05	0.02	0.07

续表

种类		N	P_2O_5	K_2O
海星类	海五星	1.80	0.24	0.51
	海风车	2.11	0.36	0.46
	海钱	0.40	0.16	0.21

（二）施用方法

动物性海肥中的氮大多以蛋白质形态存在，大部分磷为有机态，仅贝壳类中的磷主要以磷酸三钙形式为主，并且均含有一定数量的有机质，其中以鱼杂肥和虾蟹类含量较多。这类肥料由于富含的氮磷养分主要以大分子的有机形态存在，作物不能直接吸收，一般需要经沤渍腐熟后方能施用，属迟效性肥料，宜作基肥施用。然而，不同类型的动物性海肥因其质地等有差异，在施用方法上也有区别。

1. 鱼虾类

一般作肥料用的鱼虾大多为无食用价值的或经加工后的废弃物，此类海肥富含有机态的氮和磷，含钾较少，其中氮素大部分以蛋白质形态，磷多以有机态及非可溶性的磷化物形式存在，肥效较慢，需经一段时间的腐烂后才能施用。具体利用方式为：

（1）经过沤制腐熟后施用　因为这种动物性海肥含脂肪酸，分解也较慢，一般不宜直接施用。通常先将它与厩肥、堆肥、土化肥、草术灰或倒入粪尿、污水等混合堆积，并覆盖防养分损失，既加速分解，又提高肥效。腐熟后的海肥可作基肥、追肥均可。

（2）直接施用　对一些小虾、烂虾、臭焦或加工后的废弃物，在天气温暖、易于腐烂的季节，可直接施入地里，采用穴施覆土，注意不要离根太近，否则会产生有机酸或有毒物质影响根系的正常发育。在水稻田施用，可采用肥后翻耕使肥泥混合，一周内最好不要排水，以免养分流失。

（3）加工处理后施用　制成鱼肥粉或晒成干鱼肥，贮藏备用，既便于运输，也容易分解。还可将鱼肥碾碎与堆肥等混合发酵后施用。

2. 贝壳类

这类海肥大多具有外壳，含有丰富的石灰质，故而外壳比较难以分解，分解后内含大量的碳酸钙成分，于酸性土或缺乏钙质的土壤施用效果甚好。具体施用方法如下：

（1）鲜用　如香螺、海蛆、蛤蜕等虽带有外壳，经腐烂分解以后，肥效相对较快，因而从海里捞回后可直接作基肥，效果甚好。

（2）经碾碎处理后施用　通常的做法是把海肥取回先行碾碎，然后再与杂草、垃圾、堆肥、草木灰等混合堆积，加土覆盖，使其充分发酵腐熟后施用，可作基肥或追肥。

（3）磨粉　将新鲜贝壳曝晒，干后将其碾碎磨成粉，以便长期储藏或运输，对花生、甘薯及酸性土或缺钙质的土壤直接施用，或者与其他肥料配合施用，效果较好。

3. 其他动物性海肥

以海胆、海豚、海星、水母等较多，此类海肥除含有氮素外，还含有磷、钾及碳酸钙成分。与以上两类相比，其氮、磷量较低，肥效较差，因此，此类肥料一般是将其捣碎与其他肥料混合堆沤，腐熟后即可施用。

四、植物性海肥

（一）原料植物养分特征与分类

植物性海肥是以海藻为主要原料的一种有机肥，因此又称海藻肥，藻体本身和藻类加工副产物均可作为开发海藻肥的原料，此外，浅滩上生长的植物也是其开发利用的重要有机肥料资源。不同的植物性海肥原料，其养分含量不同，并且直接影响其肥料特征（表3-11）。

表3-11　　　　　主要海肥原料植物的养分含量　　　　单位：%

种类	N	P_2O_5	K_2O
海青苔（鲜）	0.30	0.10	1.23
海藻（干）	2.40	1.50	3.19
海朗树叶（干）	1.54~2.44	0.28~0.45	0.17~1.74
鼠尾	0.66	0.30	1.47
海荞麦（干）	1.35	0.09	1.68
海草	1.64	0.42	1.77

用于生产海藻肥的海藻主要有褐藻、红藻和绿藻，最常用的有泡叶藻、海带、昆布、马尾藻等。植物性海肥大多为草本植物，株柔软，不仅富含有机质、氮、磷、钾及微量元素，还富含天然生长调节剂、海藻酸、褐藻多酚、甘露醇及甜菜碱、脂肪酸等多种功能成分，是一种优质

的有机肥料。近年来，随着海藻研究的深入，新的功能物质也被分离鉴定，并不断得到利用。因此，与陆源有机肥相比，藻类肥料不仅绿色环保、补充陆源肥料缺乏的生物功能物质、有助于农产品提质增效，是绿色农业发展的重要肥源之一。

根据不同的分类标准，海藻肥可分为不同的种类，具体见表 3-12。目前市场上常见的产品类型可分为冲施肥和基质肥。冲施肥有液体和水溶性粉剂两种，由海藻提取液浓缩而成，适用于大部分作物。冲施肥在使用时通常需要稀释，而稀释倍数则根据叶面喷施、根部冲施、滴灌等方式或植物的不同生长时期而定。海藻基质肥是指以海藻为主要有机质来源，复配无机营养元素、其他类型有机肥或者微生物菌肥的肥料，可以是海藻有机无机复混、海藻有机＋其他有机复混、海藻有机＋其他有机＋无机复混、海藻有机＋微生物复混等多种组合方式。

表 3-12 不同种类的海藻肥

分类标准	海藻肥种类
原料组成	纯海藻肥、海藻配方肥
外观状态	固体型海藻肥、液体型海藻肥
施用方式	海藻叶面肥、藻基肥、海藻根肥
使用作物类型	大田用肥、叶类蔬菜用肥、特种经济作物用肥
功能	广谱型、高氮型、高钾型、生长调节型、中微量元素型
组分	海藻精肥、海藻有机肥、海藻有机无机复混肥、海藻微生物菌肥
附加有效成分	氨基酸的海藻肥、含稀土元素的海藻肥、含腐植酸的海藻肥、含甲壳素的海藻肥

（二）海藻肥的作用与优点

海藻肥是天然有机肥，海藻肥含有丰富的营养。海藻肥中的核心物质是纯天然海藻提取物，主要原料选自天然海藻，经过特殊生化工艺处理，提取海藻中的精华物质，极大地保留了天然活性组分，含有大量的非含氮有机物，有陆生植物无法比拟的 K、Ca、Mg、Fe、Zn、I 等 40 余种矿物质元素和丰富的维生素，特别含有海藻中所特有的海藻多糖、藻酰酸、高度不饱和脂肪酸和多种天然植物生长调节剂，如植物生长素、赤霉素、类细胞分裂素、多酚化合物及抗生素类物质等，具有很高的生物活性，可刺激植物体内非特异性活性因子的产生和调节内源激素的平衡。

海藻肥与陆生植物有良好的亲和性，对人、畜无毒无害，对环境无污染，具有其他任何肥料都无法比拟的优点。海藻肥可直接使土壤或通过植物使土壤增加有机质，激活土壤中的各种有益微生物，这些生物可在植物—微生物代谢物循环中起着催化剂的作用，使土壤的生物效力增加。植物和土壤微生物的代谢物可为植物提供更多的养分。海藻肥是一种天然生物制剂，可与植物-土壤生态系统和谐的起作用。它含有的天然化合物，如藻脂酸钠是天然土壤调理剂，能促进土壤团粒结构的形成，改善土壤内部孔隙空间，协调土壤中固、液、气三者比例，恢复由于土壤负担过重和化学污染而失去的天然胶质平衡，增加土壤生物活动，增加速效养分的释放，有利于根系生长，提高作物的抗逆性。

（三）海藻肥的合理施用

传统的植物性海肥，如海藻肥是一种迟效性的有机肥料，必须经过发酵才能施用。因为海藻中含有大量的有机质及丰富的营养成分，对作物生长及土壤改良、肥力提升具有很好的效果，尤其对沿海沙质土壤最为适宜，但因其含盐分较高，植物体不易很快腐烂，必须在施用前通过堆沤等方法，使其腐烂后施用为宜，而直接施用的效果较差，具体有如下几种施用方式。

1. 与农家肥混合制成沤肥

将其倒入粪坑与青草、人粪尿等沤制 1～2 个星期后施用，因含有较多的盐，一般可采用与过磷酸钙及硫酸铵一起配合施用。因含有丰富的钾素，所以作甘薯等作物的基肥、追肥，能促进其块根肥大，并减少虫害影响。

2. 将原料晒干后制成堆肥

把新鲜的海藻晒干，作为堆肥原料制成堆肥后作基肥施用。

3. 作新鲜肥料施用

这种方法较少用，主要如海青苔等，在水稻插秧或作物移栽前作基肥，将海藻撒入田中，灌水后翻耕，使肥料与土壤混合，促进其腐熟。

目前海藻肥料产品开发应用的目的就是尽可能地保留海藻天然的有机成分，同时便于运输和不受时间的限制，用不同的方法将海藻提取液制成液体肥料，主要有化学法、物理法和生物法3种。化学法主要利用酸碱或有机溶剂处理海藻，使海藻细胞内成分溶出。因其方法操作简单、成本较低，是目前国内外大多数海藻肥生产企业采用的方法。但由于化学原料对胞内活性物质破坏严重，且产生的废弃液体造成了环境污染，该方法不宜长久使用。物理方法主要采用高压、超声、低温等方式达到海藻破壁效果，此方法对仪器的要求相对较高，且处理规模较小，不适合中小企业使用。生物提取工艺是利用微生物发酵过程中产生的酶系将海藻细胞壁降解，使胞内活性成分溶出，并将大分子物质分解为植物易吸收的小分子物质。该方法反应温和、产物安全，且生产过程中不产生污染，因此最具前景（表3-13）。

表3-13　　　　　　　　　　海藻肥生产工艺比较

生产工艺	主要方式	优势	劣势
化学工艺	加热水提法、有机溶剂法和酸碱提取法等。	海藻利用率相对较高，成本较低。	破坏活性物质，纯化工艺复杂，有机提取和酸碱造成环境污染，酸碱处理设备要求高。
物理工艺	均质过滤法、渗透休克法、超声波破碎法、研磨法、高压匀浆法和冷冻粉碎法等。	活性成分保留较好，无外源污染物。	部分工艺不易大规模操作，成本较高。
生物工艺	酶解法、微生物发酵法等。	活性成分保留较好，反应温和，安全环保能耗较低。	技术难度较高，产品稳定性较难控制，对设备要求高。

五、矿物性海肥

（一）来源与特点

矿物性海肥是指海洋动物的介壳，以无机成分为主，含有丰富的钙。它主要是由海中动植物遗体及陆地上淡水河入海夹带大量肥沃的土壤和有机质淤积起来的淤泥，质量好的海泥质地很细、颜色灰暗或黑色，带腥味及臭味。其来源主要包括：介壳动物加工的废弃物；滨海地区地下浅层埋藏的海洋动物遗留介壳；浅海地区受海水浪潮等动力冲击作用，使海洋动物介壳堆积而形成的水下堤。这类肥料主要用于酸冷性土壤。矿物性海肥的性质与泥肥基本相似，但这种肥料最大的特殊性在于其含有约 0.35% 的盐分，且其养分含量的多少与海泥的沉积条件有关。若是泥底，在江河入海处又有避风港时，黏性泥质养分吸附能力强，便于淤积，养分较多；若是沙底，江河入海处淤成的，沙性泥质对养分的吸附固持能力弱，养分较少。一般海泥含有机质为 1.5%～2.8%，氮为 0.15%～0.61%，磷酸为 0.12%～0.28%，氧化钾为 0.72%～2.25%，可溶性的氮、磷含量很低，并含有较高的盐分，还有一定数量的还原性物质，施用时需经暴晒以除去还原性物质的毒害影响，经腐熟后方可施用。卤水是生产盐的残余卤液，主要成分为 $NaCl$、KCl、$MgCl_2$、$MgSO_4$ 等，可作为提取钾盐的原料。

（二）合理施用

海泥所含养分以含氮量来看，相当于圈粪或土粪，但它也含有一定的盐分，呈碱性，如施用不当会导致土壤盐碱化，海泥质地大多为沙性，具有雨天不易透水，晴天易形成龟裂等特征。因此矿物性海肥施用时，一是要设法除去原料中的盐分，二是要设法改变其物理性质。具体方法：由于海泥中富含有机质，需经过沤制或与其他农家肥料混合堆肥，使其充分腐解，便于发挥肥效。肥料沤制前应将海泥早一些挖取出来，经过一定时间的淋洗，去掉一部分盐分，然后用作垫圈，或与糠肥、土粪等混合堆沤，肥料腐熟后可作基肥施用，这种肥料对黄泥土和山坡地效果较好，但不适用于低洼地及盐碱地。一般每亩施用量 1500～2500 kg。

第七节　沼气肥

一、生产原理及养分特点

（一）生产原理与意义

沼气肥是指沼气发酵后的残留物，即各种农作物秸秆、杂草和人畜粪尿等有机废弃物在沼气池中经甲烷细菌等嫌气微生物发酵制取沼气后的残留物。沼气发酵过程通常分为不产甲烷和产甲烷两个阶段。其中不产甲烷阶段包括液化和产酸两个过程，即由不产甲烷的微生物将原料分解为各种有机酸、醇、二氧化碳及氢气等产物，该阶段的主产物乙酸是甲烷形成过程中的重要中间产物。产甲烷阶段，是由甲烷细菌将产酸过程中产生的小分子化合物还原形成甲烷和二氧化碳的过程。总体来说，沼气发酵慢，有机质消耗较少，除氮素有一定损失外，大部分发酵原材料中的氮、磷、钾等营养元素仍保留在发酵残留物中，因此沼气肥是沤制腐熟后的优质肥料，不仅能供给植物营养，也可改良土壤的理化性状。此外沼气肥除了作肥料使用外，还可以用来养殖蚯蚓等。将新鲜的人畜禽粪、农作物茎秆和其他有机废物通过沼气发酵，对扩大肥源、提高肥效、开辟农家能源、除害灭病、改善环境卫生有重要作用，是固体有机废弃物肥料能源化、肥料化综合利用的有效途径。

（二）营养成分与性质

沼气肥包括沼气水肥（沼液）和固体残渣（沼渣）两部分构成，其中沼液肥占沼肥总量的 88% 左右，沼渣占沼肥总量的 12% 左右。沼液含速效氮、磷、钾等营养元素，以及锌、铁、铜等微量元素。一般地，含全氮为 0.062% ～0.11%，铵态氮为 200～600 mg/kg，速效磷 20～90 mg/kg，速效钾 400～1100 mg/kg。因此，沼液中速效性养分较多，能迅速被作物吸收利用，养分可利用率高，是一种多元速效性肥料。固体沼渣肥，营养元素种类与沼液基本相同，一般含有机质 30%～50%，含氮 0.8%～1.5%，含磷 0.4%～0.6%，钾 0.6%～1.2%，且腐植酸含量丰富，达 11.0% 以上。腐植酸能促进土壤团粒结构形成，增强土壤保肥性能和缓冲力，改善土壤理化性质，改良土壤效果十分明显。固体沼渣大部分为未完全分解的有机质，其性质与一般有机肥相同，属于迟效性肥料。

二、合理施用

沼气发酵池的残渣和发酵液可分别施用，也可混合施用，作基肥和追肥均可，一般地，发酵液更适宜作追肥。沼气肥是一种常见的有机肥料，含有较多的易挥发的铵态氮，如果施用方法不当，容易损失肥效，达不到应有的增产效果。施用时应注意技巧和方法。

1. 沼气肥出池后不能立即施用

因为沼气肥的还原性强，出池后立即施用，其还原物质会与作物争夺土壤中的氧气，影响种子发芽和根系发育，导致作物叶发黄、凋萎。因此，沼气肥出池后，一般先在储粪池中存放 5～7 d 后施用；沼渣可与磷肥按 10∶1 的比例混合堆沤 5～7 d 后施用，效果更佳。

2. 沼渣肥为迟效性有机肥，宜作基肥深施

施于水田应在翻耕时施用，使泥、肥结合，每亩施用量 2000 kg 左右；施于旱土，应采用穴施、沟施覆土等集中施用方法，以减少氮的挥发损失。

3. 沼液肥为速效性肥料，宜作追肥施用

由于其养分浓度较高，施用时应根据沼气肥料的质量和作物生长情况，兑水冲稀（一般兑水量为沼液的一半），以免伤害作物的幼根、嫩叶。

4. 沼气肥与化肥配合施用

氨水和碳酸氢铵是生产成本较低的氮素肥料，呈碱性，肥分易挥发损失。沼液与氨水、碳酸氢铵配合施用，能帮助化肥在土壤中溶解，吸附和刺激作物吸收养分，并提高化肥利用率。可在每 50 kg 沼液肥中加入 0.5～1 kg 碳酸氢铵或氨水施用。沼气渣肥与过磷酸钙混合施用，也能提高过磷酸钙的肥效，但切记不可与草木灰、石灰等碱性肥料混施，避免造成氮的损失，降低肥效。

5. 施用沼气肥的量不能太多

因为沼气肥是经过发酵处理后的有机肥料，活性养分比普通猪粪要高，因此一般要比普通猪粪肥少施。若盲目大量施用，会导致作物徒长，行间荫蔽，病虫增多，造成减产。

第四章　绿肥的高效生产与科学使用

第一节　概述

一、绿肥的概念与分类

(一) 绿肥的概念

绿肥作物是指一些作物，可以利用其生长过程中所产生的全部或部分绿色体，直接或间接翻压到土壤中作肥料；或者通过它们与主作物的间套轮作，起到促进主作物生长、改善土壤性状等作用。这些作物称之为绿肥作物，其绿色植物体称之为绿肥。

(二) 绿肥的分类

由于我国地域宽广，自然条件和耕作制度大不相同，绿肥种类和种植方式各不一样，在习惯上就用不同的名称来加以区分，现将各种绿肥分类方法和名称的意义简述如下：

1. 按来源分类

按照绿肥作物的来源区分，有栽培绿肥和野生绿肥两种。

(1) 栽培绿肥　又称绿肥作物，是绿肥的主体。

(2) 野生绿肥　各地又称"秧草""山青"和"湖草"，是利用天然自生的青草、水草和树木的青枝嫩叶作肥料。

许多地区可以同时存在2种来源不同的绿肥。但对某一种特定的植物来说，往往既有栽培的，也存在着野生的；从发展来说，人们最先利用野生的，然后逐步将其栽培。

2. 按栽培的生长季节区分

按绿肥栽培的生长季节区分，有冬季绿肥、夏季绿肥、春季绿肥和秋季绿肥及多年生绿肥。

(1) 冬季绿肥　冬季绿肥简称冬绿肥，为秋季或初冬播种，到次年春季或初夏利用,它的整个生长期有一半以上在冬季、例如南方秋播的紫云英、苕子、箭筈豌豆等,是我国栽培绿肥的主要形式。

(2)夏季绿肥 夏季绿肥又称夏绿肥,为春季或初夏播种,到夏末初秋利用,它的生长期有一半以上在夏季,例如北方麦收后种植的田菁、槿麻、秣食豆,春麦区套种和复种的豌豆、箭筈豌豆等,南方种植的豇豆、藜豆等。

(3)春季绿肥 春季绿肥简称春绿肥,为早春播种,在仲夏前利用,它的生长期一半以上在春季。例如长江下游麦田套种的草木樨,华北春播的油菜、箭筈豌豆等。

(4)秋季绿肥 秋季绿肥简称秋绿肥,指在夏季或早秋播种,冬前翻压利用,它的生长期主要在秋季,例如长江以南秋播槿麻、豇豆,西北春麦区夏播的香豆子等。

春、秋两类绿肥大都是利用主要作物接茬之间所余的生长期以复种的形式进行播种,生长时期较短,所以又称为短期绿肥。

(5)多年生绿肥 为栽种利用年限在一年以上的绿肥,又称为长期绿肥。常种在荒地、坡地、沟边、路边等农田隙地上,一般是多年生植物,如紫花苜蓿、紫穗槐、胡枝子,或虽一年生而能自传种子连续生长的,如地三叶、黑麦草。有的地方把多年生绿肥与覆盖保土、防风、固沙、治理盐碱、增加饲料等结合起来种植利用,如沙碱土上种沙打旺,橡胶园种葛藤、蝴蝶豆等。

一个地区为了增种绿肥,常利用各种茬口四季种植,如盐城地区既有稻茬、棉茬种冬绿肥,又有麦茬或为改良盐土而种夏绿肥,也有麦田套种春绿肥,还有早稻茬种秋绿肥。在沿海防风林中,有着多年生绿肥紫穗槐,在沟沿边长有自传自生的黑麦草和牛尾草等。对某一种植物来说,在不同地区,可以在不同季节栽培。例如草木樨在广西用为冬绿肥,在江苏用为春绿肥,在冬麦区及果园用为夏绿肥,在东北有用为秋绿肥,在西北结合保土,又用为多年生绿肥。

3. 按绿肥的用途区分

按绿肥的用途一般区分肥用和兼用两种。肥用的根据所服务主作物又可分稻田绿肥、棉田绿肥、麦田绿肥,果、茶、桑园绿肥和热带经济林木绿肥等。兼用绿肥根据所兼用途,有覆盖绿肥、改土绿肥、防风固沙绿肥、遮阴绿肥及绿化净化环境绿肥等;此外还有肥、饲兼用,肥、粮兼用,肥、副兼用等。兼用比单纯的肥用往往可以取得更大的经济效益。

4. 按植物学科区分

按绿肥的植物学特征区分，一般分豆科、十字花科和禾本科等绿肥。绿肥主要以豆科植物为主，用来提升土壤氮素；也有其他科属植物，用来富集各种养分和改良土壤，如马桑和红萍；某些水生和菊科绿肥具有较强的富钾能力；十字花科绿肥具有较强的解磷能力；禾本科绿肥含碳量高，且须根系发达，可促进土壤团聚体形成，可用作混播绿肥。在习惯上，分为豆科与非豆科两类。

5. 按生态环境区分

①水生绿肥，如水花生、水葫芦、水浮莲和绿萍。②旱生绿肥，指一切旱地栽培的绿肥。③稻底绿肥，指在水稻未收前种下的绿肥，如紫云英、苕子等。

6. 按生长期长短区分

①一年生或越年生绿肥，如柽麻、竹豆、豇豆、苕子等；②多年生绿肥，如鼠茅草、山毛豆、木豆、银合欢等。③短期绿肥，指生长期很短的绿肥，如绿豆、黄豆等。

二、绿肥的高效生产

(一) 绿肥高效生产的意义

绿肥高效生产主要是提高绿肥光能利用率、固氮和养分积累效率，在单位面积上投入能量和物质较少情况下，获取高量鲜草产量和养分数量，或种子产量和地下部根系重量。绿肥只有高效生产才能更有效地提高其改土培肥效用，在农业生产上的作用越大。绿肥高效与其他大田作物有相似之处，即其高效既取决于绿肥种类的株型结构及其对光能利用效率等遗传性，又取决于外界环境条件，即足够的生长时空和必要的温、光、水、热、肥、土等条件。绿肥是为大田作物和生态环境提供服务，不能与大田作物争地、争空间和时间、争肥、争水、争劳力。因此，绿肥高效生产措施要简便易行，投能低，耗资少，经济实效。

(二) 绿肥高效生产的关键栽培措施

1. 绿肥种类的选择

绿肥种类的适应性是指绿肥生长发育过程对外界环境的温、光、热、水、土等条件的综合反应。任何绿肥作物均具有特定种类属性——适应性，即它所能适应的生长环境条件范围。只有当环境条件能最大限度地符合其高效生产要求时，才能达到绿肥的高效生产。所以绿肥生产要高效，首先需选择适应性良好的绿肥种类。根据绿肥种类的适应性，现将我国改良主要低产土壤和主要农区所实用的绿肥种类简述如下：

（1）改良北方沙荒瘦地　紫花苜蓿、二年生草木樨、沙打旺、小冠花等。

（2）改良盐碱地　草木樨、田菁、紫穗槐、沙打旺、黑麦草、黑麦、披碱草、细满江红（盐土）。

（3）改良红、黄壤荒、薄地　肥田萝卜、腊油菜、箭筈豌豆、饭豆、猪屎豆、胡枝子、葛藤、大翼豆、肿柄菊、印度豇豆、羊角豆。

（4）春麦区　东北，二年生草木樨、油菜、紫花苜蓿、豌豆、秣食豆；西北，二年生草木樨、箭筈豌豆、毛叶苕子、紫花苜蓿、山鳖豆、香豆子、云芥。

（5）黄河流域冬麦区　毛叶苕子、紫花苜蓿、油菜、黑麦草、草木樨、田菁、柽麻、红三叶。

（6）江淮稻麦区旱地　毛叶苕子、柽麻、绿豆、乌豇豆、红三叶、白三叶、荞麦；水田：紫云英、毛叶苕子、光叶苕子、箭筈豌豆、金花菜、蚕豆、豌豆、绛三叶、黑麦草、满江红。

（7）长江至五岭之间　水田：紫云英、肥田萝卜、腊油菜、毛叶苕子、箭筈豌豆、金花菜、满江红。旱地：毛叶苕子、箭筈豌豆、饭豆、豇豆、大绿豆、柽麻、白三叶（高海拔）、小葵籽、象草、金花菜。

（8）五岭至热带回归线及其附近　水田，紫云英、田菁、一年生草木樨、满江红；旱地：大翼豆、狗爪豆、山毛豆、铺地木兰、胡枝子、肿柄菊、象草。

（9）热带回归线以南　蝴蝶豆、毛蔓豆、苜蓿、爪哇葛藤、新银合欢、危地马拉草、无刺含羞草、象草、飞机草。

2. 绿肥品种的选择

绿肥的高效生产品种选择要遵循四个原则：一是要适于本地轮作制度和种植原则。二是草量草质并重原则。绿肥通常以绿肥鲜草产量作为衡量绿肥生产力的标准，却不能完全代表绿肥的肥用价值，绿肥的肥用价值体现在其地上、地下两部分所积累的总氮、磷、钾、碳 4 种养分含量。因此，选择绿肥品种，既要关注其干物质产量，还要关注其含氮量，参考其磷、钾含量。三是种源稳定原则。当几种绿肥可同时在某区域种植时，宜选用高产、稳产的品种。四是主作物无害原则。在某些区域，水是限制作物生长的重要因子，在这类地区要选用在雨季能速生的或蒸腾系数小或根系深而能利用深层地下水的品种。绿肥腐解时需要水分，而耕作不适时会引起跑墒；有的绿肥会成为后作的杂草或某些病虫害的中间寄主，在选用品种时都应该注意。

3. 绿肥种子的处理

在绿肥高效生产中，要根据不同绿肥发芽与出苗的特点，根据土壤、气候条件及前作情况等采取相宜的措施，以达到苗早、苗齐、苗全、苗壮，为绿肥高效生产打好基础。首先，要注意绿肥种子质量。优良的绿肥种子应该是种子纯净度高、籽粒饱满整齐、活力强、不附带病虫害。绿肥种子常由于生物学混杂，导致纯净度不高。所以，宜先在田间做好种子去杂提纯工作，在脱粒和储运中严防混杂。其次，要破除绿肥种子的休眠期。绿肥种子通常具有休眠特性，生产上常用如下 4 种方法破除绿肥种子休眠期：①擦伤处理，即将种子拌细沙放在碾米机中碾 2～3 次，也可用细沙与种子研擦或将种子放在石碾上碾磨，以使种皮刻伤而吸水。②变温浸种，先用 40 ℃左右的温水浸泡，至次日晨捞出放阳光下曝晒，夜间使自然冷却，并保持湿润，2～3 d 后大多数种子吸胀，便可播种。③热水处理，如田菁种子在 90 ℃热水中浸 5 min 后，再移入 15 ℃水中浸 10 min（水种比 1.5：1），硬实率由原来的 30% 降至 5% 以下。对草木樨种子如先擦伤种皮，再用 40 ℃温水浸种，一般发芽率就可达到70%～80%。④晒种，禾本科作物种子在阳光下曝晒 1～3 d，每日翻动3～4 次，能促进种子后熟，提早萌发。在寒冷的地方或遇阴雨情况下，用 30 ℃～40 ℃的温度给种子加温，能收到同样效果。

4. 播种环境的把控

绿肥高效生产要创造良好的土壤条件，争取全苗。影响全苗的因素有：土温太低或过高，水分不足或过多，播种过深，盖土太厚或播种太浅甚至露籽；田面有草或其他物质阻止种子接触地面；土壤盐分过高，苗未出前因降雨使表土层结盖；出苗时遇立枯病或地下虫的危害等。因此，要及早采取相应的措施，以取得全苗。土温过低易导致种子发芽慢且易于霉烂，土温过高往往伴随水分过少或过多会造成缺苗，要掌握好适宜播种时期。豆科绿肥种子萌发需要吸收其本身重量 1 倍以上的水分。因此，绿肥播种时掌握良好的墒情是获得全苗的关键。

5. 养分管理

在苗足苗全的基础上，要满足绿肥对养分的需求，使个体发育良好，并稳定地提高群体的生物量。绿肥和其他作物一样，需要各种营养元素的投入以构成其有机体，并进行正常的新陈代谢，对豆科绿肥的养分管理应着眼于促进其共生固氮和早发快长。与一般作物所不同的地方是：豆科绿肥对磷比较敏感，可施用少量或不施氮肥，钾是必不可少的，需要少量铁、钼和钴，需要较多的钙、镁或硼、硫。肥水供应要按绿肥生长的特点做到适时适量。

6. 水分管理

绿肥大都是耗水较大的作物，由于其群体密度大，叶面积指数高，（例如紫云英在现蕾期叶面积指数常达 10～12，高产田可达 16），叶面蒸腾强度大，蒸腾系数也高，例如紫花苜蓿作为收草的在 446～500，收种的高达 850～1350，草木樨为 570～770；柽麻在黏性土上为 306～581。生长 40 d 的田菁，每株每天约耗水 21 mL，比禾谷类作物高 2 倍以上。

7. 适宜的播种期和播种量

按照当前栽培水平，绿肥作物的生物产量略低于一般禾谷类作物，豆科绿肥由于具有较高的叶面积指数，在旺长时期群体的光能吸收率较高，干物质的积累也比较快。但是由于幼苗生长缓慢，前期生物产量低，加之根瘤固氮需要消耗能量，以及匍匐或半匍匐性的绿肥，在伸长以后群体内逐渐郁闭而影响二氧化碳的交换等原因，光能的转化率受到限制。因此，要提高绿肥产量，使绿肥苗期覆盖田面快，旺长以后，要提高植体的高度，以缓和群体内部自然稀疏的消耗；保持较高的苗枝密度，提高光能的利用率。适宜的播种期与播种量对于绿肥高效生产具有重要意义。

8. 绿肥混播

绿肥混播是指将两种或两种以上绿肥作物混合一起播种的种植方式。其主要效用有：提高绿肥作物地上部和地下部产量、豆科绿肥的种子产量、总养分含量、碳氮比值和腐殖化系数；增强土壤有机质积累，更好地改善如土壤容重、孔隙度、通透性等土壤物理性质；提高土壤有机无机复合胶体和水稳性团聚体数量。混播绿肥的肥效缓速兼备，提高其利用率，可较快地建立植被，抑制杂草，防止返盐或减轻雨水对土壤的冲刷，具有较高的饲用价值；可粮油兼收，耐迟播，在双季稻地区可耕翻后播种。对于不适于进行绿肥套种的稻田也可以采用耕翻后混播来取得一定产量；有利于防御寒冷、干旱、涝湿等自然灾害；对某些豆科绿肥可以减轻菌核病、炭疽病、锈病等病害的蔓延；可以节省主要绿肥作物种子用量，适当解决种子不足问题。

绿肥混播须遵循以下基本原则：

（1）株型和叶型不同的绿肥品种组合原则　主要有：①茎枝，直立与匍匐或攀缘的组合，茎粗与茎枝细的组合。②叶片，宽叶与窄叶组合，平展与斜上的组合。③根系，须根与直根或浅根与深根相组合。④其他，如喜光的与耐阴的相组合，抗性强的与弱的相组合，碳氮比高的与低的相组合以及解磷能力、富钾能力强的与能固氮的相组合等原则。各地常用的品种组合有：①黑麦草与苕子、紫云英、箭筈豌豆、蚕豆、金花菜分别配合，其中可再加少量高秆的芥菜型油菜。②肥田萝卜与苕子、紫云英、箭筈豌豆配合，其中可加少量大麦或燕麦。③大麦与金花菜、紫云英，燕麦与紫云英、箭筈豌豆、肥田萝卜，黑麦与毛叶苕子等分别配合。④紫云英与金花菜，蚕豆或金花菜与蚕豆苕子相配合，并另加少量黑麦草或油菜。

（2）豆科和非豆科绿肥品种比例控制原则　在收刈时，要使产量组成中豆科绿肥占重$60\%\sim70\%$，禾本科加十字花科绿肥占重$30\%\sim40\%$。因此要控制各品种的用种比例，使植株的密度为：各单播绿肥用种打折扣以后所参与的百分率之和达到$130\%\sim140\%$，亦即每种绿肥的用种量，要按其单播密度参考其株型相应地减少；在管理上可以用豆科喜湿喜磷，禾本科喜干喜氮，十字花科喜氮喜磷等特点以及间苗、摘叶饲用等方法适时调节群体的组成分。

（3）不同绿肥品种生长习性空间组合原则　蚕豆、油菜、肥田萝卜等秆高茎粗的宜采用等距离方形穴播；苕子、金花菜适宜条播，黑麦草、大麦、紫云英宜于撒播。一块田内有穴播、条播、撒播有利于增加利用空间，如以条播金花菜与穴播芥菜型油菜和撒播苕子相配合，可以均匀的形成高、中、低三个同化层，以穴播油菜与条播苕子加撒播黑麦草也可以形成较高的绿肥植株体。

（4）同行混播原则　如果仅两种绿肥混播，则以在同一播种行上混合播种比间行单播的组合更好，前者可以更早更好地发挥各项种间的互利作用。

（5）早播原则　在受到前作限制的情况下，可以分开播种，即按照各个种的要求适时分别播种。尽可能使豆科绿肥早播，禾本科可晚播，十字花科可育苗移栽，以争取高产。

三、绿肥的科学使用

绿肥的科学使用方式主要有翻压、割青与根茬利用、堆沤等。

(一) 绿肥翻压

1. 翻压原则

翻压绿肥是绿肥的最主要使用方式，其目的是：①绿肥翻压入土后，通过其腐解与矿化，为当季或下茬主作物提供氮素和其他营养元素，促进主作物生长发育。②绿肥翻压入土后，向土壤直接提供大量的新鲜有机物质，促进土壤腐殖质的形成、积累与更新以及土壤有机-无机复合体的形成，提高土壤肥力水平。因此，翻压绿肥应遵循以下基本原则：①选择绿肥鲜草产量和质量最佳时期翻压。②根据主作物种植和养分吸收特点进行翻压，以发挥其最大的肥效，避免其养分流失或因腐解过程对幼苗产生不利影响。③综合土壤、气候、地形等自然环境条件，根据绿肥作物腐解速度确定绿肥翻压时期、深度与方法等。④考虑间作套种下绿肥与主作物的共生关系，既不影响农作物生长发育，又要获取优质高产的绿肥生物体。

2. 翻压时间

应综合考虑以下因素：①绿肥作物的营养生理特点：一般豆科绿肥作物宜在盛花至结荚初期翻压，禾本科则宜在抽穗初期翻压。②绿肥腐解与矿化速度：绿肥翻压主要是为下茬主作物作基肥。要最大限度地发挥其肥效，不仅需要了解主作物生物学特性和吸肥规律，还须掌握绿肥腐解与矿化特征及养分释放特点，以确定其翻压时期。③绿肥体的碳氮比：通常碳氮比值（C/N）小的组织易于腐解，大的难于腐解，一般豆科绿肥的 C/N 值为 8～16，禾本科绿肥为 20～30。④绿肥体的含水率：绿肥含水率高的易腐解，含水率低的不易腐解，通常含水率为 75% 以上的绿肥植株均较易腐解。⑤绿肥体的茎叶比值：茎中含纤维素、木质素较多，而叶中蛋白质含量较高，故茎叶比值高的不易腐解，比值小的易于腐解。其中，绿肥氮素含量是影响绿肥腐解速率和养分利用率的最主要因素，也是绿肥有机物矿化的主要成分，绿肥氮素含量基本上与其矿化速率的高低相一致。如豆科绿肥作物其干物质含氮量大于 1.8% 时，矿化迅速，并释放有效氮素供作物吸收利用；含氮量在 1.2%～1.8% 的绿肥作物干物质对土壤速效氮水平不产生净效应。禾本科的绿肥作物含氮量均较低，矿化速度较低，但木质素含量较高，其腐殖化系数也高，绿肥木质素含量与其腐殖化系数成正相关，豆科绿肥在旱田中腐殖化系数为 $25\%\sim40\%$，禾本科为 $50\%\sim55\%$，禾本科绿肥对土壤有机质的积累有利，但对提高土壤有机质质量的作用却不大。不同绿肥作物的腐解和利用最佳时期也不同。田菁在现蕾前期，光叶苕子在始蕾期，柽麻、苕子在开花至盛花期，紫云英在盛花期后 $3\sim5$ d，金花菜在初荚期。因此，在这些期间进行翻压，其 C/N 值（$15\sim16$）和茎叶比都较为适中，碳、氮的释放稳而长。因此，应根据绿肥的腐解和矿化速度确定绿肥的翻压时期，使绿肥的养分释放时间与强度和农作物的吸肥时间与强度相适应。

3. 翻压量确定

绿肥的翻压量主要由绿肥最大的鲜草产量和高效发挥绿肥肥效的利用技术决定。绿肥翻压量与其有效养分供应量和土壤有机质保持量呈正相关，翻压量较低时矿化较快，土壤有机质净矿化度增加。因此，少量多次绿肥施用有利于供肥，而大量集中施入绿肥则有利于土壤有机质积累。在获取绿肥最大鲜草产量的条件下，综合土壤肥力状况和主作物种类以及品种特性来确定绿肥翻压量。土壤肥力水平高的可少施，肥力水平低的瘠薄土壤可多施；生育期长的作物，耐肥品种可多施；生育期短的作物，不耐肥的品种则少施。

4. 翻压技术

为保证绿肥翻压质量，要求绿肥翻入土层后，要压严、压实，使绿肥与土粒紧密接触，创造有利于绿肥腐解及主作物播种或移栽的条件，保持肥分不损失不浪费。为此，应掌握以下技术要点：①翻压深度：旱土翻压深度适中，深度不能超过耕层，否则将导致作物减产；也不能过浅，否则使绿肥体掩埋不严实，引起跑墒，也影响其腐解速度和下茬作物的播种。水稻本田压施绿肥，早稻栽秧较早，土温较低，宜稍浅耕翻，使绿肥腐解快，及时发挥肥效；晚稻田和稻、麦两熟田则宜结合深耕，深埋绿肥以延长肥效。翻压深度还要考虑绿肥作物的植株高度、鲜草产量、土壤耕层厚度（熟化层）以及翻压后的水热环境因素。绿肥植株高大根系发达，可在最大耕层内进行深翻，以达到埋严之效。如果绿肥量大，耕层又浅，可先刈割一部分鲜草经堆沤后异地施用。②翻耕、耙地、镇压连续作业：翻耕绿肥后随之进行耙地和镇压是提高绿肥肥效的关键性措施。连续作业可使绿肥及时死亡，根茎枝条被切断可避免土壤大孔隙的跑墒。连续作业使大土块通过耙压适时地被切成小土块，使土粒与绿肥密接，加速绿肥的腐解过程。翻、耙、压连续作业还节省翻耕作业的能量消耗。对于多年生的牧草绿肥翻耕后及时耙地切碎其粗壮的根茎，促其死亡和腐解，避免再生。对水稻田绿肥长得好、草层厚的，则要在翻压前先耙两遍，或拖楼梯镇压一遍，可以提高翻压的质量。

（二）绿肥翻压后的土壤管理

1. 灌水

翻压绿肥的土壤耕作本身就会损失土壤水分，据测定，旱田翻耕作业前土壤含水量为 17.6%，翻耕和耙地后土壤含水量减少到 13.8%。绿肥腐解也需要一定的水分，尤其腐解初期更是这样。在北方秋季翻耕绿肥，春季干旱多风情况下，凡有灌水条件的地方，进行翻后灌水对肥土密接，可加速绿肥腐解进程，对农作物的保苗有重要的作用。在绿肥与粮食作物实行间作套种条件下，翻压绿肥后进行灌溉对粮食作物有明显增产效果。在没有灌溉条件的旱作地区，绿肥与大田作物间作的情况下，绿肥翻压后除镇压保墒外，大田作物实行高茬收割，以防风挡雪，蓄水保墒，也有利于绿肥的腐解和后作保苗。水田翻耕绿肥后，应先晒田后灌水，以提高土温，增加孔隙，促使绿肥腐解和及时发挥肥效。

2. 增施磷肥，施用石灰和石膏

豆科绿肥施入土中，给土壤增加了大量的氮源，也失去了土壤养分的平衡，尤其在缺磷土壤上，翻压绿肥后给土壤带来的影响更为突出。往往因施入大量的豆科绿肥在这些土壤上反造成减产。为此，在翻压绿肥后施磷肥是非常重要的，在绿肥腐解较慢的北方地区效果更显著。结合绿肥翻压进行磷肥深施，既提高了绿肥肥效，又提高了磷肥利用率。在酸性土壤上翻压绿肥后施入石灰，调节土壤酸碱度，可促进微生物活动，加速绿肥的腐解，并能代换出土壤的潜在养分。压青较晚的稻田更应施用石灰，以提高土壤 pH 值减少未解离的有机酸含量，加速绿肥腐解。石灰每亩施用量一般为 20～25 kg。在土壤还原势较强的冷浸田，为防止压青后水稻田的"翻秋"，结合落水晒田每亩施入石膏粉 2.5 kg 左右，或过磷酸钙 7.5～10 kg，以促使绿肥腐解，提早发挥肥效。在北方苏打型盐渍土灌区，种植草木樨翻压改良土壤的同时，结合施用石膏可收到比单施绿肥或石膏更好的改良效果。

3. 浅耕作业

翻压绿肥的地块由于绿肥腐解过程中需要好气和嫌气交替，以及一定的土壤湿度和温度条件，在下茬作物前的土壤耕作时应注意实行浅耕作业或适当推迟作业期。这样既可加速绿肥腐解，又能保持绿肥肥效。

（三）割青与根茬利用

1. 绿肥刈割

我国各地都有利用荒坡隙地种植绿肥作为农田有机肥的习惯。南方的"绿肥坡""绿肥山"和北方的"以山养川""以荒养熟"都是这种种植利用形式。这些绿肥都须割青利用。在农田种植绿肥产草量高，每亩几百千克以上的丰产田，如果全部用于本田，肥分过高，会引起后作物徒长减产。因此，除本田留一部分外，也要割青作其他用途。绿肥割青的适宜时期除与刈青用途的要求有关外，也要考虑绿肥作物本身生长发育规律，割青适当与否。一是要根据绿肥作物养分变化规律确定刈割期。不论是夏播绿肥或越冬绿肥，为了多收养分，刈割期以初荚期为好。二是要根据绿肥的饲用营养价值确定刈割期。绿肥作物在生长发育的过程中，鲜草产量的增加与饲料品质的变化有一定矛盾。因此绿肥作为饲料利用，对产量和质量都须兼顾。三是从绿肥作物的再生力考虑刈割期。豆科绿肥作物一般都具有再生能力。但刈割不当，再生草产量很低。如一年生草木樨不论播期如何，如在初花期前刈割，生长期内至少可以割两次草。从鲜草总量来看，以现蕾期开始收割产量最高，其次为分枝期；初花期和盛花期产量最低。因此考虑草质和产量，以现蕾期开始刈割为宜。多年生豆科绿肥，在越冬前都有一个储存养分的阶段，在这个时期切忌割青，否则会影响安全越冬或越冬后次年鲜草量大幅度下降。四是从获得更大的综合经济效益考虑刈割期。

2. 绿肥根茬的利用

绿肥作为饲料利用，再用畜粪和根茬肥田，是更经济的利用方式，也是农牧结合互相促进的有力措施。从生产实践的普遍情况来看，不论稻田、旱地绿肥，根茬肥地是客观存在的。绿肥根茬肥效高低的影响因素很多：一是绿肥作物根系的发育状况。绿肥种类不同，根系发育状况也各异，其根系对土壤肥力的影响也不同。如箭筈豌豆根系不如毛叶苕子发达，而毛叶苕子的根系又不如草木樨，因而其茬地肥效的高低与绿肥作物根系发达程度及其总量的多少是一致的。二是绿肥作物根系的发达程度与栽培条件也有较大关系。如南方高温多湿地区的绿肥茎叶很繁茂，但其根系不如北方冷凉干旱地区发达，根茬肥力比较低。三是与绿肥作物生育期长短也有关系。常用的豆科绿肥多是一年生和二年生植物，少数是多年生绿肥，其生长时间长短不同，对土壤肥力的影响也不同，一般二年生绿肥比一年生绿肥对土壤影响较大，茬地肥力较高；多年生绿肥茬地肥效更高，且后效也长。夏绿肥草木樨生长期达 100 多天，而绿豆、柽麻和田菁只生长 50～60 d，茬地肥力差异较大。四是与绿肥刈割期的关系。同一种绿肥刈割期不同，其根茬肥力也不一样。从绿肥作物对土壤氮素营养的影响来看，随着刈割期的后延而有所增加。如能补充其他营养元素，其根茬肥效也随刈割期的后延而增高。

3. 豆科绿肥根茬特点及相应的耕作措施

豆科绿肥枝叶繁茂，根系发达，耗水量较多，其蒸腾系数比一般禾谷类作物高得多。因此，绿肥根茬如果得不到外界水分的补充，其水分较少，特别是多年生豆科绿肥根茬水分更少。这是豆科绿肥根茬的特点之一。因此绿肥根茬往往水分不足，使后作物生长发育受到限制，从而导致后作物减产。因此，在绿肥根茬耕作上，北方灌区要注意补水，旱地要注意蓄水保墒，为下茬作物增产创造必要的水分条件。豆科绿肥的根系多而长，根系腐解后，土壤中留下了许多根孔，土壤物理性状得到显著改善。耕层特别疏松，保墒力强，在耕作上可以考虑不再深耕，只耙松地表，对蓄水保墒及后作物出苗生长更为有利。豆科绿肥茬地的另一个特点是土壤氮素养分增加，而磷素养分却因地上部刈割而携走，往往使土壤磷素降低。因此，豆科绿肥茬地补充磷肥是发挥其肥效极为重要的措施。

(四) 绿肥的堆沤

绿肥制作堆肥或沤肥时，一般都是将绿肥掺和到秸秆、圈肥、杂草、肥泥和其他废弃物中，作为堆肥和沤肥的一种原料。我国南方水稻产区，稻田冬季绿肥是制作草塘泥或凼肥的主要原料之一。当冬季绿肥产量较高时，可刈割 1/3 甚至 1/2 的鲜草积沤于田头凼肥库中，留作晚稻基肥，做到"一季绿肥两季利用"。此外，各地都先将绿肥掺入沼气池中作沼气发酵原料，然后再作肥料。在发展水生绿肥和稻田养萍地区，群众创造的"萍肥凼"或"萍肥库"是利用水生绿肥沤肥的一种方法。

1. 绿肥沤制草塘泥和凼肥

沤制草塘泥和凼肥是我国南方水稻产区沤肥的两种主要形式，这两种沤肥形式在许多方面是大同小异的。总的原则都是将各种原材料与较多的泥土充分混合后加水浸泡，造成嫌气条件。然后由泥土中自然存在的多种厌气菌和嫌气菌对原材料进行分解、转化和合成等复杂过程，最终形成腐熟的草塘泥或凼肥。

2. 一季绿肥两季利用

我国南方双季稻产区多数是冬种豆科绿肥作早稻基肥。一般绿肥鲜草亩产 1500 kg 左右，可以全部翻压作一亩早稻的肥料。如果亩产 2500～3000 kg，甚至 5000 kg 以上的绿肥产量仍习惯就地施用，一亩绿肥只肥一亩早稻，就会产生一系列的不良后果。例如早稻因氮素养分过多，造成陡长倒伏或贪青晚熟、空壳率高，病虫害严重，产量显著下降。因此，绿肥高产地区宜推广"一季绿肥两季利用"的技术。其制肥方法存在的问题如下：冬季绿肥留作晚稻基肥，从沤制到施用的时间长，绿肥腐解快，又经过梅雨和高温季节，养分容易流失。保肥效果较好的制肥方法如下：在田头先筑好 66.7～100 cm 深的坚固不漏的田凼，凼底踏实后，再放入一层较厚的田泥，然后按 3∶2 的泥草比例，一层田泥一层绿肥进行紧实堆积，顶部覆盖一层泥土并用稀泥将表面涂封糊光，以防雨水浸透，待到 7 月上旬，再浇水翻拌，以后保持水分，到充分腐熟时应稍加落干，以利散凼。这样积沤的绿肥在 7 月上旬翻拌以前，基本上处于嫌气发酵状态。微生物以乳酸菌占绝对优势，其他腐生性微生物都很难生长。绿肥因处于酸化过程中，呈嫩黄色而长期不腐解，故绿肥中养分得以比较好地保存。到 7 月上旬浇水翻拌时，为了打破乳酸菌的绝对优势，促进绿肥腐解，除与田泥充分拌和外，还需加入适量石灰以调整酸度到微酸状态，以利于其他腐生性微生物的大量繁殖。

3. 用满江红积沤凼肥或萍肥库

（1）满江红凼肥　满江红凼肥又称萍泥肥，我国南方利用冬水田养殖满江红、繁萍的有利时期是在中稻收割后的秋季。待繁殖满田后即可收集起来沤制凼肥，如此反复繁沤两三次，即能积沤出优质的满江红凼肥，作为来年的中稻基肥。山丘地区的冬水田较多，在不宜冬干复种绿肥的情况下，利用秋繁满江红沤制凼肥，也是解决来年水稻基肥的有效措施。

（2）萍肥库　利用初夏和初秋气温适合满江红大量繁殖的有利时期，留出少量空闲水田放萍繁殖。促萍快繁，繁满就倒，倒了再繁，反复多次，积沤萍肥叫萍肥库。其优点是造肥快，积肥多，养分完全，能为双季晚稻提供有机肥料。但萍肥库的缺点也很明显。首先是多次养萍，倒萍加上挑散大量萍泥肥都很花工，特别是萍泥肥的养分含量比凼肥的还低，因此施用量要大，花工更多，只能在人多田少晚稻又很缺有机肥料的地区适当推广；其次积沤萍肥库要占用一定的稻田，限制了萍肥库的推广。也可把快繁期生产的大量满江红分散至各块田的空草泥塘中，制成萍肥泥，可以缓和晚稻栽插时紧张的劳力。

4. 用紫穗槐或草木樨制造堆肥

紫穗槐和草木樨枝叶中的纤维素与木质素较一年生豆科绿肥的多，在我国北方一些盛产紫穗槐或草木樨的地区，如果将紫穗槐或草木樨直接翻压，往往受低温干旱的影响，分解比较缓慢，不能及时供应后茬作物养分。而用紫穗槐或草木樨制造堆肥，加快腐熟，则可解决这个矛盾。用草木樨的茎叶制造堆肥肥效很好，利用草木樨的茎叶制堆肥，可扩大肥源，使肥料的数量和质量比种草木樨以前增加 1～2 倍。草木樨沤制的堆肥中，腐殖质含量为 2.47%，而一般土粪中的腐殖质含量仅 1.35%，相对提高了 83.2%。

此外，各种绿肥都是沼气发酵的好原料。它们的氮素含量高，调整沼气原料的碳氮比，促进沼气微生物繁殖，其中特别是一年生或越年生的豆科绿肥，木质素含量低，磷、钾营养也比较丰富，对提高沼气产率和提高沼肥肥效都十分有利。

第二节　旱生绿肥

一、冬季绿肥

冬季绿肥简称冬绿肥，为秋季或初冬播种，翌年春季或初夏利用，其整个生育期有一半以上是在冬季，紫云英、苕子和箭筈豌豆是我国主要的冬季绿肥品种。

（一）紫云英

紫云英是豆科黄芪属越年生草本植物，又叫红花草、红花草子、花草、草子、燕子花、红花菜、莲花草等，是我国稻田最主要的冬季绿肥作物。紫云英原产我国，栽培历史悠久。在明清时代，我国长江中下游已有大面积种植，到中华人民共和国成立前，北至江苏扬州南部、安徽滁县、河南信阳，南至广东韶关、广西桂林，西至四川的川西平原，均有紫云英种植。当时全国播种面积超过 1000 万亩，主要分布在浙江、江苏、上海、安徽、江西、湖南、湖北等省（市）的沿江、沿海平原稻田。中华人民共和国成立后，由于国家重视和栽培技术的改进，栽培区域和播种面积迅速扩大。20 世纪 60 年代向南遍及两广和福建，并在苏、皖两省的淮南地区推广获得成功。70 年代北进至陇海沿线，在苏北、豫中及陕南关中地区试种成功。在原来种紫云英的地区，从 60 年代起，也由平原和河谷的高、中产田向丘陵、山区的低产田、棉田，甚至红黄壤旱地发展，70 年代中期，全国播种面积达到一亿亩左右。近年来在复种指数高的地区，由于扩种油菜和大、小麦，面积趋于下降。

1. 植物学形态特征

（1）根和根瘤　紫云英主根较肥大，一般入土 40～50 cm，在疏松的土壤上可达 100 cm 以上。在主根上长出发达的侧根和次生侧根，常可达 5～6 级以上，主要分布在耕作层，以 0～10 cm 土层内居多，可占整个根系重量的 70%～80% 以上，当茎叶密蔽时，地面也可见到其须根。由于根系入土较浅，其抗旱力较弱，耐湿性较强。紫云英的主根、侧根和地表的细根上都能着生根瘤，以侧根上居多数。根瘤的形状有球状、短棒状和块状等，以球状和短棒状占绝对多数，块状极少。

（2）茎　呈圆柱形，中空，柔嫩多汁，有疏茸毛，色淡绿，或带红紫。茎粗 0.2～0.9 cm。一般大的茎枝有 8～12 节，最多可达 20 节以上。每节通常长一片羽状复叶，少数可长两片或两片以上。野生紫云英呈直立状态，株高 10～30 cm；栽培紫云英一般 80～120 cm，最长可达 200 cm 以上，后期匍匐地面，弯曲 3～4 次。

（3）叶　有长叶柄，多数是奇数羽状复叶，具有 7～13 枚小叶。小叶全缘，倒卵形或椭圆形，顶部有浅缺刻，基部楔形。叶面有光泽，绿色、黄绿色，紫色或绿色上有紫色花纹，背面呈灰白色，疏生茸毛。托叶楔形，缘有深缺刻，尖端圆或凹入或先端稍尖，色淡绿、微紫或淡绿带紫。

（4）花　伞形花序，一般腋生，也有顶生的；有小花 3～14 朵，通常为 8～10 朵，顶生的花序最多可达 30 朵，簇生在花梗上，排列成轮状。总花梗长 5～15 cm，最长可达 25 cm。小花柄短。花萼 5 片，上呈三角形，下面联合呈倒钟形，外被长硬毛，色绿或绿中带紫。花冠蝶形，花色随开花时间延长由淡紫红转到紫红，偶然也有白花出现。

（5）果荚和种子　荚果两列，联合成三角形，稍弯，无毛，顶端有喙，基部有短柄。果瓣有隆起的网状脉成熟时黑色，每荚有种子 4～10 粒。种子肾状，种皮光滑，正常的新种子一般以黄绿色为主，少数为黄褐色、青褐色、黄色、青色或墨黑色，且有光泽。

2. 生物学特性

（1）种子的萌发　紫云英种子萌发时，胚根先突破种皮，当胚根长度与种子等长，称为发芽。以后胚根向下生长扎入土中，形成主根；胚轴向上伸长，将子叶推到上面，两片子叶再脱出种皮，迅速平展，称为出苗。通过休眠期的种子在适宜的条件下，浸水 24 h，一般有 90% 左右吸水膨胀；浸胀的种子播在湿润的田面上，1～2 d 就开始发芽，2～3 d 达发芽盛期，播后 3～4 d 开始扎根，4～5 d 达出苗盛期，8～10 d 出现第一片真叶。

（2）根的生长　紫云英幼苗期根系的生长比地上部快，播种后 30～40 d，根长可达 10～20 cm，已长出二级枝根；播种后 100 d 左右，根长可达 30～40 cm，并长出 3～4 级支根。紫云英根系的发育与土壤水分、质地、耕作和养分等关系密切。在土壤疏松、地下水位低、水分适宜和磷、钾养分丰富时，根系发育良好，根瘤发达。土壤干旱时，主根向下深扎，植株养分过多地消耗在扎根上，影响地上部、侧根和根瘤的生长；土壤水分过多，空气不足，影响根部呼吸，发育很差。地下水位高，主根浸入地下水层的，呈弯曲状，入土很浅。有紧密犁底层的，犁底层下根系也很少。紫云英盛花期根系和地上部的干物质比例，亩产鲜草 1500 kg 的约为 1：4，亩产 2000 kg 的约为 1：5；亩产 3000 kg 的约为 1：6。土壤疏松、耕作层深或先经耕翻整地播种的，根系较发达，比值也较大；北方的比值往往高于南方。

（3）根瘤的形成和固氮作用　紫云英的根瘤菌属紫云英根瘤菌族，它不是土壤的常居微生物区系，在从未种过紫云英的地方常缺乏甚至没有这种根瘤菌。如不接种，根瘤发育就很差，植株生长不良。在接种根瘤菌的情况下，一般播种后 8～10 d，当第一片真叶展开后，肉眼即可见到白色的根瘤，但没有固氮能力，播种后 14～15 d，早生的根瘤即现粉红色，此时有了固氮能力。紫云英根瘤的数目与固氮能力和环境条件有很大关系，排水不良或土壤过干都会影响根瘤菌的发育，施用磷、钾、钼、硼、钙和有机肥料则能使根瘤菌繁育良好，增强固氮作用。因此，在栽培管理上必须做好防渍、防旱与增施肥料。一般紫云英丰产田的有效根瘤数目，分枝期每株应达到 10～20 个以上，现蕾期可达到 100 个以上。

（4）叶的生长　紫云英的叶为奇数羽状复叶。无论主茎和分枝，其小叶数的变化都很有规律，主茎第一张真叶都是一片小叶，第二张为 3 片小叶，第三张为 5 片或 3 片，第四张为 5 片或 7 片，后来再按奇数逐渐增长到 13 片，随后又逐渐下降到 7 片或 9 片小叶。主茎上真叶的出生数目与品种、生育期、播种期、气候、土壤和施肥等有关。早熟品种和迟播的，生育期较短，真叶数较少；晚熟品种和早播的，生育期长，真叶数较多；南方冬季气温暖和，一般真叶数较北方多。紫云英出叶速度与温度有密切的关系。

（5）茎的生长

1）分枝习性：紫云英一般可发生 2～3 级分枝。其发生的次序和着生的叶位，紫云英套种于晚稻田，一般于播种后 40～50 d 当幼苗长出 5～6 片真叶时，在主茎子叶的叶腋中发出一对一级分枝；在主茎叶龄达到 9～10 片，第一对一级分枝叶龄达到 3～4 片时，在一级分枝的第一叶位上各发出一个二级分枝，后又在第二叶位上发出第二个二级分枝；在主茎叶龄达到 12～15 叶，第二级分枝叶龄达到 3～4 叶时，又在第 1～2 个二级分枝的第一叶位上先后发出一个三级分枝或在第一对一级分枝的第三叶位上发出第三个二级分枝。后又按顺序发出第二个三级分枝或第四个二级分枝。紫云英分枝速度、次数和数目，和土壤肥力、施肥、密度、播种期、排灌情况、品种等有关。在大田栽培密度下，能够发生三级分枝的植株很少。

2）株高的增长：苗期株高增长缓慢，开春后随着气温上升，生长速度逐渐加快，在现蕾以后开始猛发，并以始花到盛花期的生长速度最快，一般每天可增加 2～3 cm，从现蕾到盛花期增加的长度约占终花期高度的 60%～70%，结荚期后，植株的生长速度逐步减慢，一直到终花期停止生长。紫云英茎枝的伸长期因品种和栽培条件而异，在浙江杭州为 2 月中、下旬，江苏南京为 3 月上、中旬，而在福建省为 1 月中旬前后。但极早熟的品种，如冬前气温高，往往在越冬前就开始伸长。在密植和营养条件好的田，伸长期也会显著提早。

（6）开花和结荚

1）开花结荚特性：紫云英花荚期的长短因品种、营养条件和播种期等而不同。一般早熟品种开花早，花期长，晚熟品种开花迟，花期短；播种早、营养条件好的植株较高大，枝茎节数多，花荚期比迟播和营养条件差的也要长得多，一般开花期 30～40 d。

2）紫云英开花的顺序：主茎和基部第一对大分枝的花先开，以后按分枝出现的先后依序开放。无论是主茎和分枝，都是由下向上各花序依次逐个开放。每个花序上小花的开放顺序是外围的花先开，再逐渐向中央开放，从第一朵花到该花序最后一朵花开放，一般需 4～5 d，但以头

2～3 d 开得较多。花的开放均在白天。晴天于 8 时左右开始，以后开花数逐渐增多，14～15 时达到最高峰，然后逐渐减少，18 时左右停止开花。阴雨天开花数比晴天大大减少，而且开始开花的时间比晴天迟，结束时间又比晴天早。一天中如果由晴转阴，或由阴转雨，开花数也随之减少。阳光、温度和湿度是影响紫云英开花的主要因素。花药于开花前就开裂，开裂后花粉即有受精能力。花粉的生活力以新鲜的最高，随着保存时间的延长生活力逐步丧失。带花冠的小花在室内阴凉处保存 8～9 d，仍有少数花粉具有受精结实的能力。雌蕊比雄蕊后熟，一般在开花前没有受精结实能力。柱头的生活力以开花之日最高，以后逐步降低，开花后 5～7 d 基本上丧失生活力。

紫云英的果荚从开花至变黑，一般早开的花要 30 多天，而迟开的花只要 20 d 左右。子房在受精后即迅速增长，到开花后半个月左右，果荚的长度已达到或接近完熟时长度，以后虽略有增加，但再后由于水分减少，又略有收缩；种子的干物质积累，开始很慢，到果荚接近完熟期后则大大加快。紫云英种子的粒重，因开花早迟而有差异，同一枝茎上早开的花因营养较丰富和成熟时间较长，有利于种子发育和养分积累，种子较大，中部的次之，顶部的最轻，只有 2～2.5 g。

3. 对外界环境条件的要求

（1）温度　紫云英性喜温暖的气候。在一定范围内，其生长发育有随着温度增高而加速的趋势。幼苗期，日平均温度在 8 ℃以下，生长缓慢，日平均温度在 3 ℃以下，地上部基本停止生长，但根系仍能缓慢生长，因此，在长江中下游及其以北地区有明显的越冬期，在绝对温度 −10 ℃～−15 ℃时，叶片便开始出现冻害，但壮苗却能忍受 −19 ℃～−17 ℃的短期低温，即使叶片受冻枯死，叶簇间的茎端和分枝芽也不致受冻，但是刚割稻后的苗，特别是高脚苗，耐寒能力很弱，如遇到浓霜，往往叶片受冻发白，土壤微冻，便死苗。因此培育壮苗和及早割稻，使割稻到霜前有一段时间进行炼苗，是紫云英获得高产的前提。开春后，平均气温达 6 ℃～8 ℃以上时，生长明显加快，如气温上升缓慢，雨水多，则现蕾和开花期会推迟。

（2）水分　紫云英性喜湿润而排水良好的土壤，怕旱又怕渍。据研究，绿肥生长最适宜的土壤含水量为 24%～28%，当土壤含水量低于 9%～10% 时幼苗就出现萎蔫死亡，当土壤含水量高至 32%～36% 时，生长不良。但不同生育时期所需土壤水分有很大差异，而且与当地的气温、蒸发量有关。在幼苗期根系尚不发达时，要求土壤保持较高含水量，紫云英幼苗生长最适合的土壤含水量为 30%～35%，当土壤含水量低于 10%，大气相对湿度低于 70% 时，就发生凋零，苗期渍水 4 d 以上，植株的烂根率超过半数，严重影响生长。越冬期间，由于地上部生长缓慢，植株需水较少，此时根系发育远比地上快，如土壤含水量较高，不仅对根系生长和根瘤发育不利，而且在遇到寒流侵袭、土壤冰冻时还会发生死根死苗现象，此时土壤以稍干一些为好。开春后，紫云英进入旺发阶段，蒸腾作用增强，对土壤水分的要求也日益增加。因此，春发期的土壤含水量一般以保持在 20%～22% 较为有利。盛花期后，植株生长逐渐减慢，对水分的需要逐渐减少，一般土壤含水量保持在 20%～25% 较为适宜。

（3）光照　紫云英幼苗期耐阴的能力较强，但有一定限度。当水稻茎部光照少于 6000～7000 lx 时，幼苗便出现茎拉长现象；光照强度少于 3000 lx 时，幼苗生长很瘦弱，出现较多的高脚苗，割稻后如遇较强冷空气便会大量死亡；光照强度少于 1000 lx，种子萌发后生长受到严重抑制，不仅幼茎拉长，而且第一片真叶出现要比自然光的迟 10 多天，往往不出现第二、第三片真叶，因此，割稻前就产生大量死苗，以后逐步成为"光板田"。因此，套播紫云英必须考虑共生期的光照问题。紫云英的开花结荚也要求充足的光照。

（4）土壤　紫云英对土壤要求不严，但以疏松、肥沃的沙质壤土到黏质壤土生长最良好。耐瘠性较弱，在黏重易板结的红壤性水稻土或淀浆的白土上种植，最好在前作水稻最后一次耘田时施些有机肥，在黏重和排水不良的烂泥田种植，应做好开深沟和烤田，以增加土壤的通透性。紫云英适宜的土壤 pH 值是 5.5～7.5，pH 值在 4.5 以下或 8.0 以上时，一般都生长不良。

4. 紫云英的营养成分和利用价值

紫云英的鲜草产量一般每亩 1500～2000 kg，高的 3500～4000 kg。干物质含量亩产鲜草 750～1000 kg 的约 12%，亩产 3500～4000 kg 的约 10%，而亩产 5000 kg 以上的只有 8%～10%。

（1）紫云英的营养成分　紫云英植株的氮、磷、钾含量因生育期、土壤、施肥和品种等而异。自苗期到成熟期，因茎叶比值逐步增大，含氮量逐步下降。一般盛花期地上部干物质含氮量约在 3%，因品种和植株的生长情况而异。土壤含氮量对紫云英植株含氮量虽有影响，但相关不大密切。植株的含磷量总的说也随着茎叶的增长而逐渐下降，盛花期干物质含磷量 0.04%～0.15%，与土壤含磷量和磷肥用量密切相关，土壤磷含量愈高、磷肥施用量愈大的植株含磷量也较高。钾的含量一般比氮要低一些，也随植株的生长而逐步下降，但没有氮那样剧烈，钾的含量与土壤含钾量和钾肥用量也有很大的相关，但不如磷那样密切。紫云英植株不同器官的养分含量也是不同的，氮是叶＞花＞根＞茎，磷是花＞叶＞根＞茎，钾是茎＞叶＞花＞根，钙是叶＞花＞茎＞根，镁是叶＞茎＞根＞花。

（2）紫云英的利用价值

1）增加肥源：①紫云英的固氮量：在施用磷肥和菌肥条件下，紫云英植株所含的氮素多数是从空气中固定的，在生长过程中还会向土壤排出一部分氮素，同时在开春以后因茎叶密蔽，大量的落叶和枯枝腐烂后又会增加土壤氮素。因此，生长好的紫云英田鲜草收获时土壤的含氮量比种植前略有提高；紫云英生长愈好，根瘤发育愈好，提高也愈明显。②紫云英氮素的利用率：紫云英因木质素含量和碳氮比值均较低，其氮素利用率在第一季作物比较高，而且残留在土壤的氮素对后季作物的有效性也较大。③紫云英对作物的肥效：紫云英的氮素因利用率高，植株分解时对土壤氮素的激发量也较大，因此，按等氮量施用时对农作物的增产效果一般比满江红、苕子、蚕豆等绿肥以及猪粪、牛粪、硫酸铵等肥效好。每施 1 kg 氮素的紫云英鲜草，早稻可增产稻谷 12～16 kg，对以后的晚稻还可增产稻谷 1～2 kg。④提高土壤肥力：新鲜紫云英虽有加速土壤有机质矿化的"激发效应"，但它积累在土壤的碳量远远超过因激发效应而损失的碳量。因此，连年施用，能使土壤有机质增加。但是，紫云英因木质素和纤维素等难分解的成分含量较低，水溶性物质、苯溶性物质和蛋白质等易分解的成分含量较高，碳氮比值较低，因此在土壤的腐解速度较快，残留在土壤的腐殖质数量也比满江红、田菁、苘麻、苕子、稻草、麦秆等少。

2）促进畜牧业发展：紫云英是各种家畜优良的青绿多汁饲料和蛋白质补充饲料，其营养价值仅次于黄豆、豆饼，而高于大麦、玉米和米糠。

3）增加蜜源：紫云英是我国主要的蜜源植物之一，泌蜜量较大，有蜜有粉，常年每群蜂在紫云英花期可采蜜 20～30 kg，最多可达 50 多千克。在天气晴朗、气温较高时，泌蜜最多。泌蜜的适宜温度为 20 ℃～25 ℃。蜜呈浅琥珀色，气味清香，甜而不腻，不易结晶，是我国的出口蜜之一。

5. 紫云英资源和引种

(1) 紫云英品种的分类

我国紫云英品种可按开花期的早迟分为 4 种类型。

1) 特早花类型：本类型品种在长沙（以下同）于 9 月底到 10 月上旬播种，翌年 3 月 10 日左右开花，5 月 10 日左右种子成熟，从播种到盛花期 170 d 左右，全生育期 220 d 左右。从播种到盛花期需有效积温 1500 ℃左右，到种子成熟需积温 2440 ℃。植株矮，茎秆细，分枝力较弱，小叶较小，每分枝结荚花序数和每花序结荚数也较少，鲜草和种子产量均较低，但茎叶干物质量和含氮量较高，碳氮比值较低。本类型品种原产于华南气候暖和地区，春性强，苗期生长快，早播冬季易抽茎开花，抗寒性较弱。其中以光泽种表现较好。

2) 早花类型：一般在 3 月中、下旬始花，5 月 10—15 日成熟，从播种到盛花期 180 d 左右，全生育期 220～225 d，从播种到盛花期需≥0 ℃积温 1700 ℃左右，全生育期需 2500 ℃，植株偏矮小，叶片较小，茎秆较细，茎叶产量较低，但含氮量较高，碳氮比值较低，种子产量也较高。表现较好的品种有江西 75 - 3 - 51，乐平种和湘肥 2 号等。

3) 中花类型：一般在 3 月底至 4 月初始花，5 月中旬成熟，从播种到盛花期需 184～191 d，全生育期 221～229 d，从播种到盛花期需≥0 ℃积温 1800 ℃左右，从播种到种子成熟 2500 ℃左右。植株较高大，茎秆较粗，小叶片较大，每分枝结荚花序数较多，产草量和种子产量也较高。表现较好的品种有广西萍宁 3 号、萍宁 72、江西余江种、株良种和湘肥 3 号等。

4) 迟花类型：一般在 4 月上旬始花，5 月 20 日左右种子成熟，从播种到盛花期 188～197 d，全生育期 225～234 d，开花和种子成熟期都迟，营养生长期长，但生殖生长期较短。从播种到盛花期需≥0 ℃以上积温 1900 ℃左右，到种子成熟期需积温 2600 ℃左右。植株高大，茎秆粗，小叶片也较大，枝茎节数多，结荚节位离地较高，茎叶干物质量和含氮量都较低。碳氮比值较高。一般每分枝的结荚花序数和每花序的结荚数也较多。本类型品种的茎叶产量较高，而种子产量往往低于早、中熟品种。本类型品种表现较好的有宁波大桥种、浙紫 5 号、宁绿 77 - 10 等。

(2) 引种　中华人民共和国成立以后，紫云英引种扩大了栽培区域，并使良种的种植面积得到增加。从各地引种的表现来看，我国现有的紫云英品种，无论是南种北移或北种南移以及东西互移，都可开花结实。但由北向南引种，由于南方气温较高，开花和种子成熟期比原产地提早。北种南引，如不注意良种繁殖措施，会出现开花期逐渐提早，植株逐步变矮等退化现象。相反由南向北引种，由于北方气温较低，开花和种子成熟都比原产地延迟。同纬度东西向引种，开花期相似，因此紫云英以从纬度和生态条件较近的地区引种效果较好。一个品种引进后，由于生态环境条件的改变，往往会加速其变异，出现一些在原产地不易表现出来的性状。

6. 紫云英的种植方式

（1）套复种　我国紫云英的种植方式主要是在晚（中）稻、秋玉米、棉花、秋大豆、高粱等作物的生长后期把紫云英种子套播在株行间。但紫云英主要是在这些作物收获后生长，因此称之为套复种。紫云英在晚稻等作物收获前播种可克服早播和前作物未收获的矛盾，延长了生长期，而且在前作物荫蔽下，对种子发芽和出苗也较有利，杂草也较少。因此通常都可以提高鲜草和种子产量。但在稻田套复种如果连续多年，因土壤全年得不到冬季翻耕机会，会引起土壤板结、僵硬、通气性差，杂草和病虫害也增多，不仅对紫云英生育不利，也有碍于水稻生育，故必须与油菜、大小麦等耕翻种植的冬季作物实行轮作。此外，应注意前作物行间的透光条件，在行间光照低于 2000～3000 lx 时，幼苗细弱，易于死亡，一般还是以前季作物收获后耕翻播种比较有利。

（2）套种　一是在经济林木园中套种，即在果、茶、桑的幼龄园中套种作肥料或留种子，成年的林园如荫蔽度不大的也可套种作为肥料。二是在冬季作物行间套种，即在春天 2 月上、中旬，大小麦、油菜和蚕豆等冬季作物最后一次中耕除草后于行间播种紫云英。大小麦田套种紫云英通常采用宽幅条播，每亩用种子 1.5～2 kg，油菜田采用撒播，每亩用种子 2.5～4 kg。冬季作物收获后，后茬如种早稻随即耕翻压青，后茬如是单季晚稻或甘薯，则让其生长到盛花期再压青。

（3）间作　一般采用紫云英和大小麦、油菜或蚕豆等冬季作物进行间作。紫云英和大小麦等冬季作物间作，因播种期较早，产量一般都高于早春套种，虽对大小麦和油菜等作物产量有影响，但两者合计，一般都高于冬季粮油作物和紫云英单播区的产量。

（4）畦中播紫云英，畦（沟）边播大小麦　紫云英在晚稻齐穗到乳熟时先套播，晚稻收获后在预留种大小麦或蚕豆的行上耕翻，起沟并在沟两旁播种大小麦或蚕豆。这种种植方式,大小麦或蚕豆由于通风透光好,边际效应大,产量较高,而紫云英也因排水好,生长健壮。

(5)混播　在我国湖南、江西和浙江等省的红壤性低产田,素有采用紫云英和肥田萝卜、油菜、辣芥菜等混播作绿肥的习惯;而在江苏、浙江沿海一带,则有紫云英和金花菜、蚕豆等混播的。

7. 紫云英栽培与利用

(1)播种　一是要选用优良品种。二是要选择排灌条件较好的田块,并与大小麦、油菜等轮种。三是安排好茬口:长江中下游及以北地区不要安排在最晚的茬口上,以免割稻后遇到霜冻危害。套种要注意光照条件,在光照条件不好的稻田里一般不适于紫云英套播。四是采用擦种、盐水选种、浸种、根瘤菌和磷肥拌种等方式进行种子处理。擦种可提高种子的发芽率和发芽势,且利于根瘤菌的发育。五是适时播种。在适期范围内早播可提早开花和种子成熟期,还可延长营养生长期,积累较多的营养物质,促进根系发育,多生分枝,多结根瘤,提高抗寒能力,改善植株性状和获得较高的鲜草和种子产量。但秋播过早,气温高,蒸发量大,往往出苗不齐,保苗也较困难,而且在冬季气温较低的地区,如冬前生长过旺,还会增加冻害,故秋播以日平均气温降至 25 ℃以下时为适宜。春播过早,气温太低,出苗慢,易受损伤,故春播以日平均气温上升到 5 ℃以上较好。再就是紫云英和前作共生期太长,幼苗生长细弱,而且水稻齐穗前要经常灌水,对紫云英幼苗生长也不利。因此,一般稻田套播以在水稻齐穗到勾头时,秋大豆田套播以在结荚并开始落叶时比较适宜。生长差的田因透光好可早播一些,生长好的田应迟播一些。在长江中下游地区,棉花田和玉米田可在白露到秋分前播种,晚稻田可在秋分前后到寒露前播种。在两广地区,一般以在寒露到霜降时播种较为适宜。但山区气温低,日照短,应适当早播。此外,水源差的田要掌握在水源方便时趁墒播种。六是控制播种量:一般来说,每亩播种量为 2.5～5 kg 范围,但不同区域不一样:福建和广西在 1.5～2 kg 以上,浙江中部地区在 2.5 kg 以上,苏北在 4～4.5 kg 以上。总的来说,绿肥田的播种量北方要 4～5 kg,华南可 1.5～2 kg。板田套播的应高于耕翻整地播种的,水稻生长好的应高于生长差的,肥力低、质地黏重的土壤应高于疏松肥沃的土壤,杂草多的田应高于杂草少的田,施肥量低的田应多于施肥量高的田,迟播的应高于早播的。

（2）开沟与排灌

1）开好排灌沟，进行晒田：播种之前，翻耕播种的要开沟作畦；稻底套播的要开好沟，并进行晒田，除围沟外，田块大的，田中每隔 10～15 m 开一条直沟和 2～3 条深横沟，沟沟相通，主沟上下丘对口。田中沟即水稻的丰产沟，结合每次耘田逐步挖深。稻田由于长期淹水，除沙质田外，一般都很糊烂，如不预先晒田，使浮泥沉实，播种时种子很易陷入泥中造成烂种。所以开沟和晒田是稻底套种紫云英全苗和壮苗的重要措施。晒田的程度，土壤糊烂的深泥田要晒到田边开大裂，中间开"鸡爪裂"，人立不陷足，一般的田晒至田边开小裂，田中稍硬，人立有脚印，沙质田可以不晒。水稻收获后，应尽早将老沟加深，开好配套沟系，一般每隔 3～5 m 一条竖沟，20～30 m 一条腰沟，竖沟开到犁底层，主沟要破犁底层，沟沟相通，达到排水通畅。开春后要注意清沟，防止堵塞。

2）合理排灌：耕翻播种和旱作田套播的，播种后要沟灌，让土壤吸足水分，以利发芽、扎根，没有灌水条件的，播后可把种子浅耙入土，并抢雨前或雨后播种。稻田套播的，沙性漏水田和土壤已经烤硬的泥质田，首先灌入能保持 2d 的浅水层，表土浮烂的稻田，播前数日应再排水轻烤一次，后灌浅水播种。如果播种前已浸种，种子已吸足水分，则保持田面水湿就可播种。播后 2～8 d，种子已萌动发芽，自此至幼苗扎根成苗期间，切忌田面积水，否则将导致浮根烂芽，但太干也会影响扎根。对晒田过硬的黄泥田，在播种前 5～6 d 灌水，促使土壤变软，以利幼苗扎根。子叶展开后，要求通气良好而水分又较充足的土壤条件，以土面湿润又能出现"鸡爪坼"为好。水稻收获前 10 d 左右停止灌水，使土壤干燥，防止烂田收稻，踏坏幼苗。此后至开春前要求土壤水分保持润而不湿，水气协调，根系发育良好，幼苗生长健壮，增强抗逆性。冬季土壤干旱，热容量小，容易降温，使冻土层加厚，会加剧冻害。

（3）施肥

1）磷肥：一般紫云英施用磷肥都有较显著的增产效果，但其增产效果和土壤有效磷含量密切相关。此外，施磷还有"以磷增氮"的效果。在全年相等的磷肥用量下，把磷肥施用在紫云英上的全年粮食产量比磷肥直接施用在粮食作物上的高得多。早施磷肥比迟施可促进幼苗根系发育、根瘤菌的繁殖和固氮作用、早发分枝。因此，产草量高，特别是骨粉、骨灰、磷矿粉、钙镁磷肥和钢渣磷肥等肥效较慢，更应该早施。留种田则过磷酸钙以分次施用的比全部在播种时施用的产种量高。除骨粉、骨灰和磷矿粉可以直接拌种施用外，钙镁磷肥因碱性较强，对根瘤菌的发育有一定的抑制作用，故拌种前应在种子上先拌少量泥浆，避免肥和种直接接触，或在钙镁磷肥中混入等量肥土再拌种子。过磷酸钙因含有游离酸，影响浸种后的紫云英种子发芽，不宜直接作拌肥，可在播种前或播种后作基肥施入。钙镁磷肥施用量在 10～30 kg/亩，产草量随磷肥用量的增加而提高，但磷肥的增产效果却随着磷肥用量的增加而下降，从经济效益来看，钙镁磷肥或过磷酸钙的施用量以 20 kg/亩左右为宜。

2）钾肥：钾肥的增产效果虽不及施过磷酸钙，但平均增产率仍达到 46.94％，每 0.5 kg 钾素可增产鲜草 25 kg，磷钾并施处理每 500 g 钾素可增产鲜草 30 kg，说明磷钾肥配施可进一步提高钾肥的增产效果。钾肥的肥效和土壤的供钾能力有关，土壤有效钾含量在 70 mg/kg 以下时，不论单施或与磷肥配施，增产幅度都在 20％ 以上，土壤有效钾含量达 100 mg/kg 以上时，增产率一般都在 15％ 以下。钾肥也以早施的效果较好。

3）氮肥：在幼苗期根瘤开始固氮以前，不能供给紫云英氮素，而且还从紫云英吸取氮素。故在瘠薄土壤上，于第一真叶期施用少量氮肥不会阻止根瘤的形成，而可促进根瘤的发育。春后紫云英茎叶迅速生长，需要大量氮素，根瘤固定的氮素往往不能满足其需要，此时施用少量氮肥也常有良好的效果。春施氮肥的效果还因地区、土壤、植株的生长情况而异，一般北方比南方显著，土壤含氮量低的比含氮量高的效果显著，植株生长差的比生长好的显著。施用期一般以 2 月中旬到 3 月上旬紫云英开始旺长时较好，每亩施用量以硫酸铵 5～10 kg 或尿素 2.5～5 kg 为宜。

4）微量元素肥料：紫云英施用硼、钼等微量元素肥料一般都有良好的效果，其中对种子的增产大于对鲜草的增产效果。据各地试验，土壤有效硼含量在 0.5 mg/kg 以下，有效钼含量在 0.2～0.3 mg/kg 以下，一般施用硼肥或钼肥均有效。施用方法以叶面喷施的效果较好，其喷施浓度硼砂（或硼酸）为 0.1％～0.15％溶液，钼酸铵为 0.05％溶液。

5）有机肥料：在晚稻最后一次耘田时，施用厩肥、堆肥和青草等有机肥料，供水稻吸收，并兼作紫云英基肥，对紫云英的幼苗生长、根瘤发育和全苗均有很好的作用，在土壤瘠薄、容易板结的红壤性水稻土效果特别显著。此外，冬季施用腐熟细碎的厩肥和垃圾，河塘泥等土杂肥，既可保暖防冻，又可供应紫云英养分。对耕翻播种的田地将有机肥料作基肥用较好。

（4）接种根瘤菌　施用根瘤菌肥料是新扩种地区栽培紫云英成败的关键措施之一，也是老区提高产量的一项经济有效的措施。紫云英施用菌肥的效果与种植的年限有密切关系。接种方法以拌种的效果较好，拌种时用米糊、米汤或泥浆等作黏着剂，使菌剂黏附在种子表面可提高菌肥的增产效果。当菌肥供应不上或接种没有接上时，也可追施，追施的时间也以早为好。菌肥的用量应比拌种的增加 2～3 倍，追施时先将菌肥用清水调成糊状，再冲水进行喷施或泼施。

（5）留种技术

1）留种田的选择与规划：紫云英留种田应选择排灌方便、土壤肥力中等和中等以上，杂草较少、离住宅较远、运输又方便的田块，最好与连晚秧田对口，以减少收种与早稻插秧的劳力和季节的矛盾。留种田不宜连作，应定期轮换。留种田必须连片，以便统筹考虑排灌系统，达到易排易灌。

2）选用高产良种，适当稀播：选用当地鲜草、种子均高产，成熟期又适当的品种，以便为当年种子高产和下年绿肥高产创造条件。在前作许可下，应适当早播，并适当减少播种量。

3）增施磷、钾、微量元素肥料和生长调节剂：一般每亩可施骨粉 10 kg 或钙镁磷肥、过磷酸钙 20 kg 左右，草木灰 75～100 kg。过磷酸钙和钾肥应分次施用，延长肥效，避免徒长。春季生长旺盛的不宜再施用氮、磷、钾等肥料。紫云英施用硼、钼等微量元素具有保花保荚，防止早衰和提高结实的作用，可在苗期和初花期各喷施硼、钼肥一次。

4）花期放养蜜蜂：紫云英留种田花期放养蜜蜂，对提高单枝结荚数、结实数和种子重量都有极明显效果，特别是开花期雨水多的年份更为显著。放养蜜蜂还由于授粉及时，受精提早，下部的花序结荚数和结实数也明显提高。

5）加强后期水分管理：南方各省，紫云英开花结荚期间常阴雨连绵，间有大、暴雨，加以春耕后早稻田的灌水也会渗入留种田，故需加强清沟防渍工作；但北方各省春季经常遇旱，应注意抗旱工作。

6）防治病虫害：防治病虫害是取得紫云英种子高产的关键措施。特别是开花结荚期，蓟马、潜叶蝇、蚜虫、地老虎、菌核病、白粉病、斑点病等危害都很严重，应根据病虫发生情况，认真进行综合防治。

7）及时收种：紫云英果荚易脱落，种子细小，草、种比例大，同时正值农忙季节，南方阴雨天又多，稍有疏忽，往往损失严重。

（6）利用技术

紫云英不仅绿肥产量很高，还能固定大气氮素，为作物提供氮素营养，还能放养蜜蜂，增加蜂蜜，又能作畜禽的饲料，是一举多用的作物。

1）直接翻压于土壤作有机肥：紫云英压青后，在土壤中很快腐解，其在水田中分解和释放铵态氮的速度因土壤温度和通气条件以及植株的老嫩程度等而不同。在5月中旬气温比较高时压青，于开始腐解第7 d和第20 d，释放出的氮量已分别达到整个水稻生育期中矿化氮量的42％和64％。紫云英压青后15 d，土壤铵态氮的积累量已接近高峰期，40 d后由于水稻的吸收而逐渐下降。此外，紫云英在水田嫌气条件下腐解还产生大量还原性物质，使土壤的氧化还原电位降低，使水稻中毒或因中毒影响养分和水分吸收而出现缺素并发症，一般称之为"坐苗"或"翻秋"。为避免或减轻还原性物质的危害，紫云英以在水稻插秧前半个月左右翻压比较适宜，通气性好的沙质田可短一些，而通气性差的烂泥田要长一些，并应控制施用量。也可采用干耕晒田，再灌水整田，随即插秧，并配施速效氮、磷、钾等肥料，使稻苗在土壤有机酸等有毒物质大量出现前已经转青复活，减轻其受害。紫云英除直接压青外，还可制成草塘泥或凼肥施用，不但可避免还原性物质的毒害，而且肥效更加稳长。

2）作各种家畜饲料，促进畜牧业发展：紫云英是各种家畜优良的青绿多汁饲料和蛋白质补充饲料，其营养价值仅次于黄豆、豆饼，而高于大麦、玉米和米糠。利用紫云英喂猪甚为普遍。喂猪的方法有鲜喂、青储喂和晒干制粉等几种。

3）增加蜜源：紫云英是我国主要的蜜源植物之一，泌蜜量较大，有蜜有粉，常年每群蜂在紫云英花期可采蜜20～30 kg，最多可达50多千克。在天气晴朗、气温较高时，泌蜜最多。泌蜜的适宜温度为20 ℃～25 ℃。蜜呈浅琥珀色，气味清香，甜而不腻，不易结晶，是我国的出口蜜之一。

8. 主要病虫害及其防治

（1）主要病害及其防治

1）菌核病：紫云英的主要病害，我国各地都有发生。主要症状是为害茎叶，在茎基一侧开始发生，病斑初呈紫红色，随后迅速扩展，呈水浸状腐烂，病部以上茎叶凋萎塌伏，同时菌丝向周围植株逐渐蔓延为害。幼苗较大时，发病的田块可见明显的"病窝"，群众称为"鸡窝瘟"。病窝四周的植株下部布满白色菌丝，在腐烂的植株上，菌丝集结成很多鼠粪状的菌核。成株期多在茎的下、中部靠近地面处发病，病茎内部呈鲜明的紫红色，并有灰白色的菌丝，后期结成菌核。叶片受害，初为渍状斑，后变灰褐色。其发病主要依靠菌核混在种子或落在地面越夏或越冬，至晚秋或早春温湿度适宜时，即萌发出菌丝和子囊盘。菌核里长出菌丝是此病最主要的侵染源，菌丝和菌核也可随田水流入新的地段上为害，最后在病部形成菌核遗留在田中或收割时混在种子内。菌核在旱地可生存 2～3 年，淹没在水中 2 个月即死亡。子囊孢子的生存期最长 3 d，2 d后发芽力就急剧减退。孢子发芽的温度为 10 ℃～30 ℃，湿度以 100% 最适。菌丝在 0 ℃～30 ℃都能生育，以 16 ℃～17 ℃为最适，至 0 ℃以下才停止蔓延。播种过密，冬春季多雨雪，特别是入春后遇到阴雨连绵，田间排水不良，往往发病就较严重。防治方法有：①种子处理，清除混入种子的菌核：在播种前用密度 1.09 的盐水或其他水溶液中选种，捞去浮在水面的菌核。或先用冷水浸种 3 h 再用 54 ℃的温汤浸种 10 min，菌核可死灭而对种子无不良影响。②做好开沟排水，增施磷钾肥料。③使用农药：一旦发现病株，要立即拔除深埋，并在发病中心及其周围用 0.1% 的多菌灵或托布津喷雾，或用 1：10 的西力生、石灰粉在露水未干前撒施，防止病害扩展蔓延。

2）白粉病：是我国南方最常见的一种病害，在广东、广西、福建为害最重。其病状为最初在叶片上零星发生白色粉状小点，继而向周围呈放射状发展，致使叶面似蒙上一层白粉，同时叶背也出现白粉，以后逐渐蜷缩，最后枯萎而死。主要为害叶片，也为害嫩茎和花荚。白粉病寄主广泛，互为菌源，以粉孢子借风传播。本病在过于干旱或低洼积水的田块较多。防治方法有：①开好排水沟，进行合理排灌，防止受旱受涝；②发病时，每亩用胶体硫 0.5 kg，兑水 60～75 kg，或 0.3～0.5 度的石硫合剂或代森铵、多菌灵、托布津 1000 倍液进行喷雾。也可每亩用硫黄石灰粉（1：5）5～10 kg 进行喷粉，每隔 7～10 d 治一次。

3）轮纹斑病：又称斑点病，也是常见的一种病害。多发生在中、下部叶片上，病斑从叶片的尖端或边缘开始，初起为针头大小的深褐色小点，以后扩大成近圆形或不规则形，中央淡褐色，边缘紫褐色，病、健分界明显。还有一种水渍状青枯型的急性病斑，比正常斑点大，灰绿色，无茶褐色边缘，与健部无明显分界，发展后可使叶片一半或全部萎蔫枯死，多出现在生长嫩绿茂密的高产田中，病斑易于干枯，开花前后，整个复叶可因病从下往上枯死，特别是发生在复叶柄上的红褐色长型病斑，为害更大，数日间可使叶片枯落。发生在茎秆、花和荚上的为红褐色和茶褐色窄条状梭形斑，长 0.5 cm 左右，稍凹陷，有时几个病斑可愈合成大形斑块，表皮组织干腐后，使茎略有缢缩，严重时全茎枯死。紫云英第一真叶出现后即可发病，一般以开花结荚期为害较重，对种子产量影响较大。排水不良、田间湿度大和密植程度高的田易发重病。防治方法有：①开好排水沟，降低地下水位和田间湿度，增施钾肥，增强植株抗病能力。②发病期间，用 0.05％有效浓度的多菌灵喷雾，效果十分显著。

（2）主要虫害及其防治

1）蚜虫：属同翅目蚜虫科。为害紫云英的蚜虫只有槐蚜一种。为害症状为槐蚜的成虫和若虫喜趋集于紫云英的顶芽、嫩叶和花蕾上为害，吸食汁液，使茎叶萎缩，生长停滞，甚至植株枯萎而死，对种子和鲜草产量影响都较大。防治方法有：①每亩用 10 mg/kg 的澳氰菊酯 50～60 kg 进行喷雾效果特好。②每亩用叶蝉散粉剂 0.4～0.5 kg，拌草木灰一箩，于早晨露水未干前撒施或粉剂 0.3～0.4 kg，掺水 50～60 kg 喷雾；③每亩用 50％乙硫磷乳剂，或 50％马拉松乳剂或 40％乐果乳剂 0.05～0.1 kg，掺水 50～75 kg 喷雾。

2）蓟马：为害紫云英的蓟马有端带蓟马、丝带蓟马、黄带蓟马、黄胸蓟马和黑腹蓟马等，均属缨翅目蓟马科。以端带蓟马最为常见，是留种田的主要害虫。

为害症状：蓟马的成虫和若虫，均具有锉吸式口器，能锉伤植物组织，吸取汁液。主要为害紫云英的花器，从现蕾到整个开花期都能为害，成虫和若虫躲在花内，以口器锉伤子房，吸食汁液，子房受伤破损，不能结实，花冠也萎缩。嫩荚被害后则脱落或形成畸形瘪粒种子。为害轻时，种子减产 20％～30％，重则颗粒无收。防治方法有：前期可结合治蚜虫和潜叶蝇进行防治。绿肥田的蓟马集中到留种田为害，必须治一次，以后根据虫情再治 1～2 次。①用 50％马拉松乳剂或 90％美曲磷脂1000～1500 倍液喷雾。马拉松可兼治潜叶蝇和蚜虫，美曲磷脂可兼治小地老虎、叶甲和潜叶蝇。②25％灭蚕蝇乳剂 500 倍液喷雾，可兼治蚜虫，且内吸性少，残毒期短，能保护蜜蜂安全，适宜在紫云英花期防治。

3）潜叶蝇：为害紫云英的潜叶蝇有紫云英潜叶蝇和豌豆潜叶蝇两种，均属双翅目潜蝇科，是留种紫云英的主要虫害，食性较杂，紫云英受害较重。为害症状：幼虫在紫云英叶片内潜食叶肉，造成弯曲的白色潜道，道中尚留有细碎的粪粒，在紫云英开花结荚期暴发时，在 1 张小叶片上常聚集几头甚至 10 多头虫，使潜道彼此连通，以致全叶枯萎，结荚减少，籽粒不饱满。防治方法：①每亩用 40％乐果乳剂和 50％马拉松乳剂各 0.05 kg，加水 60 kg 喷雾。②每亩用 90％美曲磷脂，加水 75 kg 喷雾。

（二）苕子

1. 分布与主要品种

苕子是巢菜属一年生或越年生豆科草本作物。苕子作为冬季绿肥，抗寒性最强的是毛叶苕子，其次为光叶苕子、毛荚苕子和匈牙利苕子，可种于长江以北的淮河流域。抗寒性较差的是苦苕子、深紫花苕子、单花苕子、窄叶苕子，宜在长江流域种植。抗寒能力最弱的是蓝花苕子，宜在长江中、上游及其以南地区种植。毛叶苕子，光叶苕子和蓝花苕子在我国的栽培总面积仅次于紫云英和草木樨，从东南沿海到西南、西北及华北都有种植，由于各地气候条件与栽培方式的差异，选用的品种也不同。

（1）光叶苕子　也称光叶紫花苕子、稀毛苕子、野豌豆、肥田草等，简称光苕。原产于美国俄勒冈州，1946 年引入我国，主要在江苏、安徽、山东、河南、湖北、云南等省区种植。20 世纪 60 年代仅江苏一省种植面积达 700 余万亩，由于光叶苕子抗逆性较弱，70 年代后期在淮河以北地区逐渐为毛叶苕子所代替，目前主要分布在我国长江流域各省区。由于引种年久，也产生了一些以地方命名的农家种，如浙江的东阳苕子、广西的南宁苕子、河南的泌阳苕子等。

（2）毛叶苕子　也称毛叶紫花苕子、茸毛苕子、毛巢菜、假扁豆等，简称毛苕。20 世纪 40 年代从美国引进，60 年代又引种苏联毛叶苕子，罗马尼亚毛叶苕子，土库曼毛叶苕子等。主要分布在黄河、淮河、海河流域一带，栽培面积较大的苏北、皖北、鲁南、豫东一带约达 2000 万亩，陕西的关中平原、甘肃的河西走廊一带种植面积也较大。

（3）蓝花苕子　蓝花苕子是我国原有农家种，由于产地不同名称也很多，如湖南称蓝花草，湖北称草藤，广西称肥田草；四川称苕子、大苕，江西称苕豆，主要分布在西南、华南一带。也有许多较好的地方品种，如湖北的嘉鱼苕子、荆州苕子，湖南的东安苕子、邵东苕子，贵州的兴义苕子，四川的花苕、油苕等。科研单位也选育了一些优良品种或品系，如广西壮族自治区农业科学院选育的藤苕选、桂早苕等。蓝花苕子耐湿性强，生育期短，一般在我国雨量充沛的西南、华南一带种植，有较高的产草量。在长江以北引种，由于抗寒性弱，不易越冬。

2. 植物学形态特征

苕子是一年生或越年生豆科草本植物，播种后萌发时子叶留在土中，胚芽出土后长成茎枝与羽状复叶，先端有卷须。主根明显，侧根多，主要密集在 30 cm 左右的表土层，根部有圆形、椭圆形或鸡冠状根瘤，单株根瘤数达 50～100 个。茎方形中空，茎基部有 3～5 个分枝节，每个分枝节产生分枝 3～4 个。茎蔓长达 2～3m，匍匐生长。蓝花苕子茎蔓较短为半匍匐生长。苕子中上部有卷须能攀缘生长，自然高度 40～60 cm，叶片偶数羽状复叶，每个复叶上有小叶 5～10 对，小叶椭圆形，复叶顶端有卷须 3～5 个。蓝花苕子叶色较淡；光叶苕子茎叶长有稀而短的茸毛；毛叶苕子叶色较深，叶片较大，茎叶有浓密的茸毛。苕子为总状花序，由叶腋间长出花梗，每梗上开小花 10～30 朵为一个花序，每枝上有花序数 7～15 台，单株花序数达 200 个左右，毛叶苕子、光叶苕子多于蓝花苕子。花冠分别呈蓝紫色、红紫色和浅蓝色。花萼斜钟状，萼齿较长，有茸毛，雄蕊二体，一枚单生，九枚合生。雌蕊一枚，柱头周缘长有茸毛。荚果短矩形，两侧稍扁，荚壳有不明显的网脉，成熟后荚壳淡黄色，较易爆裂。每荚有种子 2～5 粒，种子圆形，多为黑褐色，种脐色略淡。千粒重因品种与栽培条件不同差别很大，低的 10 余克，高的可达 30 余克。

3. 生物学特性

苕子栽培以秋播为主，我国华北、西北严寒地区也可以春播。草、种产量一般以秋播高于春播。苕子的一生分出苗、分枝、现蕾、开花、结荚、成熟等个体发育阶段。在生长的中后期，生殖生长与营养生长交错进行，完成各生育阶段的天数因品种不同而有显著差异。如苕子秋播后，从出苗至成熟，蓝花苕子为 230～245 d，光叶苕子 245～250 d，毛叶苕子为 250～260 d。

（1）出苗　苕子发芽适宜的气温为 20 ℃左右。如苏北地区 9 月份气温 20 ℃左右，播后 5～6 d 出苗；10 月份气温为 15 ℃左右，播后 8～12 d 出苗；11 月份气温 5 ℃左右，播后冬前只能部分出苗。因而选择适宜的播期，是争取苗全苗壮与草、种高产的首要环节。

（2）分枝　苕子出苗后有 4～5 片复叶时，茎部即产生分枝节，每个分枝节可产生数个分枝，统称为第一次分枝，在一次分枝的上部产生的分枝，统称为二或三次分枝。光叶苕子单株的一次分枝数可达 20～30 个，毛叶苕子可达 15～25 个，单株的二、三次分枝数可达 100 多个。分枝盛期一般在返青至现蕾期间。苕子不同生育期的分枝有效性不同。秋播留种田，以年前和越冬期间的分枝结荚率高于冬后分枝，故适期早播，提高分枝的有效性，是种子高产的关键。

（3）现蕾　秋播苕子在早春气温 2 ℃～3 ℃时返青，气温达 15 ℃左右时现蕾。因品种和地区不同，现蕾时间一般在 4 月中、下旬或 5 月上旬，早熟品种如兰花苕子和早熟光叶苕子，也有少数在冬前现蕾的，但越冬期易遭受冻害。花梗从分枝的叶腋间抽出，在中部至顶部着生花蕾。单株现蕾先从一次分枝上再扩展到二、三次分枝上。花蕾数亦以一次分枝多于二次分枝，在良好的栽培条件下花梗上出现的花蕾一般都能开花。

（4）开花　苕子全天都开花，每天以 14～18 时开花数最多，晴天开花多于阴天，夜间不开花。开花适宜气温 15 ℃～20 ℃。开花期，蓝花苕子为 4 月中旬至 5 月中旬，光叶苕子和毛叶苕子为四月下旬至 5 月下旬，开花顺序从下向上，以一次分枝开花早于二、三次分枝；一株上各一次分枝之间开花时间相隔 2～3 d，二次分枝比一次分枝晚开 4～7 d。光叶苕子一个花序的开放小花数通常为 25～30 朵，从第一朵小花开至最后一朵小花，光叶苕子、毛叶苕子需 3～5 d，其中以 4 d 开满花序的居多数。在一个分枝上从第一花序开花至最末一个花序开花，光叶苕子约 20 d，毛叶苕子约 26 d。小花开放后的第三天左右花冠才萎缩，5～6 d 后开始脱落。蓝花苕子，一个花序开花时间 4～10 d，随着气温的升高花期缩短。

（5）结荚　苕子的结荚率不高。在江苏省北部，光叶苕子落花率达86%～90%，毛叶苕子达 70.4%；光叶苕子结荚数只占小花数的 10%～14%，幼荚脱落占结荚数的 20%～50%，成荚占开花数的 5.4%～10%，毛叶苕子结荚数占小花数的 18.1%～25.2%，幼荚脱落占结荚数的41.8%～45.2%，成荚占开花数的 9.9%～14.2%。光叶苕子和毛叶苕子结荚盛期为 5 月下旬，适宜气温分别为 19 ℃～22 ℃和 18 ℃～25 ℃；成熟期光叶苕子与早熟毛叶苕子为 6 月上旬末，晚熟毛叶苕子为 6 月中下旬；蓝花苕子成熟期为 6 月上、中旬。

（6）固氮特性　苕子出苗后 10～15 d 根部形成根瘤。据在相同栽培条件下测定，毛叶苕子，紫云英等不同绿肥种类间的固氮强度，以毛叶苕子最高，紫云英次之，金花菜与绛三叶更次之。

4. 影响苕子正常生长发育的环境条件

（1）温度　苕子的抗寒性强于紫云英、箭筈豌豆，其中春性或半冬性品种抗寒性较弱,一般适于我国南部地区种植,如蓝花苕子中的花苕、油苕等,在气温出现-3 ℃即发生冻害,-5 ℃以下有严重冻害。光叶苕子的抗寒性强于蓝花苕子,次于毛叶苕子,在-15 ℃左右有严重冻害。毛叶苕子一般品种能耐短时间-20 ℃的低温,故适于我国黄河、淮河、海河流域一带种植。在秋播条件下,长江南北光叶和毛叶苕子幼苗的越冬率都很高。蓝花苕子的适宜发芽温度为 16 ℃~23 ℃,低于 15 ℃或高于 37 ℃则发芽率下降;气温 10 ℃~17 ℃生长较快,低于 5 ℃生长缓慢。气温 2 ℃~3 ℃时即返青生长,15 ℃时开始现蕾,20 ℃左右开花。苕子为冬性作物,在春播条件下,种子如经低温春化处理,则生育期可以提早。特别在我国南部地区早春播种,春化处理的效果尤为明显。如光叶苕子在福州地区春播,种子经 0 ℃~8 ℃处理 20 d 以上,鲜草增产 24%,种子增产 2~3 倍。

(2) 水分 苕子耐旱不耐渍,花期水渍,根系受抑制,地上部生长受严重影响,表现为植株矮化,枝叶落黄,鲜草产量很低。蓝花苕子耐湿性大于紫花苕子,耐旱力则弱于光叶苕子和毛叶苕子。土壤水分保持在最大持水量的 60%~70%时对苕子生长最为适宜,如达到 80%~90%则根系发黑而植株枯萎。蓝花苕子在地面积水 2~7 d 后,植株烂根率由 10.8%增至 30%~68.3%,淹水 7 d 的死苗率可达 83.6%。光叶苕子在耕层土壤含水量低于 10%时出苗困难,达 20%左右时出苗迅速,达 30%左右时生长良好,大于 40%时出现渍害。黏壤土含水率为 11%~12%,壤土为 6.3%~8.6%,沙土为 6.4%~7.5%时则出现凋萎。

(3) 养分 苕子对磷肥反应敏感,不论何种土壤施用磷肥都有明显的增产效果。在比较瘠薄的土壤上增施氮肥也有明显的肥效。南方缺钾土壤施用钾肥效果也很好。施用钼、硼、锰等微量元素也有良好的增产效果。

(4) 土壤 毛叶和光叶苕子对土壤的要求不严格,沙土、壤土、黏土都可以种植。适宜的土壤酸碱度在 pH 5~8,但可以在 pH 4.5~9.0 的范围种植,在土壤全盐含量 0.15%时生长良好,氯盐含量超过 0.2%时难以立苗。耐瘠性也很强,一般在较贫瘠的土壤上种植,也能收到较高的草、种产量、故适应性较广。蓝花苕子对土壤的适应性虽逊于紫花苕子,然而优于紫云英,我国南北的水旱田都可种植。特别是对改良南方红壤、北方的花碱土、西北的沙土而言,紫花苕子都是良好的绿肥品种。

5. 苕子高效生产技术

（1）鲜草高产栽培技术

1）选用良种：我国各地气候条件与栽培制度不同，苕子的品种和栽培技术也有所不同。如南方温暖多雨，复种指数高，季节紧，多种植生育期短的蓝花苕子和光叶苕子；华北、西北严寒少雨，复种指数较低，多种植生育期较长，抗逆力强的毛叶苕子。

2）适期播种：苕子作为越冬绿肥，须适时早播，以利安全越冬。华北、西北地区秋播的播期宜在 8 月，苏北、皖北、鲁南、豫东一带播期宜在 8～9 月，江南、西南地区的播期宜在 9～10 月。如茬口有矛盾，可用间套种的办法来解决适时早播的困难。早播的苕子由于气温高、墒情好、出苗快，易达到苗全，苗壮，有利于越冬生长。秋播苕子越冬前有较好的个体与群体结构，则越冬后返青早、发苗快，有利于及早利用，便于后茬安排。苕子春播亦宜顶凌早播，早播则生育期延长，有利于鲜草增长。在西北春麦地套种或与向日葵间种，则宜在 4～5 月播种。

3）合理密植：苕子在良好的群体结构下，对小气候条件的改善有利。植株间起到互相促进的作用。鲜草高产的苕子田，一般每亩 7 万～10 万基本苗。每 500 g 苕子种约可得 12000 株苗，适宜播量为 3.5～4 kg，稻田撒播的由于出苗率低，西北地区棉田由于利用期早，播种量宜在 5 kg 左右。间作套种田苕子占地面积少，播种量宜在 2～2.5 kg，另外，肥沃田较少，瘠薄田较多。

4）增施肥料：绿肥生产需要施肥，可起到"以小肥换大肥"的效果，除施用适量的农家肥作基肥外，特别需要施用磷肥，因苕子对磷肥反应敏感，我国各地施用磷肥都有显著的增产效果。

（2）适宜种植茬口及其栽培技术

1）稻田复种：南方稻田多在中稻田秋播，次年翻压作肥料或割草作饲料。种植方式因前茬作物不同，在稻收前 10～15 d 可稻底套播或点播，在稻收后可耕翻整地撒播或条播，也有在稻板田上点播或犁沟条播的。北方稻田套复种，因表土板结，宜用泥浆磷肥拌种后再撒播，出苗率高于种子直接撒播。稻田苕子的播期决定于水稻品种的特性，一般在 9 月中旬前后播种为宜。晚稻田宜用稻底套播，以延长苕子的生长期，显著提高产草量。

2）棉田套种：北方棉花常为一年一熟，且为宽行作物，是套种苕子的良好茬口。黄、淮海一带的播期宜在 8 月中旬至 9 月中旬，陕西一带的播期宜在 7 月下旬至 8 月中旬，江南地区的播期应在 9 月上旬至 10 月上旬。种植方式如在棉行的两侧条播或点播。苕子一般在 4 月中、下旬进入生长盛期，棉花须在 4 月中旬播种。

3）玉米、高粱田套种：在陕西一带一年一熟的高寒地区，可在 7 月下旬至 8 月中旬在高粱、玉米行间套种苕子，早播植株生长较好有利于越冬、第二年春季翻耕作春作物基肥。

4）小麦田套种：苏、皖淮北和豫、鲁两省中、南部一带，一般推行苕、麦间种，苕、麦面积比为（1：4）～（1：3），苕子春季翻压种玉米，小麦收后播大豆或夏玉米。也有在苕子翻压后套种棉花，小麦收后空闲作棉花大行。在华北、西北一带可以先种苕子后种麦，有利于苕子越冬。

6. 翻压利用技术

苕子的鲜草翻压利用量一般以每亩不超过 1500～2000 kg 为好，鲜草高产田可以分开施用，水稻田每亩 1500 kg 左右，旱地每亩 1000～1500 kg，稻田翻压灌水沤制 5～7 d 后栽稻，如翻压后立即栽秧，易引起发酵缺氧和积聚有毒物质，影响稻苗正常生长，有时根系发黑，僵苗不发。旱地苕子的利用技术应以治虫、保墒为中心，确保后作苗全、苗壮。在未翻压前地老虎等地下害虫的孵化期需喷药一次，待耕翻前再喷药一次。翻耕后立即耙田，有条件的先灌水后翻压，保持出苗时有足够的水分。

7. 留种技术

（1）选用高产品种　我国南方气温高、日照短，雨季早，宜选用春性强、生育期短的苕子品种，以保证种子产量。同时南方相对湿度大，毛叶苕子易发生叶斑病，蓝花苕子对叶斑病抗性强。在我国北方地区气温低、天气干旱，宜选用冬性强的毛叶苕子品种，毛叶苕子比光叶苕子更抗寒，抗蚜虫、抗病毒病。如淮北地区的苕子品比试验结果，毛叶苕子比光叶苕子增产 14.4%～86.5%，因而光叶苕子已逐渐为毛叶苕子所代替。

（2）建立支架　苕子匍匐生长，茎枝相互覆盖，造成高节位开花结荚，南方春季雨水多湿度大，造成沤花沤荚，严重影响种子产量。为此，选用秸秆粗壮的作物与苕子间种、混种、套种，供苕子茎枝攀缘，既解决通风透光又有利于授粉结荚，病害也可以减轻，增产效果显著。

（3）适时早播　苕子适时早播是争全苗、壮苗、确保安全越冬，促进年后早发的重要措施。留种田早播比晚播分枝早，有效枝也多，在我国华北、西北地区，播期宜在 8 月上旬到下旬，江淮一带宜在 9 月中旬到

10月初，南方为9月中旬到10月中旬。

（4）合理稀植　苕子茎蔓长，分枝多，密植则影响通风透光，不利于授粉。苕子留种行距宜扩大到1 m以上，适当缩小株距来保证每亩应有的苗数。根据丰产田的群体结构：光叶苕子亩产100 kg左右，要求冬前每亩总茎枝1.5万～2.0万，越冬枝2.0万～2.5万，现蕾前枝5.0万～6.0万，收获时有效枝为5万～5.5万。毛叶苕子亩产100～150 kg，要求每亩越冬枝2万～2.5万，现蕾前枝4.5万～5万，成熟期有效枝5万～6万。

（5）增施肥料　苕子花期长，小花数多，如营养生长与生殖生长不协调，常引起脱肥早衰。因而合理施肥可显著提高产种量。苕子的施肥应掌握"前期促，中期控，后期补"的原则，增施基肥可促进早分枝多分枝。现蕾前不宜追肥，控制群体不过大，花荚高峰期宜补施速效肥，避免脱肥早衰。

（6）摘心打头和喷施生长调节剂　为了抑制营养生长过旺对养分的消耗，使养分利于生殖生长，可以采取摘心打头或喷施生长抑制剂等措施。

（7）人工辅助授粉　苕子由于柱头四周长有茸毛，花粉粒不易接触柱头，故授粉困难，采用人工辅助授粉有较好的增产效果。

（三）箭筈豌豆

箭筈豌豆，又名大巢菜、春巢菜、普通巢菜、野豌豆、救荒野豌豆等，为一年生或越年生豆科草本植物，是巢菜属中主要的栽培品种。箭筈豌豆原产地中海沿岸和中东地区，在南北纬30°～40°分布较多。20世纪40年代中期引进我国的甘肃、江苏等省试种。60年代中期在甘肃省开始用于生产，而后在陕西、山西、河南、江苏以及南方一些省发展较快。70年代以来面积不断扩大，80年代初我国西自新疆、青海，北及哈尔滨，东至闽、浙沿海，南至五岭种植面积均有扩大的趋势。

1. 植物学形态特征

箭筈豌豆主根明显，长20～40 cm，根幅20～25 cm，有根瘤。茎柔嫩有条棱，半攀缘性，茎长100～250 cm，分枝30～50个。羽状复叶，小叶6～10对，呈矩形或倒卵形，小叶前端中央有突尖，叶形似箭筈，因此得名，叶顶端有卷须，易缠于他物上。托叶半箭形，有1～3披针形齿，具有一个腺点。生花1～2朵，腋生，紫红、粉红或白色，花梗短或无。子房被黄色柔毛，短柄，花柱背面顶端有茸毛。果荚扁长4～6 cm，成熟为黄色或褐色，内含种子 5～9 粒，扁圆或钝圆形，种皮色泽有粉红、灰、青、褐、暗红或有斑纹等，千粒重 40～70 g。

2. 生物学特性

箭筈豌豆适应性广，能在 pH 值为 6.5～8.5 的沙土、黏土上种植。但在冷浸烂泥田与盐碱地上生长不良。耐寒喜凉：箭筈豌豆生长的起点温度较低，春发较早，生长快，成熟期早。箭筈豌豆从出苗至开花，对温度的要求因品种而异。一般晚熟品种反应灵敏，温度低成熟期显著延长。箭筈豌豆具有喜凉、怕热的特性。特别是幼苗期，日平均温度达 25 ℃以上时生长受抑制。

（1）分枝习性 箭筈豌豆无论秋播或春播，出苗后生长均较快。在南京种植 66 - 25 箭筈豌豆，9～10 月播种，7～10 d 可出苗，当主茎有 3～4 片叶时即行分枝，分枝有根茎分枝和叶腋分枝之分。根茎上有三个互生芽节，一般地面的芽节发育成分枝，在肥水条件好、稀植和生长期较长时，地下三个芽节的芽都能发育成分枝，使主茎上的分枝成为轮生状。在分枝基部的叶腋间形成的分枝，属二次分枝。在正常情况下，秋播的一次分枝有 4～7 个，二次分枝有 3～5 个。春播的分枝比秋播的少，鲜草产量也相对较低。

（2）开花结荚习性 箭筈豌豆为无限花序，初花至终花约 50 多天。每朵小花一般都开两次，第一次多在 13～14 时开放，19～20 时开始闭合，21 时以后旗瓣关闭。次日 7～8 时再行开放，至 21 时闭合。箭筈豌豆有一定的落花落荚特性，但不同品种花荚脱落率不同，一般为 33.3%～51.4%。

（3）与生态环境条件有密切的关系 在甘肃河西走廊高海拔地带，因属典型大陆性气候，光能资源丰富，温差大，相对湿度又低（一般 6～8 月为 45%～50%），春播箭筈豌豆花荚期，在高温低湿的条件下，着荚率一般较南方高 15% 左右，单产高 20%～30%。在江淮地区秋播箭筈豌豆，花荚期易遇高温湿热，花荚脱落率高，对种子生产不利。因此，选用早发、早熟的箭筈豌豆品种十分重要。

（4）固氮能力 箭筈豌豆结瘤多而早，因此，苗期根瘤就有一定的固氮能力，随着营养生长加速，固氮活性不断提高。一般在 2～3 片真叶时形成根瘤，苗期发育的根瘤多数为单瘤；箭筈豌豆根瘤数量、质量的变化，与其根瘤的固氮活性一般呈正相关；营养生长阶段的固氮量占全生育期的 95% 以上。南方秋播的在返青期、北方春播的在伸长期是根瘤固氮活性的高峰。现蕾以后开始明显下降，进入花期后，多数箭筈豌豆品种的根瘤自然衰亡，固氮活性很弱。

3. 栽培与利用技术

（1）种植方式　在南方的主要种植方式有以下两种：①一熟或多熟制中的间作套种：在一熟棉田，秋季在棉田套播箭筈豌豆作为下年棉花或水稻的底肥。在麦、棉两熟田中，采用三麦与箭筈豌豆宽幅间种，翌年4月压青作棉花底肥。在沿江的麦-玉米、马铃薯-玉米两熟制和麦-玉米-稻三熟制中，同样可采用麦类与箭筈豌豆间作，作小麦后作物的底肥。在肥-稻-稻和油-稻轮作制中种植。②与粮、棉作物间种：在江淮地带与苏北滨海地区，可在棉花、玉米、甘薯等作物播种前早春间作套种一茬箭筈豌豆，也可与玉米间作留种用。其方式是早春种3~4行箭筈豌豆，留下玉米播种行，行距放宽，玉米株距缩小，每穴双株，6月初箭筈豌豆收籽后，复种大豆，这样粮、豆产量均较高。

在北方的主要种植方式有以下两种：①麦田套复种：在无霜期短或农活比较紧张的地方，为了争取生长时间，可在小麦地里套播。甘肃省河西灌区，青海省黄河、湟水灌区在春小麦扬花、灌浆期的灌水前麦田套播或在麦收后抢时复种，生长至10月中下旬，亩产青草可达1500~2500 kg。②早春顶凌播种，作水稻绿肥：箭筈豌豆在地温达到5 ℃~7 ℃时即可发芽，早春顶凌播种生长50~60 d，亩产鲜草500~750 kg，5月下旬或6月上旬压青，可使后作水稻增产20%~30%。

（2）栽培技术　箭筈豌豆品种多，种性差异大，应注意选用适合当地条件的高产品种。如南方气温高、汛期早、季节紧，宜选用春性强，早发速生的早熟箭筈豌豆品种；淮河流域冬季气温低，宜选用抗寒性强的大荚箭筈豌豆。北方地区，作物复种指数低，可选用生育期稍长、耐旱、耐瘠的品种；在一年一熟春麦灌区，箭筈豌豆多在麦田套种，则应选用耐阴、再生力强、速生早发的品种。

1）播种：一是适期播种，适期播种是箭筈豌豆种子高产的重要因素。播种早晚与当地气候条件密切相关。江淮与滨海地区，在每年雨季末期的9月下旬播种墒情好，对出苗有利。一般情况下长江中、下游适宜播期在9月底至10月上旬，浙南与闽、赣、湘等地可延至10月中、下旬甚至到11月上旬。箭筈豌豆播期幅度虽较宽，但适时早播能大幅度提高青草产量。在南方春播的适期以2月下旬至3月初为宜。长江以南春季气候回升较快，待立春时即可播种。在北方春麦区，春、夏均可播种，但箭筈豌豆留种栽培必须春播。春播时限也较宽，通常从3月初至4月上旬都是适宜的。作绿肥除春播外，灌区多在麦田套播或麦收后复种。但麦田套播不宜过早，否则会影响小麦生长，且收麦后的再生力弱。宜在小麦扬花到灌浆期套播为宜。二是合理密植，箭筈豌豆分枝早，分枝性强。每亩基本苗3万~4万，单株分枝8~10个，株高90~100 cm，单株鲜重70~80 g，每亩鲜草产量就可达到1250~1750 kg。如每亩超过5万苗，则分枝减少，单株重显著下降，也难获得高产。箭筈豌豆作绿肥用，适宜的播量为每亩1.5~2 kg，留种田的播量通常是收草播量的一半。三是播种方法：箭筈豌豆幼苗顶土力弱，须精细整地，均匀盖土。在南方多雨地区，播种前还要开好排水沟，以免因渍水或盐害影响出苗。箭筈豌豆可采用条播、穴播、撒播，以条播为好。

2）田间管理：一是破除板结，箭筈豌豆幼苗顶土力弱，播后遇降水，易造成土壤板结，应及时浅耙破除结皮，促使箭筈豌豆出苗。二是中耕除草，箭筈豌豆苗期生长缓慢，易受杂草危害，在尚未形成良好的田面覆盖时，应及时中耕，清除杂草，松土保墒，以利幼苗生长。三是灌水与防渍，箭筈豌豆耐旱性较强，但保证其正常生长发育和获得较高的产量必须要有充足的土壤水分。箭筈豌豆苗期耐旱力较强，在开花、青荚期对水分的需要较大，此时如果水分不足，会造成减产。在干旱灌区箭筈豌豆出苗至现蕾阶段，如不遇干旱，一般不必灌水，但在初花至青荚期应及时浇灌；麦田套播的箭筈豌豆麦收后田面失去荫蔽，又值高温季节，土壤蒸发量大，需及时供水，否则会影响再生，或受旱死苗，这是灌区麦田套复种箭筈豌豆成败的关键，供水应在收麦后一周内完成。箭筈豌豆不耐水渍，在雨量较多或低洼易涝地区，应注意开沟排水，降低地下水位，渍水除造成死苗沤茎烂根外，还因田间湿度过高，易罹病害。在良好的排水条件下，即使低湿的稻田仍可获得亩产2000~2500 kg的鲜草。

3）虫害防治：箭筈豌豆尚未发现毁灭性的病虫害。在西北地区，箭筈豌豆花期前后常见有豆芫菁危害。在江淮地区，自早春至开花期，如遭蚜虫危害，可喷洒乐果1500~2000倍液防治。

4）护青和翻压：箭筈豌豆在花期前后切忌人、畜践踏，更不能在田间放牧，否则会严重影响生长而导致减产。在春麦田套种箭筈豌豆，麦收后8月下旬至9月下旬为其再生旺期，尤应加强护青，以免影响新芽的萌发与再生。箭筈豌豆自开花至青荚期是机体养分积累的高峰期，通常也是压青的适期。但各地情况不同，适合的翻压期，还必须考虑水、温条件对绿肥腐解的影响，以及后茬作物的播期与需肥特点等因素。南方地区水、温条件好，农时季节紧，箭筈豌豆的翻压期必须与接茬的时间相协调，一般在后作物播种前 10 d 左右翻压即可；北方地区，箭筈豌豆除作稻田绿肥是夏翻外，多数是秋翻，由于气温低，秋翻过晚，会影响腐解。如作冬麦底肥，压青期应不迟于 9 月上旬；在春麦灌区翻压可不迟于 10 月上旬。在干旱山区压青，必须注意保蓄水分，春播箭筈豌豆为冬小麦作绿肥应在雨季翻压，以利接纳秋雨。夏播箭筈豌豆作翌年春播作物的绿肥，则必须早秋翻压，以利蓄水保墒，为绿肥的腐解和后作生长创造有利的水分条件。箭筈豌豆在生长过程中对土壤中磷素消耗较多，割草后的茬地往往缺磷，压青地也出现氮多磷少，应增施磷肥，以求氮磷平衡，促进后作增产。箭筈豌豆茎叶茂密，青体缠绕，翻压前先用圆盘耙切断，曝晒一日，使其萎蔫，缩小体积，易于压严埋实。翻压后如遇干旱，应及时灌水，促其腐解。

（3）高效留种技术　箭筈豌豆种子产量变幅很大。要使种子高产必须控制徒长，协调营养生长与生殖生长的矛盾。控制营养体徒长的主要措施有：一是降低播种量，以扩大箭筈豌豆个体的营养面积，保持田间通风透光，促使单株健壮生长，提高结实率，从而获得高产。一般播种量为作绿肥的一半，较肥沃的土地播种量还要酌减。二是适当晚播：在南方秋季晚播，冬前和返青后植株生长健壮，个体不旺长，推迟田间郁闭，开花结荚多。三是选择旱地留种：在南方高温多雨地区，箭筈豌豆留种应选肥力中等的岗梁、坡地，能有效地控制营养生长，改善通风透光，花荚脱落少，结实率高。四是设立支架：箭筈豌豆攀缘在支架上，有利于改善下部通风透光，保护功能叶片，提高种子产量。设立支架，要因地制宜，可以与小麦、油菜隔行间作或利用棉秆作支架。五是种子采收：箭筈豌豆有一定裂荚习性，当种荚有 80%～85% 种荚已变黄或黄褐色时，虽顶部有青荚或残花，都应及时收割，以免裂荚损失。

（四）肥田萝卜

肥田萝卜又叫满园花、蓝花子、大菜、萝卜菜、苦萝卜等。十字花科萝卜属，一年生或越年生直立双子叶草本植物。绿肥作物，也可作饲料。主要分布在我国长江以南的江西、湖南、广西、云南、贵州等省（区）。多用于稻田冬闲田利用或在红壤旱地种植，也是果园优良的绿肥。

肥田萝卜的早中熟品种植株比较矮，叶也小，但下部分枝多，根为直根系；晚熟品种的植株高，叶较宽大，但下部分枝少，根部膨大。耐旱性较强，所以在旱地、山坡、丘陵地区均能良好生长。在排水良好的水稻田，生长更为茂盛。肥田萝卜喜凉爽气候，当气温在 4 ℃时可以发芽生长，15 ℃～20 ℃为最适生长温度。对土壤条件要求不严，除滞水地和盐碱地外，各地一般都能种植。对土壤酸碱度的适宜范围为 pH 4.8～7.5。耐酸、耐瘠，生育期短，吸收利用土壤中难溶性磷素的能力较强，是一种改良新垦红壤低产田的先锋作物。常与豆科绿肥作物如紫云英、苕子等混播，以提高产量和质量。肥田萝卜适宜在 11 月上旬立冬前后播种，旱地可提早到 10 月下旬霜降前后，不宜过早。翻压适宜期在肥田萝卜的开花期，作稻田绿肥，提前 1 个月配施适量的氮肥、磷肥翻压；旱地压青，截短、深埋 10～15 cm。收获种子的方法与一般萝卜和油菜相似。

(五) 黑麦草

黑麦草，系禾本科黑麦草属，一年生或越年生草本植物。20 世纪 40 年代引入我国，现在长江中下游和淮河流域各省广为栽培。

黑麦草喜温暖湿润气候，在 10 ℃气温时可生长良好，−16 ℃低温可以越冬，但不耐高温，当气温超过 25 ℃时，生长受抑制。耐瘠、耐盐能力较强，在生土、盐荒地、红壤上都可生长。对酸碱性适用范围很大，在 pH 值为 4.7～9.0 的土壤上均可正常生长。黑麦草也有一定的解钾能力，能利用部分土壤矿物钾。黑麦草春播、秋播均可。播种量一般每亩 1.0～1.5 kg，与紫云英、苕子、箭筈豌豆等豆科绿肥混播的播种量为每亩 0.5～1.0 kg，视具体情况而定。

为不影响后作水稻生产，在插秧前 15 d 收割以后翻犁放水沤田，每亩撒石灰 15～20 kg，以加速草根的分解腐烂（应作田间消毒）。黑麦草直接翻埋或刈割作肥料的最适时期是其鲜草和养分含量最高的抽穗前期。黑麦草根系发达，耕层根系密布，翻埋时机械阻力大，翻埋之前先灌水烂根或与播种行垂直耕翻，可以提高翻埋工效；此外，黑麦草植株 C/N 较高，翻埋初期腐解较慢，翻埋时应适当配施速效氮、磷化肥。据试验，连续 3 年苕子与黑麦草混播地与 3 年单播苕子地相比，不仅腐殖质含量增高，还可以提高土壤中小于 2 μm 复合体的数量，增加土壤交换量和保肥能力。

二、夏季绿肥

夏季绿肥又称夏绿肥，为春季或夏季播种，到夏末初秋利用，其生长期有一半以上在夏季。主要夏季绿肥种类有田菁、檉麻、蚕豆、豌豆、绿豆、秣食豆、乌豇豆和印度豇豆等，夏季绿肥的分布范围广，但目前面积还较小。

（一）田菁

1. 主要种类及其植物学特征

田菁又名咸青、咸豆，为豆科田菁属植物。原产热带和亚热带地区，为一年生或多年生，多为草本、灌木，少为小乔木。田菁性喜高温高湿，多在低洼潮湿地区生长。全世界田菁属植物约有 50 种，其中主要的种类有 20 多种，广泛分布在东半球热带和亚热带地区的印度北部、巴基斯坦、中国、斯里兰卡和热带非洲。目前我国引种栽培的田菁共有 7 个种，主要分布在广东、福建、台湾、浙江、江苏等地，其中普通田菁在中国分布最广。

（1）普通田菁　小灌木状草本。高 1～3 m，无刺。叶初生时，有茸毛，叶柄长 7～12 cm，羽状复叶；小叶 20～30 片，呈线状矩圆形，上面有褐色斑点；长 12～14 mm，宽 2.5～3 mm，先端钝，有细尖，基部圆形。花长 1～1.5 mm，2～6 朵排成疏松状的总状花序，腋生；花黄色，外面有紫色斑点或无。荚果圆柱状条形，长 15～18 cm，直径 2～3 mm；种子多数，圆柱状，绿褐色或褐色，长约 3 mm。主要分布在福建、广东、台湾、浙江等地，生于田间、路旁或潮湿地，是生产上普遍种植的种类。

（2）多刺田菁　灌木状草本，呈枝条和叶轴有细弱刺。羽状复叶，小叶 40～80 片，呈条状矩圆形，两面密生褐色小腺点，无毛，长 10～16 mm，宽 2～3 mm，先端钝，有细尖。花淡黄色，有红色斑点，呈疏松的总状花序，3～6 朵腋生。荚果圆柱状，直或稍呈镰刀状弯曲，长 15～22 cm，直径 2 mm。种子 10 多粒，矩圆形。主要分布在广东、云南和四川西南部，生长于山坡、路旁或潮湿处。

（3）埃及田菁　多年生小灌木，高 2～3 m。叶柄长 5～10 cm，有白色细茸毛；羽状复叶；小叶 20～40 片，下面有少数毛，矩圆线形，有褐色细斑点。花黄色，总状花序腋生或顶生，荚果屈曲，长 15～18 cm，白色。种子多数呈筒状，淡青色，上有黑色斑纹。主要分布在广州等地。

可作篱笆，是良好的绿肥。

（4）沼生田菁　草本。羽状复叶；小叶 20～60 片，线形，下面有青紫色细点，有少数毛。花序生，8～10 朵，黄色；旗瓣有紫色斑点。荚果长 18～20 mm，宽 4 mm，青莲紫色或褐色。种子，多数，近球形。主要分布在华南和中南各省。

（5）大花田菁　多年生乔木，高 4～10 m。羽状复叶，无毛；小叶多达 60 片，矩圆形，小托叶极短，微有毛。花序有花数朵，呈白色或淡绿色或深蔷薇红色。荚果细长，种子极多，褐色，主要分布在云南、广东和海南岛等地，是很好的观赏植物。幼嫩枝叶是良好的肥料和饲料，花、嫩荚和幼芽可食用。

2. 生物学特性

（1）栽培学类型　我国生产上栽培利用田菁面积较广，根据各地自然条件的差异，采取驯化、系统选育及人工诱变等手段，选出了一些适合当地生产条件的高产优质的普通田菁栽培品种。特别是中国北方各省，注意选育早熟、高产的品种，取得较大成效，使田菁从南方到华北和东北的辽宁等地得到迅速推广应用。根据现有栽培品种栽培的地区、生育期和形态特征等，田菁大致可以分为三个类型：①早熟型：多为主茎结荚，植株较为矮小，株高 1～1.5 m。分枝少或无，株形紧凑，茎叶量较少，主茎上结荚，表现出早熟的特性。全生育期一般在 100 d 左右，产草量较低，多在中国北方种植。②中熟型：多为混合结荚。植株中等大小，枝叶繁茂，株高为 1.5～2 m。分枝多，主茎和分枝均开花结荚，全生育期 120～140 d，主要在华东、华北等地栽培利用。③晚熟型：全生育期150 d 以上，主要为分枝结荚，植株高大，株高达 2 m 以上。分枝多，主要在分枝上开花结荚，是南方主要栽培种类。

（2）生长发育对外界环境条件的要求

1）温度：温度对田菁种子发芽和生长有着密切的关系。种子发芽适宜气温为 15 ℃～25 ℃，最低发芽温度为 12 ℃。当气温低于 12 ℃时，种子发芽缓慢，甚至因低温造成烂种。气温在 12 ℃时播种，种子约需 15 d才出苗，当气温在 15 ℃～20 ℃时播种，需 7～10 d 出苗；当气温在25 ℃以上，一般播种后 3～5 d 即可出苗。田菁最适生长温度为 20 ℃～30 ℃，当气温在 25 ℃以上，生长最迅速，气温下降到 20 ℃以下时，生长缓慢；遇霜冻则叶片凋萎而逐渐死亡。

2）水分：田菁种子发芽需要较多的水分。种子吸水量约为其本身重量的 1.2～1.5 倍。生长过程中需要消耗大量的水分，其叶片多，叶面积大，蒸腾作用强烈。

3）光照：田菁为短日照植物，对光照的反应较敏感。南方短日照地区的品种引入北方长日照地区种植时，表现出营养生长旺盛而生殖生长推迟。其幼苗的耐阴性不强，此时光照如太弱，则生长受到抑制，植株纤细黄绿。随着苗龄的增长，耐阴性也逐渐增强。因此在间，套种的条件下，要保证田菁具有一定的生长空间和时间，以满足其对光照的需求。如间套种，行距过窄，种植时偏晚，则农作物对田菁的荫蔽度大，致使生长不良而降低产草量。

4）土壤：田菁的适应性很强，对土壤要求不严格。其适宜生长的土壤为土质肥沃，通透性能好的沙壤土和黏壤土。但在盐土、碱土、沙土、黄泥土、河淤土以及滨海滩地等土壤上，也能良好生长。对重黏土也具有较强的适应能力。其适宜生长的土壤酸碱度为 pH5.8～7.5，但 pH 在 5.5～9 时，也能正常生长。

5）养分：田菁根系发达，结瘤多，固氮能力强，在生长 40 d 以后，即可开始大量固氮，因此除在幼苗期需消耗土壤中部分养分外，对氮素的要求不严格。但对磷素养分的反应却十分敏感。在缺磷的地区施用磷肥，其产草量可成倍甚至几倍增长。

（3）生长发育规律　田菁植株高大，喜高温高湿，可春播也可夏播，在南方秋播也能收种。春播生育期长，夏播生育期相对缩短。在北方田菁苗初期生长缓慢，有一个明显的"蹲苗期"。播期不同田菁由营养生长期进入生殖生长期的天数也不相同。在华北地区，春播田菁一般需要90 d 左右才开始进入生殖生长期，而夏播的一般 60 d 左右即进入生殖生长期。田菁为自花授粉作物，属无限花序类型。其开花顺序由内向外，由中部向下部和上部呈波浪形进行。田菁再生能力较强，割后留下的根茬还能再长。春播田菁，在南方一般一年可割 2～3 次，北方可割 1～2 次。以在营养生长期割草为好。留茬高度应在 30 cm 以上，过低则再生长易受抑制。

（4）抗逆性　田菁的抗逆性很强，具有耐盐、耐涝、耐瘠的特性，能抗黏重土壤，低 pH、盐、沙、杂草和积水。

1）耐盐性：耐盐是田菁的一个很重要的特性。其耐盐能力随着苗龄的增长而提高。在一般情况下，土壤耕层全盐含量在 0.5% 左右可以立苗，但生长较为缓慢。全盐含量在 0.3% 时，生长良好，全盐含量超过

0.5%，则生长受抑制。但是生育期不同，其耐盐程度有很大的差异。不同盐土类型对田菁出苗和生长的影响也有很大的差异。一般情况下，以硫酸盐为主的盐土，表层（0～10 cm 土层）全盐含量在 0.6%可以出苗和生长；而以氯化物为主的盐土，表层全盐含量超过 0.4%，出苗和生长均受影响；以碳酸盐和重碳酸盐为主的碱化盐土，全盐达 0.3%时，则不易出苗。

2）耐涝性：田菁原产于低洼潮湿地区，其耐涝性很强，其耐涝性随苗龄增长而提高。苗期受水淹时，只要不没顶，可以成活和生长，但受淹时间过长，生长会受到一定抑制。田菁生长后期，淹水时间长达 1 个月以上，仍然可以正常生长，表现出叶色深绿，受淹茎部形成通气的海绵组织，在接近水面处长出许多水生根，并能正常结瘤和固氮，以适应淹水环境，保证了植株的正常生长。

3）耐瘠性：田菁根瘤多，固氮能力较强，且根系发达，在瘠薄土壤中也能良好生长。沙荒地上种植田菁，生长 100 d，当水淹时间达 1 个月的情况下，植株仍可旺盛生长，叶色深绿，株高达 150 cm，亩产鲜草1050 kg 以上。此外，田菁对宿根性杂草和其他杂草的抑制效果均很显著，但其抑制杂草主要是在旺盛生长期。这时，由于荫蔽度大，根系较深，穿插能力强，使杂草生长受到明显抑制。在盐碱地和撂荒地上茅根很多的情况下，种田菁 1～2 年后，茅根绝大部分受抑制而腐烂死亡。但是田菁幼苗期，由于生长缓慢，抑制杂草能力较弱，如不及时进行中耕除草，特别是春播田菁，易被杂草抑制而影响苗期正常生长。

（5）共生固氮能力　田菁的根瘤为圆球状，根瘤菌的专化性很强，其他族的根瘤菌不能使其正常结瘤。田菁根瘤菌属特殊的根瘤菌族，不包括在现有的 7 个根瘤菌族之中。其根瘤菌通常附着在种子上，因而自然结瘤能力很强，不需要采取接菌即可自然成瘤。种子经彻底消毒处理后，就不能形成根瘤，而未经种子灭菌或灭菌不彻底的均能正常结瘤。一般情况下，春播田菁出苗后 20～30 d 形成根瘤并开始固氮，而夏播田菁形成根瘤并固氮的时间一般为出苗后 15～20 d。由于春播田菁生长期相对较长，根系和根瘤量均比夏播的田菁多。田菁具有较强的根瘤固氮能力。从花期到初荚期，田菁的固氮能力最强，而且春播的高于夏播的。在田菁旺盛生长期间，耕层水解态氮含量比不种田菁的土壤增加 25%。这表明田菁在丰富土壤氮素方面有明显的作用。淹水条件下，田菁仍具有较强的结瘤和固氮能力。水栽田菁根瘤量比旱栽的增加 69.8%；固氮能力比旱栽的提高 80%。在淹水条件下，田菁根瘤量比湿润栽培的提高 66.7%；植株含氮总量淹水比湿润的提高 41.2%。此外，有的田菁还能形成具有固氮能力很强的茎瘤。

3. 田菁的种植利用

（1）麦后复种田菁　这种利用方式主要在苏北、淮北、河南、河北、山东、天津和北京等黄淮海平原的低洼盐碱地区和部分沙荒瘠薄地区应用。由于田菁苗期生长缓慢，采用这种方式，麦收后应及时灭茬后才能播种，以保证田菁苗期的正常生长，免受草害。夏播田菁生长期一般只有 70 d 左右，播种早晚，产草量差异很大。7 月上旬前播种，一般亩产鲜草 1000～1500 kg，如播种偏晚，生长时间不足，产草量低，且田菁幼苗生长缓慢，若遇雨涝，幼苗淹水，抵抗力弱，生长受抑制。早播田菁，苗龄在 1 个月以上，虽受水淹，但其抵抗力增强，产草量不会受到明显的影响。为保证田菁提早播种，争取生长天数，各地创造了许多行之有效的方法。

（2）玉米田菁间作套种　一年两熟制中玉米套种或间种田菁，是一项广辟肥源，用地养地相结合，不断提高粮食产量的措施。主要在华北平原、西北和东北部分地区应用。玉米套种田菁，要选择适宜的带距。玉米行距不同，对玉米和田菁生长的影响很大。玉米以大小行，大行距为 1～1.1 m、小行距 50～60 cm、株距 30 cm 的形式较好。在大行内套种田菁，占地面积为 40%～45%，保证了田菁有较大的生长空间，而且玉米在整个生育期间均可在小行内中耕管理。采用大小行形式，边行效应增强，通风透光相对较好，对玉米生长也较有利。如行距过大，田菁占地面积过多，超过耕地面积 50%，虽有利于田菁的生长，但玉米占地面积相对缩小，株数不能保证，导致减产。玉米和田菁间作，其共生期比较长，一般有 2 个月左右的时间。田菁生长前期是要消耗土壤中速效养分的，但消耗量不大。到田菁生长旺期，由于根瘤固氮增强和田菁根系残体的腐解，可释放出一些有机态氮，供玉米利用。由此可见，玉米田菁共生期间争夺养分的现象并不严重，对玉米生长没有不良影响。但在共生前期，为促使玉米苗期健壮生长，应加强水肥管理。掌握好田菁套播期，是粮肥间、套种的关键。田菁播种过早，生长期相对较长，后期株高往往超过玉米，使玉米产量受到一定的影响。播种过晚，则田菁生长期短，产草量低，起不到应有的作用。玉米套种夏绿肥田菁，应控制在玉米受粉之前，田菁植株高度在玉米果穗下部，在华北地区即在 7

月上中旬套播为宜。

（3）棉田套种田菁　棉田套种田菁是作棉花蕾花期追肥的种植利用形式，主要在江苏北部等地应用，可分为以下两种情况：①一熟制棉田套种：棉花采用大小行形式，大行距 90～100 cm、小行距 40～45 cm。江苏徐州地区的经验是 5 月上、中旬在大行内套 2 行田菁，6 月下旬翻压作追肥。亩产鲜草 250～500 kg。②两熟制棉田套种：小麦、棉花两熟制中，麦收后于棉花行间套种田菁。一般棉花为大小行，大行 60～80 cm、小行 30～45 cm，在大行内套种。江苏盐城大丰区的经验是在麦行内采取提早播种的方法，于 4 月下旬播种，5 月上旬出苗，"蹲苗期"在麦田中度过，麦收时田菁株高在 10～15 cm，6～7 片真叶。到 7 月上、中旬，亩产鲜草可达 500～700 kg，翻压作棉花追肥。田菁作棉田追肥，要求是蕾期施，花期用。因此，翻压时期的要求较为严格。为了解决田菁与棉花共生期的矛盾和田菁翻压后供肥和棉花需肥的矛盾，采取先割一茬于棉花小行内作追肥，再生田菁在大行内直接翻压。这样可以延长田菁生长期和供肥期，获得较高的鲜草量和供肥量，又不致影响棉花的正常生长。

（4）早稻田种植田菁　早稻田种植田菁作晚稻基肥，是解决晚稻缺肥的有效方法，多在广东、广西、湖南、湖北、江西以及安徽、江苏等地。其主要种植利用方式有：①稻底套复种：在早稻黄熟后到收割前，把田菁种子直接撒到田中，种子在稻底萌发出苗，割稻后继续生长。这种方式由于生长期较短，且受外界条件和水稻株型以及田间小气候变化等影响，在未能准确掌握播种时间及田间管理技术的情况下产草量不够稳定。②稻底间种：这种方式是目前较为普遍采用的。分起墩点播和育苗移栽两种。起墩点播即在早稻第一次中耕后进行，在稻行内起泥墩，在墩内直播田菁。育苗移栽即事先培育田菁秧苗，当田菁苗龄在 40 d 左右，苗高 30 cm 左右时，结合早稻中耕进行移栽。

（5）晚稻秧田套种田菁　晚稻秧田套种田菁，作晚稻秧田种植水稻时的基肥，主要在上海、浙江和江苏南部一带应用。其种植方式主要是利用晚稻秧田两侧沟边套栽田菁。套栽用田菁苗龄为 30 d 左右，田菁和稻秧共生期 40 d，拔秧后田菁就地翻压，作秧田稻的基肥。据试验，压 500 kg 田菁鲜草比 50 kg 菜籽饼的水稻产量提高 7%。秧田套种田菁后，田菁与稻秧共生，促进了秧苗苗壮生长。据观察，无论是秧苗株高、功能叶数量、根系等均有明显增强。而且由于田菁根系发达，纵横交错，须根细密穿插，使得稻秧根带土少，好拔秧。一般套田菁的比不套的可节省劳力 1/4～1/3。晚稻秧田套种田菁，是套 1 行或 2 行，对稻秧影响不大，而对田菁鲜草产量却有很大的影响。

4. 栽培利用技术

（1）种子处理　田菁种皮厚，表面有蜡质，吸水比较困难，其硬籽率达 30%，高的可达 50%以上。其硬籽率高低与种子收获早晚有很大关系。收获越晚，硬籽率越高。当田菁荚果开始变成褐色，种子呈绿褐色时，其发芽率最高，而当植株枯黄，种子呈褐色时，其硬籽率随之提高，使发芽率降低。田菁种子发芽时温度不同，对破除硬籽的关系十分密切。温度越高，破除硬籽率的效果越好，使发芽率提高。因此，一般春播田菁播种前都应进行种子处理，以提高其出苗率。在南方和北方夏播时，由于夏季高温高湿条件，对破除硬籽的效果较好，一般情况下，可不必进行种子处理。

（2）播种　田菁留种一般宜春播。春播应掌握平均地温在 15 ℃左右进行。夏播田菁多作压青用，应以"早"为主，播种过晚，产草量低，达不到预期的效果。田菁播种覆土不宜过深，以不超过 2 cm 为好。播得过深，子叶顶土困难，影响全苗。播种可采取条播、撒播或点播。以条播较好，深浅一致，出苗整齐，易于管理。播种量因利用方式而异。作绿肥用时，一般亩播量 4～5 kg，盐碱地可适当加大播量；留种用时，播量 1～1.5 kg，在中等肥力地块留苗 3000～4000 株，瘠薄地 5000～6000 株。

（3）施肥　在缺磷的地块应施用磷肥，以保证其对磷素的要求。试验结果表明，田菁移栽时每亩穴施 5～15 kg 磷肥，平均每 0.5 kg 磷肥增产鲜草 5 kg 左右。

（4）打顶和摘边心　田菁属无限花序植物，花序自下而上，自里及外开放，种子成熟时间不一致，往往早熟荚已经炸裂，而新荚刚刚形成。因此，田菁留种田的适期收割十分重要。否则，即使丰产也不能丰收。一般在中、下部荚黄熟时即应及时采收，以免造成种子大量脱落损失，而且还可减少硬籽的数量。采用打顶和打边心的措施，可以控制植物养分分布，防止植株无限制地生长，保证花期相对集中，使种子成熟比较一致，有利于种子产量的提高。

（5）病虫害防治　田菁的虫害主要有：蚜虫、斜纹夜蛾、豆芫菁、地老虎、卷叶虫、金龟子等。蚜虫对田菁的危害较大，一年可发生数代，一般在田菁生长初期为害最重，多发生在干旱的气候条件下，轻则抑制其生长，严重时可使整株萎缩甚至凋萎而死亡。可用 1000～2000 倍乐果喷洒防治。斜纹夜蛾是南方一种很重要的害虫。在田菁生长期中，可发生 2～3 代，取食田菁茎叶。在广东发生盛期，如不及早防治，几天内可把田菁枝叶吃光，因而应抓紧幼龄虫的杀治。可用 1000～2000 倍乐果喷洒防治，或用 90% 美曲磷脂 200～400 倍液喷洒防治。卷叶虫也是田菁一种主要害虫，多在田菁苗后期或花期为害。受害时叶片卷缩成管状，取食叶片组织，严重时有半数以上叶片卷缩，抑制田菁的正常生长，可用美曲磷脂乳剂喷杀。田菁菟丝子寄生危害，严重时整株被缠绕而影响生长。发现时应及时将被害株连同菟丝子一并除去，以防扩大。田菁病害主要有疮痂病。南方多于 7 月底 8 月初始发。病菌以孢子传播，由寄主伤口或表皮侵入。此病对田菁茎、叶、花、荚均能为害。茎秆受害时，扭曲不振，复叶畸形卷缩，花荚萎缩脱落。可用波尔多液进行叶面喷洒防治。

（6）翻压和利用　大面积田菁翻压最好用拖拉机直接压入，借用犁的扭力将整株田菁翻入土中，耕翻深度应保证在 15～20 cm，使其压严。翻压后可用圆盘耙来回地耙几遍，使绿肥青物体和土壤紧密结合，防止散墒。翻压时不宜先行切碎或割倒，以防造成堵犁，不能将青物体全部翻入土中，以免影响后作的播种。在墒情较差或用拖拉机直接翻压有困难的地方，也可采用割青沤制堆肥的办法。田菁适时翻压，是影响其肥效的重要环节。何时翻压较好，首先要考虑下茬作物的需要。在下茬作物播种允许的范围内，则应考虑如何争取时间，获得较多的青物体和较高的养分含量。但是地区不同，气候条件不同，翻压时间要求也不相同。南方稻田翻压田菁，由于气温高，又多在嫌气条件下分解，往往容易产生一些还原物质，使稻秧受害。因此应适当提前翻压。北方气温相对较低，而且多在早秋翻压，加之土壤通气性能较好，不存在有毒物质伤苗现象。因此，在有水浇条件或土壤墒情较好，保证田菁能充分腐烂和小麦正常出苗的情况下，适当推迟翻压是有利的。田菁翻压后，在华北地区一般出现二次养分释放高峰。第一次是在翻压后 1 个月左右，第二次是压后 200 d 左右，即翌年 4 月中、下旬，当气温回升到 15 ℃ 以上时。当第一次养分释放高峰时，正是小麦苗期生长和冬前分蘖的开始阶段，这时由于大量绿色体矿化，释放氮量也高，供给小麦冬前苗期生长的需要是充足的。此阶段小麦需氮量约占全生育期吸收量的 15%，因此冬前应适当少施或不施其他氮肥，以充分发挥绿肥所提供的养分。当田菁翻压后土壤出现第二次高峰时，这阶段正是小麦大量需肥期，此时小麦需氮量约占全生育期吸收量的 40%，尽管这个时期土壤中同样可以为小麦提供较多的氮素，但仍远不能满足小麦旺盛生长的需要，并出现了土壤中氮素不足的现象。在这种情况下，小麦返青拔节期，应追施氮肥，以满足小麦生长中后期的需要。另外，从田菁养分释放特点看，小麦适期播种也很重要，如播种偏早，小麦苗期养分吸收过量，冬前旺长时间过长，就可能出现冬前麦苗过旺，导致翌年出现后期脱肥，而达不到增产的目的。

（二）柽麻

1. 种类与分布

柽麻，又称太阳麻、印度麻、菽麻，为一年生草本，豆科猪屎豆属植物，原产印度。在马来西亚、菲律宾、缅甸、巴基斯坦、越南以及大洋洲、非洲等地都有种植。我国台湾省引种最早，1940 年从台湾省引种到福建以后，广东、广西与江苏三省（区）相继种植。中华人民共和国成立以后逐渐往浙江、安徽、湖南等省引种，20 世纪 60 年代扩大到山东、湖北、河南等省，70 年代在安徽、河南、湖北与江苏等省已大面积种植，其他地方如云南、贵州、四川、陕西、河北、天津、辽宁以及新疆等省、市、自治区也都开始种植和利用。柽麻有早熟、中熟和晚熟 3 个类型：

（1）早熟类型　具有植株矮小、分枝紧凑、结荚集中、早熟以及生长与成熟比较整齐的特点，并具有早发性，生长 30～40 d 株高超过中、晚熟种。如江苏农业科学院选育的早熟柽麻具有一定的代表性，从出苗到主茎现蕾需 40 d，到全株 20% 荚果成熟需要 136 d。株高 200～250 cm，叶色深绿，开花结荚期较短，全生育期为 120～140 d，4 月下旬播种，70% 种荚在 9 月底成熟。全生育期要求 10 ℃以上的有效积温 2000 ℃左右，总光照时数 900 h 左右，每亩产种量 50～75 kg，千粒重为 32 g，夏播生长 40 多天亩产青草 1850 kg。

（2）中熟类型　一般在 4 月中下旬播种，生长 32 d 后进入速生期，出苗后 40～50 d 进入分枝期，叶片窄细较薄为正绿色，植株比较粗壮，株高 220～300 cm。4 月底播种者，生长 40 d 后于 6 月上旬开始现蕾，7 月上旬一级分枝大部分成荚，8 月中旬二级分枝大部分成荚，10 月上、中旬荚果成熟。全生育期 150～160 d。

（3）晚熟类型　一般在 4 月下旬播种，出苗缓慢不整齐、子叶肥大，植株比早熟型、中熟型高，叶片亦宽大肥厚，叶色深绿，全生育期 170～190 d。植株高大，株高为 260～370 cm，在我国南部生长正常，但在华北地区由于生育期不能满足，所以产种量低，亩产种子仅 15 kg 左右，成熟度也很差。

2. 植物学形态特征

（1）根与根瘤　蓖麻为直根型植物，主根上部粗大，侧根较多，且分布较广，根长达 100～130 cm。在轻壤土上播种的蓖麻，出苗后 5 d 主根长 14～15 cm，出苗后 30 d 主根长 20～23 cm，生长 60 d 后主根入土达 80～100 cm。蓖麻根瘤于出苗后 6～7 d 开始形成；10 d 后主根上有根瘤 9～10 个，侧根开始着生；出苗后 20 d，平均单株主根上根瘤为 23.1 个，侧根上为 47.1 个；出苗后 80～90 d，单株根瘤可达 315.6 个。蓖麻根瘤在 4～6 片真叶时，已有一定的固氮能力，生长 25 d，15～20 片真叶时，固氮能力较强。

（2）茎与分枝　蓖麻茎秆为直立形，有分枝，主茎表层由 13 条沟纹组成，全株密生短柔毛，生长 30 d，茎秆下端开始木质化，生长到 50 d 的蓖麻茎秆木质化部分占 50%～60%。蓖麻具有多分枝习性，一般为 3～4 级分枝，多者可达 5～6 级，每级分枝由上向下逐个发生。蓖麻的分枝数目、分枝早晚与蓖麻的品种和生长环境条件有着密切的关系，特别是播种密度，稀播分枝多，密播则分枝少。

（3）叶　蓖麻是带子叶出土植物，子叶呈椭圆形，在出苗后半个月内，子叶随着生长的日数而伸长与变宽，真叶为单叶互生，近无柄，叶片矩圆形，长 5～15 cm，宽 1～3 cm，叶的两面均密被丝光质短柔毛，背面尤密，托叶细小呈侧毛状。随着生长期的延长，茎的比例逐渐增大，叶的比例逐渐减少。播期不同，生长期的温度不同，其茎叶的比例也不同。

（4）花、荚果、种子　蓖麻为总状花序，着生在主茎和各级分枝的顶端，花冠黄色，花序长 40～60 cm，每个花序有花 11～12 朵，花萼包住花瓣。蓖麻为异花授粉植物，自花受粉率一般仅达 2%～3%。蓖麻的荚果为棒圆形，柄甚短，荚果长 2～4 cm，密被短茸毛，未成熟时浓绿色，成熟时变浅黄，内部光滑。种子肾脏形，深褐色，种子大小和重量因品种、栽培条件和着生的部位而异。

3. 生物学特性

（1）生长特点　筹麻生长期短，速生早发，其出苗与生长都比较快。其生长速度的快慢与气温、生长发育阶段以及品种类型有一定的关系。在土壤温度适宜、水分充足，播种后 2 d 就可以出苗。筹麻出苗后 15～25 d 的株高日增长量低于 1 cm；25 d 后生长加快，现蕾期猛增；在现蕾至初花期株高日增长量达 5～7 cm。由于筹麻生长迅速，在短期内可以获得较高的鲜草。

（2）生长时期的划分　筹麻从播种到种子成熟的整个生育周期大体上可划分为 3 个时期。

1）种子萌发与幼苗期：筹麻种子在适宜的水分、温度时，6 h 内吸水膨胀，26 h 后胚根伸出，扎入土中，形成筹麻的主根，而后子叶伸长，露出地面，当天子叶平展，次日伸出第一片真叶尖，2～4 d 第一片真叶展开，形成筹麻的幼苗。筹麻的苗期经历天数，因播种的环境和播期而异，如在河南开封，4 月上旬播种，苗期 25 d；4 月底播种为 20 d；5 月中、下旬播种者仅 15 d。苗期单株叶片为 5～6 片，叶片较小，植株日增长高度平均不超过 1 cm。

2）快速生长期：筹麻的快速生长期，一般历时 30～80 d。叶片从 7～8 片生长到 20～50 多片，株高由 10～20 cm 到 80～130 cm，平均日增长高度为 1.1～2.5 cm，是筹麻营养生长的关键时期，此期生长的正常与否，决定后期生殖生长出现的早晚和籽实产量的高低，在这个期间如水分和养分能比较充足的供应，干物质积累快，现蕾早而多。

3）蕾、花、荚果形成期：筹麻的现蕾期因气候地带、播种期水肥条件和品种而异。多数筹麻在出苗后 40～60 d 开始现蕾，现蕾后 10 d 左右开花，开花 5～6 d 后子房膨大形成幼小荚果，主茎和各级分枝的蕾花荚的形成过程一样，但间距时间不相同，愈晚的分枝，其蕾、花、荚形成期间距愈小。从多数植株来看，上部茎枝的现蕾和下面分枝的发生有同生关系，主茎现蕾时，第一级分枝出现，第一级分枝现蕾时，第二级分枝出现，同时主茎开花。

（3）生长发育所需的环境条件

1）温度：筹麻种子低于 9 ℃很少萌发，在恒温 9 ℃浸水 30 h 种子开始吸水膨胀，萌动后 6～7 d 才开始发芽，15 d 以后发芽率达 55%；12 ℃时浸水 12 h，种子开始萌动，4～5 d 开始发芽；20 ℃时浸水 6 h 种子吸水膨胀，18 h 开始发芽，24 h 发芽率达 50%～60%；25 ℃～30 ℃时，只要水分能充分满足，萌发快而整齐，10 h 胚根从种皮内伸出，在恒温30 ℃时浸水 5 h 的种子吸水膨胀，13 h 开始发芽，24 h 发芽率达 70%～80%，由此看来桎麻发芽的适宜温度为 25 ℃～30 ℃。

2）水分：桎麻种子萌发需水量为风干种子重量的 2.01 倍，种子发芽需水量为风干种子重量的 2.70 倍，在轻壤质土壤含水量 5% 时，能吸水萌发和开始发芽，土壤含水量 6%～7% 时发芽出土良好，发芽率达90% 以上。

3）土壤：桎麻对土壤的选择不严格，在瘠薄土壤上，只要播期适宜，增施磷肥，种植管理得当，均可获得一定数量的鲜草。桎麻在 pH 值4.5～9 范围的土壤均可种植，表层土壤含盐量不超过 0.3% 时能正常生长，但在低洼重黏土上种植生长较差。

4. 营养成分与利用价值

（1）干物质积累与营养成分　桎麻植株的干物质随着生长期延长迅速增加，干物质积累盛期是现蕾到盛荚期，这时期干物质积累量可占总积累量的 70% 以上。而含氮量是随着生长期延长而递减，在生长 20 d 前后就开始显著降低，磷素含量在生长 1 个月之后才明显下降。但是，各种营养成分的总量都是随着干物质的增加而增加的。生长 40～50 d 的桎麻地上部分氮含量占其鲜物质重量的 0.5% 左右，含磷（P_2O_5）0.08% 左右，含（K_2O）0.3%。桎麻植株不同部位的氮、磷、钾含量差异较大。叶片含氮量最高，为茎秆含氮量的 3～5 倍，为根部含氮量的 3～4 倍。桎麻植株氮、磷养分在叶片和茎秆上部含量最高，钾在茎秆的中、上部含量最高，茎上部磷素含量为中、下部的 2～3 倍。

（2）固氮作用与土壤氮磷营养　桎麻依靠根瘤菌从空气中固定氮素，如土壤中氮素含量过多，会抑制结瘤与固氮作用。桎麻在生长过程中，对土壤氮素有消耗也有积累，桎麻生长 35 d 以内消耗土壤中有效态氮，生长到 45 d 以后，土壤有效氮有所增加，生长到 55 d，土壤中有效氮增加比较明显。桎麻在生长过程中大量消耗土壤中的有效磷，生长 25 d，土壤有效磷明显减少；30 d 后急剧下降；40～50 d 土壤有效磷含量极少，可见桎麻吸磷能力是非常强的。

（3）腐解与养分释放　桎麻的腐解比较缓慢，压青后，腐解最快的是含氮量较高的叶和茎秆上端的嫩枝，桎麻压青后 10 d 叶片干物质腐解达 77%，到 30 d 腐解率达 90%；茎秆次之，翻压后 10 d 干物质腐解只有 30%～40%，50 d 腐解率达 60%～70%；根系腐解最慢，翻压后

10 d 干物质腐解 10%～20%，50 d 仅达 50%～60%。从整个地上部植株来看，翻压后 50 d 内，前 30 d 干物质腐解率达 61.58%，植株体内氮磷含量有 80%～85% 逐渐腐解为简单的有机化合物与无机氮磷化合物，后 20 d 干物质仅腐解 16.61%。如土壤水分含量适宜，则柽麻腐解的过程加速。

（4）饲料价值　柽麻也是一种比较好的饲草。很多地方都以柽麻茎叶作猪、羊与大牲畜的饲草。柽麻随着生长时间的增长，其蛋白质和脂肪的含量逐渐下降、而纤维素含量逐渐增高。因此，从产量和质量两方面考虑，作饲料一般以初花期刈割为好。柽麻不同器官的营养成分含量也不同，粗蛋白质含量以叶部含量最高，根次之，茎最少；粗脂肪含量百分率是叶高于茎、茎高于根。

5. 种植利用方式

（1）麦收后复种　小麦收获后，尽早播种，每亩播量 4～5 kg，生长 45～55 d，即蕾、花始期压青，一般亩产青草 1500 kg 左右，压青后对后作小麦的生长性状有良好的影响。柽麻复种压青小麦产量比夏闲地小麦增产显著，在正常年份，每亩可增产小麦 40 kg 左右，并能提高蛋白质的含量。

（2）种麦前复种　在我国黄淮平原的东南部小麦杂粮区，春玉米和春高粱的种植占有一定的面积。这些早秋作物一般在 8 月上、中旬收割，距小麦播种还有 40～50 多天的休闲期，这时气温尚高，可以复种一季柽麻可产鲜草 500～1000 kg，压青作小麦底肥。

（3）麦柽麻稻或稻柽麻麦复种　在无霜期较长的麦稻两熟区，利用稻、麦或麦、稻两季作物的间歇期间，复种一季柽麻。小麦收后种柽麻，生长 35～45 d，亩产鲜草 1000 kg 左右，对下茬水稻增产 11%～30%，而稻后秋播柽麻，一般亩产鲜草 1500 多千克，压青种小麦，可增产 15%～30%。夏播柽麻在小麦收后种水稻前，间隔时期短，因此，都要及时抢种。小麦收割后可以板茬播种；稻茬柽麻可以在水稻收割前约10 d 趁浅水撒播，当种子浸水 1 d 后排水，以利发芽扎根还要适当加大播种量，每亩 5～6 kg，保证基本苗每亩在 9 万株以上。

（4）夏玉米地套种柽麻　在我国徐淮地区，山东、安徽、河北、陕西与河南等省大面积小麦玉米两熟轮作中把玉米等行种植改为宽窄行种植，在玉米宽行内套种柽麻。套种柽麻以不影响玉米生长而又能使柽麻获得较高的青草量为原则。在河南、陕西和江苏等地在玉米亩产 250 kg

以下水平的地区，将玉米等行种植改为宽、窄行，在宽行内套种或间作
柽麻，对当季玉米产量并无影响或影响很小，对下茬小麦的增产效果影
响显著。

（5）棉田间作 利用棉花生长前期宽行内间作柽麻，压青作棉花的
花铃肥，据湖北省农业科学院测定：在棉花行间翻压 20 d 后土壤硝态氮
迅速提高。

用柽麻作追肥的棉田，叶色嫩绿，柽麻压青 1 个月测定棉花功能叶
叶柄的硝态氮含量，柽麻压青量每亩 660 kg 的是 100 mg/kg，每亩施
30 kg 菜籽饼的是 50 mg/kg。棉田间作柽麻的具体方式：一般棉花多采
用宽窄行种植，宽行间种柽麻，柽麻与棉花要保持 30 cm 远的距离，每
亩播种量 2.5～3.5 kg 为宜。此外，柽麻在南方各省的甘蔗、甘薯、茶、
桑等果园行间间作作为绿肥应用也很广泛。

6. 栽培技术

（1）播种

1）种子处理：近年来柽麻的枯萎病严重发生，在播种前必须对种子
作温水浸种或药剂处理。用 58 ℃的温水浸种 30 min，还可以使种子发芽
率提高 20%左右。

2）播期、播量：在我国南方 4 月中旬到 8 月下旬、华北地区于 4 月
下旬到 7 月中旬都能播种，播种量的多少根据种子发芽率和土质而定。
春播，土质黏重播种量要大一些；夏播或沙质土，播种量可适当少一些，
一般每亩播量为 3～5 kg。

（2）增施磷肥 为了提高柽麻的青草产量，在缺磷土壤上种植柽麻
必需施用磷肥，否则柽麻的肥效不稳定，据试验，柽麻每亩施过磷酸钙
50 kg，产草量增加 75.48%，植株体内含氮量提高 78.54%。

（3）适时压青 柽麻出苗后 30 d，生长特别迅速，每天株高增长
9 cm，但不能压青过早，柽麻生长 35 d 压青，小麦产量为 80.2 g；生长
45 d 压青，小麦产量为 88.1 g；生长 55 d 压青，小麦产量为 93.9 g，以
生长 35 d 压青的产量为 100 g，生长 45 d 的增产 9.85%，生长 55 d 的增
产 17.08%，所以在生长 35～55 d 范围，尽量延迟压青期，可争取更好
的增产效果。

（4）开花结荚习性

柽麻的蕾花较多，花期较长。在山西、河北与河南的北部种植，开
花经历 70 d 左右。在黄淮一带春播柽麻从 6 月中旬开始现蕾，7 月上旬

开始开花至 10 月上旬开花结果，经历 90 d，我国南方花期更长。桠麻蕾
花数量较高，一株桠麻上具有 133～700 余朵小花，通常为 400～500
朵，南方高于北方。播种早晚对蕾花数的多少影响很大，并对荚果的成
熟度也有很大影响。桠麻整株开花到荚果成熟需 70～90 d，全田从开
花到荚果成熟，在黄淮地带需 100～200 d，江苏省扬州地区为 200 d 左
右，华南一带为 250 d 左右。桠麻从现蕾起到开花结束，在生殖生长的
同时也旺盛地进行营养生长，甚至现蕾后营养生长比前期增长更快，加
上蕾花的形成与强烈的呼吸作用，需要大量的养分和水分，在养分和水
分的供求失调时，营养生长和生殖生长相互争夺养分和水分，而造成失
调，导致蕾、花、荚大量脱落。而且从现蕾开始直到荚果成熟，各期均
有脱落。蕾花荚脱落的大致趋势是：随着分枝级的增多，脱落率也增
高，蕾脱落率以上部分枝最高，花脱落率以 2 级分枝最高，荚脱落率以
主茎最大。

（5）留种

1）播种期：影响桠麻种子产量的最主要因素是播种期。桠麻播种过
早，气温低、出苗慢，前期营养生长时间长，开花结荚早，受虫害率高，
所以种子产量不高。如播种过晚，生育时间缩短，分枝少、蕾花少、开
花结荚晚、青荚率高，也影响种子的产量和品质。桠麻留种的适宜播种
期因各地气候条件而定，但要错开豆荚螟的危害盛期。在华南以 6 月上、
中旬；江苏与华中一带以 5 月中、下旬至 6 月上旬；郑州一带与河北省中
部地区以 4 月下旬至 5 月上、中旬为宜。

2）播种密度：据湖北省农业科学院试验，桠麻留种的适宜播种量和
留种密度，以每亩 1.5 万～2 万株比较好。一般应掌握肥地早播宜稀，瘦
地迟播宜密；早熟品种分枝少，可以适当密植，行距以 50～66.7 cm，株
距 6.7～10 cm 为宜，每隔 3～4 m 留一条宽 1 m 的排水沟兼走道，便于
打药治虫与通风透光。在我国北方，由于无霜期短，需要选育速生早熟
生育期短的品种，改为桠麻春播留种。麦收后复播留种，以解决桠麻留
种与春作物之间的用地矛盾。

3）打顶与适时割青：为了减轻桠麻蕾、花、荚果的自然脱落，必须
控制桠麻的营养生长，使养分和水分向结荚枝上供应。据观察桠麻主茎
花序结荚率最低，而 1、2、3 级分枝花序结荚率高，因此，对桠麻摘去
顶心，使营养与水分较多的集中于分枝上，可降低花荚的脱落率。打顶
方法为在主茎现蕾始期将其花序摘去，比割梢好。

4）施用磷肥：缺磷土壤上施用磷肥，能使桎麻提早 7～10 d 开花，增加单株小花数和荚果数，降低脱落率。

5）追肥浇水、间苗培土：在现蕾前后追施氮肥，可显著提高种子产量，降低花荚脱落率。

7. 病虫害防治

（1）枯萎病　枯萎病是我国桎麻种植地区一种为害十分严重的病害，对桎麻留种影响很大，轻则减产，重则绝收。病情与症状：植株苗期染病，叶片凋萎枯死。到成株及开花期染病，一般下部叶片发黄逐渐脱落，茎枝变黄绿色或半边青半边枯黄，叶片凋萎，以后植株逐渐枯死，病株茎部生出白色或粉红色霉状物。剖视病茎主要是维管束受到损害。枯死病株的根系由白色变为褐黄色，其木质部呈黄白色，髓部由淡绿色变为浅褐色，韧皮部呈浅褐色半腐烂状。其病原菌为桎麻枯萎病菌，属于潮湿镰刀真菌。侵染途径与发病因素：据研究，桎麻种子和土壤带菌是发病的主要来源。其发病轻重与下列因素关系极密切：①温湿度。枯萎病菌生长的适宜温度是 20 ℃～30 ℃，最适宜温度为 27 ℃～28 ℃，10 ℃以下或 35 ℃以上，生长很缓慢，5 ℃以下或 40 ℃以上，停止生长，60 ℃经 10 min 死亡。病菌侵害寄主的温度范围为 15 ℃～30 ℃。在相对湿度为 66% 时，对病菌发展不利，如湿度提高到 87% 以上有利于强子萌发侵入。②土壤含水量。试验证明，新鲜病土培养能生长大量潮湿性镰刀菌，将病土风干 10 d 再培养无潮湿镰刀真菌的菌落生长，说明将土壤风干可使之丧失生活力。③播期。早播发病重，晚播发病轻。④种子产地。桎麻种子由于来源产地不同，抗病力有一定的差异，试验证明，赞比亚的桎麻抗病力优于江苏种，江苏种优于河南种。⑤病菌的再侵染。主要是由雨水将病株上的孢子自上而下冲刷或将带菌的水滴随风飞溅到邻近的桎麻秆上或由雨水流入下游土壤中进行再侵染。防治方法：药剂处理种子在生茬地上留种。用多菌灵胶悬剂 0.3%～0.5% 的浓度在 20 ℃下浸泡种子 14～16 h，灭菌效果良好。加强植物检疫工作，严格保护无病区，禁止病区桎麻种子调入无病区。实行轮作倒茬，发病地块 5 年内不再种桎麻，或者由旱作改为水田，可以减轻枯萎病对桎麻的危害。增施磷钾肥对增强抗病能力效果也很好，磷钾肥可提高抗病能力，并促进籽实饱满。

（2）豆荚螟　豆荚螟属鳞翅目螟蛾科，以幼虫为害蛀食桎麻幼嫩种子，使种荚大量脱落或有荚无籽，是桎麻留种的主要害虫。

1）生活史与田间增长情况：我国柽麻产地豆荚螟一年发生 4～5 代。越冬蛹在第二年 3 月中旬或 4 月下旬孵化成成虫，最早出现的成虫主要在豌豆、箭筈豌豆和苕子等荚果上产卵，形成第一代幼虫为害，第二、第三代幼虫为害春播柽麻，第三、第四代幼虫为害夏播柽麻，尤以三代幼虫为害最严重，造成柽麻种子减产最大。豆荚螟发生消长与环境条件关系十分密切，据观察，在高温干旱气候下虫口发生量大，为害就重，降水多虫口密度小，为害就轻。

2）防治方法：①调节播期结合喷药。通过调节播期使柽麻开花结荚盛期错开豆荚螟第二、第三代产卵高峰，播种越早豆荚螟为害越重。因此，适时晚播可减轻荚果被害率。②做好豆荚螟的预测预报，抓住关键时期及时打药。特别要在柽麻二级分枝开花盛期和豆荚螟产卵高峰前 3～6 d，定为第一次喷药时间，以后再隔 10 d 喷药一次，共喷药 2～3 次即可。用杀螟松或 50％杀虫醚 5000 倍液等都有良好的防治效果。③采取多次灌水，促进土里化蛹的幼虫死亡。7～8 月间降雨多，土壤水分充足，则入土化蛹的幼虫死亡率高，下一代发生量则相应下降。如果 7～8 月干旱少雨，适当进行灌水也可以减轻下一代豆荚螟的危害。④保护和利用天敌。有生物防治作用的大腿蜂和杀螟杆菌等寄生在幼虫体内，应当加以利用。

（三）蚕豆

蚕豆，又名胡豆，还有南豆、佛豆、寒豆、罗汉豆、马豆、梅豆等别名，不仅是我国重要的豆科绿肥，也是粮食作物与饲料作物，是粮、肥、饲草兼用的重要作物。不论在人多地少、一年多熟的南方，或地广人稀、农业生产季节较短的北方，种植蚕豆都是实行用地与养地相结合的措施。

蚕豆是人类栽培很久的作物，远在石器时代已有发现，历来是主要的食用豆类之一。蚕豆原产于里海南部至非洲北部和地中海盆地一带，即伊朗、伊拉克、阿富汗、叙利亚、土耳其以至印度、巴基斯坦等国家。西汉时期传入我国。主要分布在我国西北、西南、青藏高原和沿长江流域以南各省的水稻区或旱作区。

1. 植物学形态特征

蚕豆属一年生或越年生豆科草本植物。直立性，株高 60～180 cm。茎方形中空，柔嫩富含水分，表面光滑无毛。幼时一般为青绿色，个别品种基部带红色，老熟时变为黄褐色，最后干枯变黑色。茎的横切面为四棱形，粗大的维管束多集中在四棱角上，茎秆强壮不易折断。分枝数不多，一般只有2~3条。叶为椭圆或倒卵形。由2~6片互生组成羽状复叶。小叶全缘，底面均光滑无毛。叶面颜色深绿，叶背浅绿。叶质柔软肥厚。顶部间有残留卷须退化遗迹，使小叶变成针状。每个叶柄基部贴近茎处，都有小三角形托叶2片。到盛花期植株梢部可出现由7片小叶组成的复叶。一般从第10片叶以上的叶腋间抽出短总状花序。每个花梗有2~9朵蝶形花。花冠白色带紫，两翼瓣中央各有黑色大斑一块。龙骨瓣两片在下方边缘联合成杯状，包覆着雌雄蕊。花柱梢部略上弯，柱头似莲蓬状，上生白色短毛，蚕豆多行自花受粉，但由于蜂蝶等昆虫媒介，异交率也很高。所以蚕豆属于常异交植物。荚果肥厚、扁短筒形，表面有密而短的茸毛。幼荚为绿色肉质，成熟时逐渐转黄，最后变黑色干枯。蚕豆花数虽多，但成荚率很低。一般每个花序只有1~2朵花能结荚，最高的也只有4荚，主要是由于花朵早期脱落。由于蚕豆花期很长，且与后期营养器官的生长相重叠，使生殖器官在后期不能保证足够的营养。因此，有较严重的落花落荚现象。蚕豆每荚内有扁平椭圆形种子2~4粒，少数达6~7粒。种皮黄白、青绿、紫红等各种颜色。根属圆锥状根系。每株有一条粗壮的主根，分生支根及须根。主根向下生长，可达底土层。支根和须根均侧生在表土耕作层内。根群分布范围广。主根和支根都附生有很多大型根瘤。单瘤为长圆形，先端略尖。多为粉红色的有效根瘤，因蚕豆与苕子、豌豆、扁豆等根瘤菌属同一菌族。除极少数从未种过豆类作物的特殊瘦瘠旱地外，一般耕地多不需进行根瘤菌接种。

2. 生物学特性

蚕豆原产于较温暖而略湿润的气候环境，如温带南部，中东地区的亚非国家。需水较多，但又不能受渍，耐寒性不及豌豆、紫云英、苕子等冬绿肥，也不耐过度高温和干旱。蚕豆最适宜生长的气温是20℃左右。在我国干旱寒冷的北方，特别是甘肃、宁夏及青藏高原地区宜春播秋收；而在温暖湿润的南方各省则宜秋冬种，春夏收。蚕豆耐湿性虽相对较强，仍忌田间积水。长时间的田水停滞极容易诱发各种病害，招致烂根死苗。在多雨的南方，必须做好开沟起畦工作。

蚕豆适于多种土壤栽培。但以耕层深软，有机质含量较高，排水良好的黏质壤土或比较肥沃的沙质壤土最好。能适于pH 6~8的微酸到中性或微碱性的土壤。可广泛适应我国各地的红壤性水稻土、紫色土及滨海的盐碱地稻田生长。

蚕豆对养分的需要以磷与钾为主，尤以对磷的吸收利用能力特别强。除通过强大的根系从土壤摄取有效磷素外，并可通过施用基肥或根外喷肥等途径取得。所以蚕豆在盛花结荚期，根外喷施磷钾肥有极明显的增产效果。微量元素硼和钼对蚕豆的生长发育最敏感。用少量的硼、钼进行拌种或根外追肥有利于蚕豆发芽成苗，并使根系根瘤发育健壮正常。后期植株长势旺盛，结荚良好。对籽实和茎叶产量的提高，亦有显著的促进作用。

蚕豆是长日照作物，特别需要足量的光照。宜选择开阔向阳的土地种植。坡地栽培应背北朝南，使多受阳光。在平原栽培，整地畦时，宜注意畦向南北，即畦的南北边要长，东西边要短。

3. 主要营养成分与利用价值

蚕豆是粮、肥、饲兼用作物。除籽实可作杂粮副食、蔬菜和精饲料外，其株、茎、叶、荚壳还可作绿肥、堆肥，或晒干碾碎作牲畜饲料。蚕豆的籽实、鲜干茎叶和荚壳都富含各种植物所需养分和动物所需营养成分。据多点分析化验，蚕豆鲜茎叶含 N 为 $0.55\%\sim0.59\%$，P_2O 为 $0.13\%\sim0.14\%$，K_2O 为 $0.45\%\sim0.52\%$。每 500 kg 蚕豆鲜茎叶含氮量已接近 50 kg 花生饼或大豆饼的肥分。鲜嫩的蚕豆籽实是很好的蔬菜，营养成分也极丰富，其蛋白质含量在 12% 以上，脂肪亦达 0.58%。碳水化合物在 15% 以上，有很高的食用价值。

4. 分类和主要品种类型

蚕豆的品种较多，分类方法不一。按植株的高低分为高秆、中秆、矮秆；按籽粒的大小分为大粒、中粒、小粒；按种皮颜色分为青粒、白粒、红粒；按栽培时间的不同分为春蚕豆与冬蚕豆两大类。我国一般按蚕豆生育期的长短、成熟期的迟早分为早熟与晚熟两大类。成熟期的迟早常与株形的高矮、种粒的大小等有相应关系。除极少数例外，迟熟型多为高秆大粒种，早熟型则多矮秆小粒。

（1）早熟型　主要包括我国华中、华东、华南和西南等区各省的地方品种。一般植株高度在 $60\sim80$ cm。全生育期 $130\sim140$ d。种子百粒重在 $40\sim70$ g。籽实产量较高较稳。但分枝较少，叶片较细小，且收豆后茎叶多枯萎，作绿肥的利用价值较低。

（2）晚熟型　主要包括我国西北、华北、华东和一些国外引进种。一般植株高度都在 120 cm 以上，全生育期超过 150 d。除极少数例外，种子百粒重都在 $100\sim130$ g 以上，本类型在我国北方特别是在西北和青藏高原栽培，均为迟熟高产种。一般籽实亩产常达 250～300 kg，高的亩产超过 500 kg。而在我国南方栽培，虽茎叶繁茂株形高大，但结实却远不及北方。特别在华南各省，籽实产量很低，个别品种甚至不结实，只能利用作为绿肥压青或品种选育的亲本材料。

5. 栽培技术

蚕豆的栽培方式常因各不同地区类型的环境条件和耕作轮作制而有差异。但在栽培管理技术方面，大致相同。我国栽培蚕豆的方式主要有整地、半整地、不整地 3 种。

（1）整地栽培法　整地栽培法是我国绝大多数地区采用的，特别是在温度湿度较高或土质较黏结，排水性较差的南方水稻田的主要栽培方式。具体步骤如下：①犁耙开沟起畦：无论稻田或旱地，在前作物收获后随即将田翻犁，酸性土壤犁田前最好每亩撒施石灰 20～25 kg，然后将土块耙碎，地面耙平，开沟起畦。南方稻田种植宜用深沟高畦，先开好四周环田沟，再按畦宽 1～1.5 m，高约 24 cm，沟宽约 35 cm 的规格做成高畦。耙平畦面就可准备播种。②开行施肥播种：蚕豆播种可用条播，也可用开行点播，一般行距为 33 cm 左右。株距 12～18 cm。植株较大，分枝力较强的品种，株行距应稍宽。反之，株行距则缩小。基肥每亩可用猪牛粪土杂肥或堆肥 750 kg，拌过磷酸钙 10～15 kg。条施或点施行间后播种。北方种植春蚕豆，必须在春季解冻之后，趁天气回暖后抓紧时间播种。而在南方稻田播种冬蚕豆时，则应在水稻收割后，抓紧时间尽早播种。在长江沿岸一带一季中稻田区适宜的播种季节是寒露到霜降之间。蚕豆播种量一般为每亩 7.5～10 kg，种粒大，播种量每亩需 15 kg 左右。点播的每丛都要下种两粒，播后覆薄土，播种深度 5～6 cm，如果播种沟浅，覆土盖肥就要较厚。以利幼苗扎根生长。③查苗补植追肥：蚕豆播种后，在南方温度、湿度适宜条件下，约 7 d 可发芽出土。出苗后应检查不能发芽的缺株，及早补种，以保证成苗。蚕豆的营养生长期较短，生殖生长期较长，且两者相互重叠的时间较久，在气温较高的南方和栽培一些早熟型品种从播种到现蕾一般只有 1 个多月时间，而从初花到成熟，则常需 1.5～2 个月。因此，植株在幼苗期必须积累大量养分，为后期结实创造优良的物质基础，否则会出现大量落花落荚现象。当幼苗出真叶 5～6 片，高 6～9 cm 时，要及时追肥，以速效氮肥为主，配合适量钾肥。④除草中耕培土：追肥后应随即进行除草中耕和培土，对消灭杂草疏松表土，防止土壤水分养分逸散，增进土壤通透性，促进植株根系发育和根瘤菌的固氮性能等都有好处。蚕豆除草中耕一般只需进行 1～2次：结合幼苗期追肥一次，在蚕豆现蕾开花前后清沟排水时再进行一次。⑤排水防涝防病：蚕豆虽喜湿润，但不耐涝。不论苗期或花荚期，都不宜过多的水分。特别是在湿度较大温度高的南方稻田栽培，更忌田间渍水。过量的水分，不利蚕豆根系的生长发育，并易诱发多种病害。造成根部腐烂霉坏，茎叶黄萎而大片死亡。所以，必须进行高畦整地，随时注意排除积水。⑥喷肥：蚕豆由于后期营养生长与生殖生长相互重叠，养分的消耗很大，往往形成落花落蕾甚至落荚。因此，在蚕豆盛花初荚期，最好用根外喷肥办法，补给磷、钾等养分。一般用 1% 的过磷酸钙和硫酸钾混合溶液以喷雾器在晴天喷施豆株，有保花保果作用，可防止茎叶早衰，使籽实充实饱满，产量显著提高，而且收豆后残茬仍能保持青枝绿叶，对作饲草和作绿肥都有好处。如发生虫害，还可以结合在喷药治虫时，混合肥液进行根外追肥。⑦整枝摘心打顶：我国南方栽培的冬蚕豆在越冬后，次年春暖时，常萌发多数无效分枝，应加以摘除整理，只保留冬前健壮有效分枝，以减少田间覆盖度，加强通风透光，促使有效枝生长发育。为了控制蚕豆徒长消耗养分，促使花荚发育，还可在盛花初荚期（华南）和分枝中部结荚时采用摘心打顶的措施，选择在晴天无风的上午用镰刀割或手摘顶梢心芽 6 cm 左右。

（2）半整地栽培法　南方稻田区，为了节省犁耙整地的劳动力和时间，采用只翻犁田土，一部分畦底不犁耕，两边翻土做畦的假厢种植方法。各地做法大致相同：在一定距离内，犁起部分田土，而将犁起的泥坯堆在不犁的两边做畦。每隔 10 cm，向左右各犁一行，将犁起的泥坯，各向左右两边堆上不经犁翻的田面，做成上虚下实、上松下紧的高畦，然后打碎泥坯，整平畦面，即可开行播种。半整地式栽培既可省劳力、抢季节，还能较好地保持土壤适宜湿润度、防旱防寒。

（3）不整地栽培法　不整地栽培法就是板田种植法，是云南省栽培蚕豆的一种特殊方法。不整地的板田播种，云南叫"按豆"，就是直接将豆种用手按下田。按豆有稻底按豆和割稻后板田按豆两种方式：①稻底按豆：这种方式适用于地势比较高、排水良好、土质比较肥沃的稻田。当晚稻黄熟后，先用竹竿把稻株轻轻拨向一边，分成若干厢。厢宽 1.3～1.6 m，以两个人对面伸手可到为度。到收割晚稻前 10～15 d，预先排水露田，控制好田间湿度，以人脚踏下稍现脚印，但不下陷为适度，依晚稻行向，用手指将豆种按入泥中，深 2～3 cm。株行距 25 cm×25 cm 左右，每亩约需种量 15 kg。按豆播种前要先用清水浸种一夜，播时最好拌少量磷肥，到晚稻收割时，发芽出苗好的蚕豆已可有 3 片叶，收割晚稻后，及时施肥，开好纵沟和环田沟，纵沟每隔 3 m 左右一条，以后田间管理与整地栽培相同。②割稻后板田按豆：这种方式适用于地下水位略高，但排水条件好，土壤肥力中等的沙壤或黏壤土稻田。晚稻收割后，趁土壤尚未干硬，先犁好排水沟，随即按下豆种，规格与稻底按豆相同。其优点是播种操作比较方便，节省劳力和时间，但由于播种时间较迟，生长期要比稻底按豆短半个月到 1 个月。

　　6. 主要病虫害及其防治

　　为害蚕豆的主要病虫害有蚜虫、地老虎、蚕豆象、枯萎病、赤斑病和锈病等。

　　（1）蚜虫　蚜虫主要为害蚕豆嫩梢，吸吮茎叶汁液，使茎秆扭曲，梢部凋萎。不能开花结荚。在南方栽种冬蚕豆，如播期过早，前期生长茂密，秋冬温暖干旱、又灌溉不好的情况下，往往有蚜虫严重为害。防治方法：应掌握播种适期和加强田间管理，南方播种不宜过早，北方不应太迟，如天气土壤干旱，在蚕豆苗期要适当灌水，保持田水湿润，可以减轻为害程度。如害虫已大量发生，可用甲胺磷、乐果等药稀释 1500 倍液喷治。

　　（2）地老虎　属鳞翅目，夜蛾科地下害虫，以幼虫为害，常大量咬断幼茎基部，造成严重缺株。一般幼苗生长茂密，田间覆盖大的虫口密度也较大。旱地比水稻田虫害较重。地老虎的防治，可用苗期短时间灌水，迫虫出洞人工捕捉。清晨巡视，见咬断的幼株，即在附近扒开土穴捕杀。还可傍晚在地面覆盖蓖麻叶、桐叶等，害虫出穴后常藏于叶下，第二天早晨揭开叶片捕杀，也可选择药物防治。

　　（3）蚕豆象　属鞘翅目，幼虫成虫均长期为害蚕豆籽粒。防治蚕豆象最主要的措施是，收种的蚕豆必须在较强的阳光下彻底晒干。也可用药剂熏蒸或沸水烫种。

　　（4）枯萎病　枯萎病是蚕豆的主要病害之一，病原为镰刀菌。枯萎病包括根腐、茎基腐和立枯 3 种类型。在高温多雨的南方栽种冬蚕豆，以根腐与茎基腐最为严重。在过湿的稻田土壤上更易发病。最初是侧根全部腐烂变黑，随而蔓延到主根和茎基部，叶片也逐渐变黑色脱落，最后整株干枯死亡。立枯病则发生在过干燥或肥力较差的旱地上，生长衰弱的蚕豆也较易浸染。病状表现最初是叶色变浅绿，再变淡黄，随而叶尖及边缘焦枯。基部叶片自下而上出现卷曲凋萎而脱落，只剩下叶柄和叶的中脉，最后茎秆亦全部变黑枯干而死。防治方法：最重要的是加强田间管理。首先控制好土壤干湿度，南方稻田栽培则要注意适当灌溉，保持土壤一定湿润度，防止过于干燥。其次是适量施用有机肥。此外蚕豆田还应避免连作，实行 3 年以上的轮栽制度。在犁耙整地时施用适量石灰，以降低土壤酸度兼土壤消毒，发现病株要及早拔除烧毁。最好用波尔多液，或用 50％代森铵 75 g 配水 60 kg，喷雾于植株和土壤上进行消毒，以防止病害蔓延。

（5）赤斑病　赤斑病主要侵害蚕豆的叶片，其次是茎部，也能为害荚和花。冬播蚕豆 11～12 月即可发现病害，在较低位的叶上，出现赤色小圆斑点。入冬以后气温降低，病情发展缓慢。春暖后，特别是遇梅雨季节，发病逐渐明显，病斑随之扩大，中央部分渐变凹陷，而边缘微隆起呈赤褐色。雨湿的叶片病斑融合，常长出灰色霉层，成为铁青色而腐烂。以后蔓延到叶柄、茎和花荚部。病情严重时，可全株霉腐变黑，枯死，并出现扁圆形黑色的菌核。受病的花则变黑褐色，干腐焦枯而脱落。病荚有赤色小斑，最后在荚壳上有坚硬粒状黑色突起的小菌核，紧紧固定在荚壳上。赤斑病的发生发展与天气关系密切，雨量和大气湿度是病情发展的直接因素，温度亦有一定的影响，而缺钾、酸性、黏重和排水不良的土壤也都是致病的诱因。赤斑病应以农业防治为主，药剂防治为辅，具体措施与枯萎病大致相同。

第三节　水生绿肥

一、满江红（红萍、绿萍）

满江红，俗称红萍，又称绿萍，是蕨类植物的薄囊蕨亚纲，槐叶萍目，满江红科。依据现存满江红属种的生殖器官，即大孢子果的浮膘数目和小孢子囊中的泡胶块须毛分为 2 个亚属，共 7 个种。

（一）种类与分布

1. 细满江红（细绿萍）

细满江红（细绿萍）原野生在美国北部阿拉斯加及南部各州，并在南美的智利、玻利维亚、巴西等地都有分布。我国引进的有美国加州和东德 2 个地方种，目前生产上养殖利用以东德引进的细满江红为主，该种具有抗寒、湿生、快繁、高产、耐盐、怕热的特性。其个体形态，有随着群体密度的提高，从平面浮生型向斜立浮生型和直立浮生型演变，群体单位产量较高，鲜重亩产可达 5000 kg 以上。

2. 日本满江红

日本满江红原野生在日本的四国和九州，与细满江红形态和习性较相似，但当群体高密度时直立不高，色泽较深绿，根系缠绕，目前生产上尚未利用。

3. 卡州满江红

卡州满江红原生于美洲，自北美洲的阿拉斯加以至南美洲的阿根廷均有分布。卡州满江红生长的温界较广，抗寒耐热的性能较好，在 15 ℃～25 ℃温界条件其繁殖系数达 0.1～0.15，最高繁殖系数与细满江红相似，又据抗虫、抗藻、抗霉等性能观察，都具有独特之处。

4. 墨西哥满江红

墨西哥满江红原野生在美国和墨西哥等国家，该种是分枝状的平面浮生型，结孢性能好，在生长季节往往形成大量的孢子果，其特性是耐热怕寒，10 ℃以下就停止生长，5 ℃出现枯死现象，在 30 ℃条件下仍能生长，其繁殖率和单位产量都较低。

5. 小叶满江红

小叶满江红野生于美洲的热带和亚热带地区。植株形态呈分枝状斜立浮生水面，个体较大，具有芳香味，故也称芳香满江红。适宜生长温界为 15 ℃～25 ℃，抗寒性能差，在 30 ℃～35 ℃条件下繁殖率也较好，表现了较好的抗热性能。

6. 洋洲满江红

洋洲满江红分布于澳大利亚和新西兰，植株平面浮生，薄而小，色泽茜红或带绿色，该萍种平面浮生与细满江红很相似，在群体密度提高时，直立性不强，单位产量较低。

7. 尼罗满江红

尼罗满江红分布在非洲的中部乌干达、刚果和苏丹等国家。植株羽状分枝，每叶腋都产生侧枝，根簇生，浮载叶片近舌状，个体变异较大，最大的植株高达 27 cm。小者可在 0.5～1.0 cm，与我国满江红很相似。

8. 羽叶满江红

羽叶满江红分布于越南、泰国、印度、印度尼西亚、菲律宾等东南亚各国，该种与我国满江红极为相似，但羽状分枝特别明显，萍体周年绿色，有春发较早的特点，已成为东南亚国家养用的萍种。

（二）我国的满江红资源

据初步调查，我国满江红野生种，从海南岛到我国北纬37°的黄河中下游流域以南的18个省市均有分布。在长江、闽江、粤江流域及西南的怒江、澜沧江流域和雅鲁藏布江的下游山区梯田、河谷平原水田、池塘和湖泊等水系中，春秋季节生长特别旺盛。分类学研究认为，我国满江红还可以分2个变种，即多果满江红（变种），在个体上大量产生大小孢子果，分布于山东和河南等省北纬较高的地区；常绿满江红（变种）分布在广西、广东、福建等地，体色终年保持绿色，不变为紫红色，浮载叶片是无色透明，很少产孢。

（三）植物学形态特征

满江红各生物种的植株特征各有不同，但均有营养器官的根、茎、叶，生殖器官的大、小孢子果组成。

1. 根

属不定根，产生于茎的下侧，细长，悬垂水中，多为单生，个别种簇生，根毛长短不一，幼时绿色，含有叶绿体，老时褐色，逐渐衰老而脱落。幼根的外部有一个套子称根套。随幼根的生长根套脱落或破裂，根毛向四周散开，根也随之延长。

2. 茎

茎是植株的主秆，是输送养分的枢纽和储藏养分的场所。茎的上面被叶片覆盖，侧向形成侧芽和分枝，腹面分化形成根和孢子果，茎的顶端有活跃的分生组织称之顶芽。茎的形态，不同萍种有所差异，有单一或假二歧分枝，平直或呈"之"字形，绿色。茎的侧枝有腋生或腋外生，茎一般平卧水面，但有些萍种在群体密度增大，茎可以逐渐与水面垂直，向空间生长。

3. 叶片

叶片2行互生，每叶深裂为腹，背两裂片。背片露出水面，卵形而厚，它能进行光合、固氮作用，称同化叶；腹片位于腹面与水接触，具有浮载萍体和吸收水分、矿质养料的作用，称吸收叶或浮载叶。叶片含有花青素，受不同的外界因子影响，能由绿色变为紫红色，有时还会变成黄色，吸收叶也有带紫红色。但常绿满江红、尼罗满江红和羽叶满江红均在四季保持绿色，并不出现紫红色。同化叶中部稍下凹，上表面有比较密的肉质疣突起，边缘由几行无色透明的细胞构成，基部增厚，基部有含黏液的空腔，称共生腔，内有固氮的鱼腥藻。但属于三膘满江红亚属的种类，吸收叶与同化叶相连的边缘或多或少地含有叶绿体，基部也有共生腔，有些也有鱼腥藻共生。

满江红是蕨、藻的共生体，是在漫长自然选择过程中形成的，其固氮作用是由共生在叶腔中的满江红鱼腥藻实现，除去共生腔的蓝藻，满江红就失去了固氮能力。藻体为蕨体提供了氮源，蕨体保护了藻体，还为藻体提供了碳源。共生的满江红鱼腥藻是多个无真核单细胞连接而成的藻丝体，由两种细胞组成，一种是形状较大且反射光较强的称异形细胞，另一种形状较小称营养细胞。固氮必须要有异形细胞和营养细胞的同时存在。

4. 大、小孢子果

孢子果是在侧枝第一叶的叶腋间发生，孢子果从形成到成熟，可分五个阶段：①总孢形成和大、小孢子果同形阶段；②大、小孢子果异形发育阶段；③小孢子果内孢子囊不等熟阶段；④总苞开裂及脱落阶段；⑤孢子囊成熟阶段。但由于萍体生长和结孢时期仍进行无性断离繁殖，导致孢子果"移位"，我们观察到的成熟孢子果往往是植株的主干基部。孢子果的形态、结构各有不同。①大孢子果：大多数双生，少为4个簇生。往往位于小孢子果的下方，体形远比小孢子果小。幼时为孢子叶（也称总苞）所包被，随后逐渐长大外露，呈长圆锥形。外面包着果壁，内有一个大孢子，上有一圈纤毛围着的漏斗状开口，其下有附在孢子囊上的3～9个无色海绵质的浮膘。孢子果的下半部近圆球形，内藏大孢子，孢子囊的外壁有各种形状的突起和毛状物，内壁紧贴在大孢子外面，不易分开，大孢子圆形，有三裂缝。②小孢子果：直径约为大孢子果的4～6倍，呈球形或桃形。顶上有褐色的喙状突起，外壁薄而透明，透过果壁，里面的小孢子囊清晰可见，也有若干不育的小孢子囊。小孢子囊球形，有长柄，每个小孢子囊有64个小孢子，分别附在3～6个无色海绵质的泡胶块上。泡胶块表面因种类不同而有各种形状的附属物，如锚状毛、丝状毛或锥形突起，锚状毛可以固着于大孢子囊上，便于受精作用的进行。

（四）生物学特性

满江红的新陈代谢过程（固氮、光合、呼吸）与温度、光照、营养、空气、湿度、水、土壤和群体密度均有密切的关系，而各生物种对各生态条件反应存在着一定的差异。

1. 温度

满江红对温度非常敏感，温度的变化直接引起生长速度和固氮能力的变化。根据对温度的反应，满江红可分耐寒种类、耐热种类和中间类型：耐寒种类，如细满江红、日本满江红，能短期耐 $-8\ ℃\sim-5\ ℃$ 的冰冻，起繁点一般在 5 ℃左右，15 ℃～20 ℃为适宜生长温界。耐热种类，如尼罗满江红、墨西哥满江红，起繁点 10 ℃～15 ℃，5 ℃即出现死亡，适宜生长的温界在 30 ℃左右，墨西哥满江红的繁殖系数：20 ℃为 0.0600，25 ℃为 0.1386，30 ℃为 0.1498，35 ℃为 0.1750，40 ℃为 0.0592。尼罗满江红在 20 ℃～35 ℃生长情况下与墨西哥满江红极为相似，但尼罗满江红要求温度波动越小越好，在 30 ℃～35 ℃时对它生长较为有利。中间类型，如小叶满江红的起繁点在 5 ℃～10 ℃，最适生长温界 20 ℃～25 ℃。温度与满江红的固氮酶活性的关系，在 10 ℃时细满江红的固氮酶活性比满江红高 3 倍，在 18 ℃时细满江红的固氮率比满江红高 48%，而在 25 ℃细满江红的固氮酶活性比满江红低 25%。

2. 光照

满江红含有叶绿素 A 和叶绿素 B，而共生的鱼腥藻含有叶绿素 A 和藻青素。在蕨藻共生体总叶绿素中，藻的叶绿素占 15%～20%，而蕨体的叶绿素占 80%～85%。光照是满江红生长的必备条件，但不同生物种，对光照的反应是不同的。满江红（Azolla imbricata）能生长在 3500～120000 lx 光照范围，在 25000～47000 lx 条件下，可得到最高的生长率和固氮率。光合作用的光响应曲线随季节而有变化，满江红在春季时的光饱和点为 6000 lx 左右，夏季时上升为 8000 lx 左右。细满江红春季时的光饱和点为 6000 lx，夏季提高到 14000 lx。光补偿点在 500～1000 lx。尼罗满江红又能在炎夏强光的自然条件下旺盛的生长，并以 60000～80000 lx 的光照强度为好。在春季细满江红固氮酶活性在自然光照的 3800～50000 lx范围内随着光照的增强而提高。如果在 500～1500 lx 的低光照下培养，墨西哥满江红、小叶满江红、日本满江红 7 d 后的死亡率达到 50% 以上。我国南方的满江红，耐阴性较差，7 d 后其死亡率达 67%～77.4%。在低光照条件下生长的植株一般绿嫩，不结孢子果，根系短少，生长势弱，碳氮比值低。满江红在水稻行间的套养利用，由于水稻行间早期光照为全光照的 50%～70%，并不干扰其光合和固氮作用，这为发展稻田套养提供了优异的特性。光质对满江红鱼腥藻的影响研究明确，白光及偏长波光有利于藻的生长，短波的绿光、蓝光抑制满江红鱼腥藻的生长，但能促进藻体异形细胞的分化，提高藻的固氮能力和叶绿素含量。

3. 营养

（1）磷　是决定满江红固氮和光合强度极为重要的养分。在日平均水温 17 ℃时每 5 d 每亩面施 1.5 kg 过磷酸钙，基本上能满足满江红的生长。当日平均水温上升到 22 ℃时，由于生长加速，每 5 d 每亩面施 3～4.5 kg 过磷酸钙比较适宜，否则有碍其生长和固氮。磷肥的形态不同，效果亦不同。满江红对非水溶性磷肥利用能力极微，而以过磷酸钙效果最好。

（2）钾　促进光合作用，增加抗寒性能，对共生蓝藻的生长也有重要作用。长期缺钾生长率下降，含氮量下降，萍体瘦薄黄化，个体变小，根系退化，基叶枯黄。冬季施用钾肥对提高机体的抗寒性有显著效果。生产上一般使用草木灰，也可以采用硫酸钾、氯化钾、磷酸氢二钾等，拌入粉肥或掺入液肥内喷施。

（3）氮素　正常生长的植株，在无氮培养液中都生长得很好，加入氮源对其生长反有不利。只有在不良环境和机体生长不良，以及由于药害的情况下，短期施用氮肥对萍体恢复正常才有显著效果，一般情况下可不施用氮肥。

（4）钙　缺钙的个体鲜重仅有对照的 9%，总氮量降至完全营养液中个体含氮量的 50%，长期缺钙发现同化叶中没有共生蓝藻固氮。

（5）钼和钴　在培养液中加入 0.01 mg/kg 的钼酸钠、固氮酶活性增加 83%。在每升无氮培养液中加入 0.01 μg 的氯化钴，满江红比生长在缺钴的无氮液培养液中鲜重可增加 5 倍，但在有硝酸盐的水液中生长的满江红，并不需要钴，说明了钴是同固氮过程直接相关的。

（6）铁　铁配成可溶性营养液时，每升浓度通常是 0.01～3.00 mg 当量。镁和硼对满江红生长也有促进作用。

（7）有机肥料　各种腐熟的厩肥、禽肥和人粪尿等有机肥料中，含有各种有机、无机养分和一些生长刺激物质，含氮量又不很高，在春秋萍种繁殖期施用，具有明显的效果。

4. 空气和湿度

在满江红群体上方，如果没有经常的空气循环，植株生长不良。不同生物种对空气湿度要求不同，细满江红以相对湿度在 67%～95% 为适。如果大气饱和，植株表面保持水点，阻碍机体水分的正常代谢，机体会生长衰弱。而满江红相对湿度 85%～90% 较适宜。湿度的高低也直接地影响群体密度，湿度波幅大，平均湿度低，群体密度就大，单位面积上产量高，否则反之。采用尼龙薄膜覆盖越冬的，必须注意空气的流通和湿度的调节，否则有碍生长。

5. 水与土壤

满江红浮生水面，水质对其生长影响颇大，水质关系到盐分浓度、酸碱度、温度以及波动等问题。深水，水温比较稳定；浅水，水温波动较大。满江红不同生物种对温度要求不同，生长水域要求深浅度也有差异。如满江红在平均水温 15 ℃以下，要求水域越深越好，而尼罗满江红在 20 ℃以上则要求水域深度提高，使水温波动幅度减小，有利于其生长。水面的流动和风浪的飘动对满江红的生长都是不利的，如果水面每分钟振荡 25 次以上就不能生长，满江红在内河放养都要选择避风地段，以波动性少的水面为好。冬夏选用泉水田放养满江红，泉水喷水的上方要适当阻碍喷动，对满江红生长有利。

满江红能生长在 pH 值 3.5～10.0 的范围内最适生长 pH 值为 6.5～7.5。但满江红在不同光照强度和硝酸盐的条件下，对 pH 要求是不相同的。相对生长量受光强和 pH 之间正相关的影响，由于硝酸还原作用和固氮作用的影响，pH 和温度之间有相反的关系，硝酸还原作用在 pH 值 4.5 和 30 ℃时最适，而固氮作用在 pH 值 6.0 和 20 ℃最适。

6. 群体密度

满江红生长过程，群体密度的提高逐渐抑制了个体的生长，从群体生长的动态过程观察可分四个时期，即生长适应期、生长对数期、高峰期、衰亡期。不同生物种、不同季节和环境，各期的延续时间各有差异。

随着群体密度增加，满江红的生长率（无性繁殖率）和固氮量显著下降。但细满江红随群体密度的增加，个体有向空间伸长和直立浮生的习性，因此，细满江红对数生长期延长，单位面积上生物产量和总氮量较高。

群体密度的变化还能使某些生物种在个体形态上发生变异，例如细满江红亩产 800 kg 以下，群体密度均为平面浮生型；亩产 800～2000 kg，群体密度有 37%～70% 是斜立浮生型；亩产 2500 kg 以上的群体密度均为直立浮生型。

群体密度与抗性也有密切的关系，细满江红群体密度亩产 800 kg 的平面浮生型抗寒性强，并可避免荷缢管蚜的危害。而满江红冬季保持高密度的群体可以减轻冰害。因此，在养殖过程通过"分萍"来调节群体密度，协调群体生长和个体生长的矛盾是十分重要的。

7. 繁殖

（1）无性繁殖　满江红的无性繁殖是通过营养体的侧枝断离和主秆上次生侧芽两种形式进行的。

1）侧枝断离繁殖：满江红各生物种的无性繁殖，主要是靠基部的侧枝断离，进行无性繁殖的。如满江红在机体主秆的每叶腋中均有一个侧枝，当侧枝生长达 3～4 小叶以后，侧枝叶腋间又发生次级侧枝和芽，当主干分枝发展到 7～9 个，第一侧枝已形成三级分枝，生长点数达 15～20 个时，第一侧枝就发生断离，而形成新的个体。依次为第二侧枝发生断离。当母体第三侧枝发生断离时，第一次离开母体的新个体也发生第一次断离繁殖，两者发生时间基本一致。

2）次生侧芽的形成：在三膘亚属中的满江红，主秆上每一个叶腋不一定发生一个侧芽或侧枝，侧枝断离以后，主秆并不立即枯黄或死亡，而往往在主秆的叶腋中再次形成分生组织，长出新芽（称次生侧芽）。这新芽也可以迅速地生长成一个大的分枝，嗣后脱离母体，形成新的个体。细满江红因主秆上再次形成侧芽长成侧枝，因此，原主秆上的老叶和老根再次获得养分的供应，主秆上的叶和根的寿命远远地超过满江红。而满江红基部分枝断离以后，主秆上的老叶、老根就枯黄脱落。

（2）有性繁殖　满江红的植株（孢子体）生长到一定时期，就可以产生性器官——大、小孢子果。孢子果再发育雌雄配子体，通过精卵结合形成结合子，以后发育成新的个体过程叫有性繁殖。

1）孢子果的采收：满江红不同种的结孢习性差异很大，大致也可分3 种情况。一是生长过程可以连续结孢，高峰期不明显，孢子果丰产性好，如墨西哥满江红；二是有一定的结孢期，高峰明显，结孢量大，如细满江红、日本满江红及多果满江红（变种）；三是有一定的结孢期，但结孢率很低，孢子果数极少，如羽叶满江红、常绿满江红（变种）及其他种类。①采孢时期：要根据满江红的结孢习性确定适宜的采孢期，在浙江省温州地区，细满江红适宜的采孢期，春孢是 5 月底到 6 月初，秋孢是 11 月底到 12 月初。全年结孢高峰期在 4～5 月和 10～11 月，平均气温在 15.7 ℃～20.5 ℃。墨西哥满江红在夏季生长旺盛，结孢量大，成熟度也整齐，以 7～8 月份采孢为好。而分布于山东省郯城和河南省桐柏的多果满江红，在 5 月份小苗开始生长，6～8 月大量进行无性繁殖，8 月下旬开始结孢，9月底达到采孢适时。②采孢方法：满江红的有性器官（孢子果）只占营养器官重量的 1.0%～3.0%。但不同的种由于孢子果的形态和结构的差异，采孢方法有所不同，现以细满江红为例，有捞萍堆腐、晒干粉碎和水面筛选 3 种方法。

2）孢子果的储藏：晒萍采孢或各种水选采收的孢子果均可以通过晒干保藏，但储藏过程要防止受潮霉烂。各种水选采孢法，采收的孢子果可以放入水中储藏，但在储藏过程要保持黑暗或水质的新鲜。采用钵藏者避光效果好，但要经常调换新鲜水质，以防水质恶化，影响孢子果的质量。要注意避光，以防引起萌发。孢子果在干热 45 ℃处理 40 h，有良好的萌发率，热水 55 ℃处理 10 h 不死亡，湿藏 2 年的孢子果仍有较高的发芽率。

3）孢子果的萌发及条件：①萌发过程：采用堆烂水选、浸水暗藏及播前浸孢等过程，大孢子果完成了配子体发育、受精的全过程，形成了具有胚的合子，在适宜条件下 3～5 d 即可萌动出苗。细满江红在萌发开始时，胚体向果顶方向伸展，逐渐推揭大孢子果的顶罩，胚体继续伸长，长出第一张具有腹沟的长漏斗状的小叶（其实是 2 个子叶形成的）。嗣后，生长出 2～3 张小叶，当长出第 4 张小叶时，漏斗状叶基部（称足）长出第一条幼根，一般 4 叶以后小苗就与水面平面浮生，第 6～7 叶时形成第二幼根，到 7～8 叶时已具有 2 个芽头的小苗。当在弱光条件下培养，萍苗的第二芽要在 11～13 张小叶时才形成，而满江红长出第一张是舌状的子叶，一般长到 9 张小叶时，才出现第一分枝。②萌发条件：首先是孢子果的熟度问题，满江红孢子果的熟度可分三期：绿熟期、黄熟期和全熟期。细满江红的大孢子果并黏有许多小孢子果的泡胶块。细满江红采用堆烂水选采孢的孢子果 90%以上都是这个时期萌发率最高。第二是光照：红光促进发芽，蓝光则完全抑制发芽，满江红孢子果在黑暗中就不能萌动，照度在 500 lx 的条件下，即能萌动出苗。第三是温度：细满江红在平均日水温 15 ℃～20 ℃范围均能萌发，在自然的变温条件下，平均温度高一些有利于萌发，但不利于成苗。恒温 35 ℃则不能萌发。第四是湿度：水藏的大孢子果含水量 73%～75%，播种以后小气候湿度在87%，波幅 70%～100%，在青紫甲泥的苗床，土壤含水量 41%～43%为最佳。最后是水质：孢子果的萌发以在湿土表面为好，采用水播育苗，如水质养分浓度高、杂藻大量滋生，是不利于孢子果萌发的。

4）幼苗生长及条件：小萍苗生长可以明显分成三个阶段：第一阶段

是 1～8 叶期，即不现侧芽或侧芽不明显，这时萍苗生长缓慢且娇弱，平均每天能生长 0.6～0.7 张小叶称幼苗期。第二阶段是 2～5 个芽头个体，每天能生长 4～5 张小叶，称小苗期。第三阶段是指 6 个芽头以上的个体，无性繁殖很快，每天能长出 10～15 张小叶，故又称繁殖期。调节光照和合理施肥是加速幼苗生长的有效措施。播种以后，直接暴露在阳光下的苗床，幼苗生长缓慢，呈红色。而有尼龙覆盖的幼苗生长快而嫩绿，再在尼龙上覆盖草帘更有利于幼苗生长，但到后期反有不良现象，因此，随着幼苗的生长，要逐步地加强光照。据测定，幼苗最适的光照强度是 1 万～2 万 lx。细满江红幼苗萌发以后，就从外界吸收氮磷钾养分。特别是氮素营养对早期幼苗生长的速度、个体的均匀度都具有良好的作用。田间育苗以施用栏肥和磷肥土粉为好，粉肥不但提供了幼苗生长需要的养分，并且有培土护根的效果。

5）田间播种及育苗：田间播种采用湿润苗床，有利于孢子果的出苗。每亩苗床用 1.5～2 kg 呋喃丹毒杀害虫，然后播种。为了使群聚的湿大孢予果均匀分散，达到匀播齐苗的效果，在播种前，将孢子果和土粉（通过 30 号筛）1：（3～5）拌种，拌种时土粉分次加入做到轻拌匀拌，然后，采用分段定量播种，达到均匀播种。播种密度，田间直播时每亩用种量 10 kg（湿纯孢子果）。在南方各省，孢子果作为越夏保种及秋繁利用，一般采用秋播，在北方将孢子果作为越冬保种及春夏养殖利用，一般采用春播。各地播种期受当地的气候条件差异有所不同。孢子果播种后，必须在苗床上覆盖塑料薄膜、油毛毡、竹帘、草帘、茭白叶等物，这些覆盖物既有预防暴雨冲刷，又对苗床表面的光、温、湿的调节具有良好的效果。无论采用哪种覆盖，一般当小苗生长到 25～30 张小叶以后，即可逐渐拆除覆盖物，锻炼幼苗，以便过渡到露天湿养。从幼苗生长特性和相应的管理技术角度，可把孢子果田间育苗过程分为三个时期：一是出苗期，采用以防雨、保湿为重点的管理技术；二是护苗期，采用以调光、施肥为重点的管理技术；三是起苗期。起苗是指在苗床灌水，使萍体漂浮水面，从湿养进入水养。幼苗平均生长到 5 个芽头以上，25 张小叶以后，出现挤苗，为了加速幼苗生长，就必须及时起苗。起苗前几天要灌水，增加苗床土壤湿度。在起苗的头一天傍晚要灌水浸没苗床，次日采用竹耙或手耖，将小苗耖起，漂浮水面，然后，再在群体表面喷水，使小苗均匀分布。起苗以后，幼苗进入营养繁殖阶段，以后田间管理技术完全与田间繁殖技术相同。

8. 营养成分及其利用

满江红养分的含量及其碳氮比值是权衡其肥料和饲料的利用价值及其合理利用的主要依据。由于种类、生长季节、养殖环境、管理条件的不同，从而出现养分含量和碳氮比值的差异。

（1）植物营养成分及其利用　　满江红繁殖快、固氮能力强、嫩绿，其含氮量就高，硫、磷、钾含量也随着生长势而相应变化，生长健壮。铁、锰也有相同的趋势，其他钙、镁、铜、锌波动性较大。冬季，细满江红，直立浮生的植株，根系多而老，干物质高达8%～12%，但含氮量和含磷量要低。春繁期，管理精细，施肥及时，植株为斜立浮生型，生长健壮，含氮量上升到3.2%～4.1%；进入稻田套养期，由于稻田适当的荫蔽有利于提高机体的养分含量，其含氮量达4.5%，含磷量达1.10%。满江红被广泛应用于旱作物的基肥，如作为甘薯的基肥，每亩施用鲜萍2000 kg，比施用2000 kg栏肥可增产鲜甘薯100～200 kg。也有将满江红作为桑园、茶园、棉花田的追肥，同样具有良好肥效。

满江红的不同种类、不同环境、不同管理水平，其C/N比值不同，其氮素的有效性差异很大。满江红机体的化学组成中木质素的含量较高，木质素作为一种壳状物质，而覆盖于细胞壁和纤维胶囊之外，起着一种保护作用，使它们难于被微生物分解。因此，木质素含量的高低，直接影响着植物体的分解速率，同时木质素易于与有机含氮化合物结合，而大大降低其分解性。因此，满江红养分矿化过程，具有稳定而长效的特点。满江红的腐殖化系数也高于其他绿肥作物，这与木质素的含量成正相关。据研究，100 kg干满江红可转化成39 kg土壤有机质，100 kg干稻草只能转化成26 kg土壤有机质。所以，养殖满江红对于南方水稻土的有机质和氮素的积累且有重要意义。

（2）饲料成分及其利用　　满江红用作饲料是很有价值的，一是营养丰富；二是可以直接生喂，适口性好；三是个体大小适中，不需切碎加工；四是捞洗方便；五是适于内河和池塘水面放养，不与农作物争田地；六是繁殖快，产量高；七是生长温界宽，适应性强。

9. 养殖利用技术

（1）养殖利用方式

1）稻行放养：即在水稻移栽前后放养满江红，在稻行间生长期20～30 d，作为水稻的追肥。稻行放养满江红，对稻行光照和热量的吸收与扩散都有着阻碍的作用。因此，对水稻早期生长有一定影响，特别是早春低温影响更大。从温度的变化来看,养萍田水温的升降变化缓慢。早稻养萍区水温比不养萍平均要低 0.47 ℃~0.64 ℃。而阴雨天养萍田的水温有略高的现象。随着满江红群体密度的提高,水温的升降幅度更小。放萍后 10 d,表土层铵态氮含量明显下降,10~15 d 随着满江红根系脱落和部分个体衰亡和排氮生理等影响,土壤铵态氮含量逐步回升,15 d 以后,表土铵态氮含量已逐步超过对照,并开始对水稻供肥,当 25~30 d 全面"倒萍"后,铵态氮含量比对照显著增高,可为水稻提供较多的肥分。养殖满江红以后,由于水田温、肥、气等条件的改变,造成水稻生长早期分蘖少,叶色黄,所以稻田放养满江红,必须掌握技术,才能提高增产效益。

2)冬水田放养:在南方可以充分利用冬水田水面和冬季的光能,养殖细满江红。冬季的繁殖生长,每亩鲜萍重一般可达 3000 kg 以上。

3)夏秋短期放养:在人多地少、复种指数高的农区,可以适当调整茬口或作物品种的搭配,利用 10 d 以上的空隙进行夏秋短期放养满江红,放养的方式如下:

①连作晚稻专用秧田的养殖利用:连作晚稻专用秧田,前作往往是冬绿肥留种田,而这些田一般都在 5 月底到 6 月上旬先后收获,到连作晚稻播种育苗还有 20 d 以上空隙时间,可以放养耐热性较好的萍种,如卡州满江红、小叶满江红和满江红。放养 20 d 以上,每亩鲜萍可达 750~1000 kg,作为秧田基肥,可使土壤松软,容易拔秧,减少杂草,提高秧苗素质。②"一绿"变"二绿"的养殖利用:"绿肥-早稻-晚稻"耕作制地区,绿肥翻耕以后,需要 10 d 以上的腐熟时间,再插早稻,可将绿肥移出一部分,翻压后,即放养细满江红,养殖 10~15 d,每亩鲜萍量可达 1250~1500 kg,然后翻耕作为基肥,这种放养方式,具有时间短、繁殖快、单产高、肥效好、花工少,又不占耕地等优点,群众称"一绿变二绿"。③"麦-萍-稻"或"稻-萍-麦":在种植春粮和单季水稻地区,在二粮茬口之间有 15~20 d 空隙时间,放养满江红,每亩鲜萍量可达 1500 kg 以上,作为麦田基肥或在早中稻收割后放养作麦子基肥,都有显著的增产效果。

4)河塘水面放养利用:选择水面平稳、水质较好的内河、池塘水面放养满江红,可为农牧业提供大量的绿肥和饲料。在池塘放养满江红,还具有净水、防蚊的效果。冬季河塘水温昼夜变化小,不易结冰,有利于满江红越冬保种或细满江红的冬繁养用。而夏季河塘水面夜间的水温,往往保持在30℃以上，以放养墨西哥满江红和尼罗满江红为好。细满江红适于在河塘水温日平均在25℃以下养殖。河塘水面放养满江红，要采用其他水生植物把水面作围栏并分划成若干小格，防风雨吹集，在繁殖期要及时施肥、治虫、分萍，从而促进满江红繁殖。

（2）培育技术

1）越冬：越冬是满江红养殖利用中极为重要的环节，其成败关键取决于3个方面的因素：不同种类内在的抗寒性、保暖防冻的技术措施、各地气候条件的特点。所以，不同地区要做到因地制宜选择萍种、越冬方式及采用相应的管理技术。①泉水越冬：即利用泉水塘、泉水田进行满江红越冬，泉水冬暖夏凉，水温比较稳定，冬季最低水温泉口处可维持在15℃以上，全田水温在5℃以上，整个冬季不出现结冰和积霜，对满江红生长极为有利。满江红泉水越冬能在8～15 d增殖1倍，放养细满江红5～6 d可增殖1倍。在开春后，大田的水温稳定地高于泉水水温时，要及时移到大田繁殖。泉水越冬的管理包括：安排水流，引用泉水灌溉的田块，要使暖水能同时分路流入每一格萍床内，均匀地流遍全田，进出水口分门立户。萍床的长度、宽度要根据风向和风的强度而定。有些泉水田泉水口分散，放养满江红要在每泉眼上方覆盖瓦块或竹垫等，防止冲动群体影响生长。控制群体密度：各种满江红抗寒性强弱与群体的密度关系甚大。满江红每亩1250～1500 kg的群体，可以防止寒风吹集，并有利于保温防冻。而细满江红密度增大，出现直立浮生型，易受寒风冰霜危害而死萍，细满江红越冬期要保持平面和斜立的生态型，每亩群体密度在2500 kg以下为适。在长江以南采用泉水，冬保和冬繁也要及时分萍，有利于提高机体的抗寒性能。施肥治虫：泉水田，水质比较瘦，越冬施肥极为重要，一般施用磷肥土粉及草木灰，同时要注意检查害虫，在转移大田放养前要全面治虫1次，防止将虫带入田间。②工厂废热水越冬：利用工厂排出无毒、无油污的废热水，引入田间或渠道小河，从而创造有利于满江红生长的小气候环境，称为人工水湖。把废热水引道流入田间，提供满江红越冬和细满江红冬繁养殖利用，起了很好的效果，其管理技术与泉水越冬相仿。③覆盖越冬：冬季严寒地区可以选择背风向阳的地方挖池作萍床，萍床北沿筑成低的防风泥墙，在萍床上方采用塑料薄膜、玻璃或草帘覆盖保暖防冻，北方也有利用温室越冬的，这些对满江红的保种、繁种也有良好效果。④河塘越冬：浙江中部地区采用河塘越冬。虽然冬季气温有出现−4℃而河塘的水温均在5℃以上。满江红在河塘越冬保种率可达90％以上，个别年份还有繁殖；而田间面经常出现冰冻，满江红在大田越冬损失率在70％以上。河塘以东西走向为好，南北向的河塘受风面大，温度偏低，容易发生寒风吹集和沉萍、死萍现象。尽量选择在村庄的南面、水质肥、水位平稳的河塘。并用毛竹或草绳把水面隔成宽3～4 m，长8～10 m的小格，再放养，防止寒风吹集。每隔10～15 d要面施一次草木灰和栏粉，可以提高机体抗寒性能。⑤大田越冬：冬季较暖的地区，大田水面不结冰或短时间有薄冰或霜雪，可以选择避风向阳、排灌方便的田块，进行冬保和冬繁。大田越冬要做好3个阶段的管理工作，在入冬以前培育好壮萍，越冬期保持群体较高的厚度，达到以萍保萍，入春气温转暖以后，及时施一次氮肥，每亩5担腐熟人粪尿，促进生长，然后进入春季繁殖。⑥储藏越冬：在冬季较寒冷的地区，可采用储藏方式越冬。满江红储存越冬的最大优点是简便省工、省成本，但保种效果还不够稳定。储存的方式，有地面堆存、装箩储存、室内储存等。地面堆存一般在室外，有长方形堆和圆锥形堆，即先将地面铲平，四周及地面开横直沟，以便排水通气，上铺芦席，然后将萍捞出，沥干水分，拾去落根、碎草、污泥等，将满江红松散地放上。堆高0.66 m上下，宽度0.66 m左右，在堆中间插入一根通气用的竹箩子，管径10 cm左右，管口有塞，可以开闭，以便调节温湿度。堆面撒上一层稻草灰，扎好支架，盖上草席防冻。为了提高储存效果应选择健壮而又经过一定低温锻炼的满江红。储存萍堆内的温度以3 ℃～5 ℃为宜，波动不宜低于1 ℃或超过10 ℃。萍堆的湿度宜处于接近饱和，并应稍微通气。掌握储藏和放养适期。储存过早或转到大田放养过迟，都会使储期过长及首尾堆温过高，导致萍体损坏；储存过迟或转移大田放养过早，又有受到冻伤的危险。应根据当地历年气候条件和当时的气象预报，适当掌握。

2）越夏：即满江红夏保和夏繁的过程。越夏过程不仅存在强光、高温、暴雨、台风等不利因素，还有猖獗的病虫和杂藻为害，其中主要是高温。越夏应以降温为前提，然后考虑光照调节，避免台风暴雨袭击，加强肥水管理和治虫灭藻，并注意选育抗热性强的萍种和培育壮萍等。①选用萍种、培育壮萍：根据不同地区生产的目的不同，选用不同的越夏萍种。有些地区，夏萍生产主要是解决连作晚稻的养萍，就要选择抗热性强的萍种；有些地区，夏萍生产是为了发展秋冬养殖和翌年稻田放养，夏季仅是小量保种，就要选择适应秋冬繁殖、耐寒性好的萍种。有的地区 2 种目的兼有，最好是准备 2 套萍种，或选用生长温界广谱的萍种。萍种不同，壮萍的标准也有差异，如满江红要选用三角形、萍体厚大、新根多、根稍长、无病虫害的萍体。细满江红则要选择平面浮生型和斜立浮生型、色泽翠绿光亮、新根多老根短、无病虫害的萍体。萍体在养殖过程中要逐步地适应越夏环境，环境的突变常会造成萍体衰亡。因此，在稻行间捞出的萍体作为越夏的萍种，往往会失败。越夏的萍种应该在 6 月上中旬就开始精细培育，通过施肥、分萍、防治病虫、控制水层等管理技术，使萍种在自然光照下生长一段时间，逐步适应夏季的自然环境。②越夏的方式及其管理。一是泉水田越夏。泉水田是夏保夏繁比较理想的场所。水温低、成本低，泉水田一般要求平均水温在 20 ℃以下为宜，其流量要基本稳定，并便于活水串灌，以利降温。泉水养殖越夏的管理技术有：a. 勤施肥料：夏季萍体消耗大，又多阵雨，施肥要做到少量多次，养分稀而全面，一般在 3～5 d 喷一次 0.2% 磷酸二氢钾或 1% 过磷酸钙，或者用肥土浸出液、腐熟的稀厩肥液喷施，从而促进生长。b. 勤查病虫及时防治：泉水田往往在山边，杂草多，利于杂食性萍虫的繁殖和栖息，特别是越夏初期正是早稻田"倒萍"，害虫食料中断，发生迁飞集中为害，十分猖獗。越夏基地 6 月下旬到 7 月初是治虫的关键时刻。萍螟、萍灰螟、萍象可以用 1000～1500 倍双硫磷喷治，当萍丝虫发生时，要停止泉水串灌，每亩撒施 3.5 kg 呋喃丹，撒在萍面上，用萍拍拍入水中进行防治。如有霉病，要用 1500 倍托布津、苯来特或多菌灵防治。c. 及时分萍：夏萍的群体密度，满江红不能超过 800 kg，细满江红不能超过 1000～1250 kg。否则易发生霉烂病，密度过稀，又会造成杂藻滋生。因此，夏萍的分萍，保持萍体旺盛的生长势是培育壮萍的一项重要工作。d. 活水串灌及防洪：泉水要均匀流入各个萍床，促进生长平衡。还要清理四壁的防洪沟，及时开好萍床和田块的水位口，防止台风暴雨的侵袭而造成损失。二是湿润养殖越夏。夏季水温往往达到 45 ℃左右，而土温升得慢，散得快，采用湿润养殖，既可缓和一些高温的矛盾，又可减少螺害和萍丝虫的为害，但湿润养殖越夏只适于具有根系着泥固生的三膘亚属某些萍种采用。湿润养殖越夏，有采用瓜棚、树荫下湿润养殖、梯田坎壁湿润养殖、大田湿润养殖、旱地用塑料薄膜垫底湿润养殖等方式。湿润养殖的管理技术应注意下列几点：a. 放萍密度与分萍：湿润萍床先灌水，放萍量每亩 300 kg 左右，分布均匀，然后逐渐地排水，使萍贴泥，根系着泥生长，萍体在湿润萍床上生长是一朵朵的，然后连成一片，如果群体密度高，也要及时分萍，否则会发生霉病。分萍可以灌水分萍或者是用小铲子铲移密度过大的萍块，分放到另外萍床上。分萍适于傍晚进行。b. 施肥与培土：湿润养殖一般用较肥的土壤，不必施肥，只有在雨后，每亩用 1.5 kg 过磷酸钙拌入 25 kg 肥土中撒施。把施肥和培土结合起来，有利于萍体生长。c. 防治虫害：湿润养殖也有萍螟、萍灰螟和萍象虫甲的为害，要经常检查虫情，及时防治，不能忽视。三是荫棚养殖。荫棚覆盖既可减弱强光的不良影响，又有降温的作用。荫棚养殖越夏可以分湿养和水养两种，但均要求棚高达 1.5～2.0 m，以利通风。荫棚的透光率可占自然光的 25%～50%，每天 9 时前，15 时后要具有全光照条件为好。荫棚覆盖要特别注意及时揭棚和早炼萍。各种覆盖物及其覆盖厚度不同，透光率不一致，在透光率较低的条件下，进入初秋，光线不足，明显地影响萍体生长。因此，要及时地减少覆盖时间或隔畦揭棚，及时炼萍。调节光照，以促进满江红生长。荫棚湿养遇雨后，要及时撒施细土粉，护根保萍。四是冷藏越夏。如夏萍留种量需求很少，可采用萍体冷藏保种方式，在低温冷藏条件下，萍体处于停止生长状态，降低机体呼吸强度和养分的消耗，达到保种的目的。冷藏的技术要点：a. 选择老健粗壮的萍体，含氮量低，碳氮比值高的为好，细满江红选用直立型为好。如果萍体嫩绿，水分含量高，不适于冷藏。b. 冷藏条件：温度控制在 0 ℃～2 ℃为宜，不能高于 5 ℃，萍体采用塑料袋装（装置到 2/3，留有空气），密封，防止水分蒸发或缺气，每袋 0.5～2.5 kg，防止冷藏过程受压。c. 解冻炼萍放养：秋凉后，要选择阴天或小雨天，把冷藏萍取出，放养萍床水面，放萍以后 3～4 d，每天下午用 1500 倍的托布津喷施萍面，防止霉烂或死萍，1 星期后，萍体恢复生机，可喷施稀薄的氮磷钾营养液，促进萍体生长。

（3）春秋繁殖　春、秋是满江红繁殖利用的最好时机，由于萍种的感温性能不同，春繁和秋繁期长短不一，各地耕作制度和作物茬口的搭配差异，春、秋养殖利用期也各有不同，做好春、秋繁殖，可以发挥满江红更大的经济效益。

1）春繁萍种田的安排：春繁的萍种田面积要根据稻田放养面积而定，一般管理水平，每养殖 100 亩稻田，需要萍种田 6～8 亩，为了减少稻田放养萍种挑运上的困难，萍种田早春集中，后期分散，由于萍种的繁殖是逐渐扩大面积的，萍种田前作的茬口要在冬种计划中预先安排好，做到"田等萍"。萍种田要安排在排灌方便的地段，因此，也有萍种田和秧田同时安排，同田作业。萍种田的前作，一般是早收蔬菜田或早耕的绿肥田，浙南地区萍种田安排面积只占放养面积的2％～5％，习惯采用"稻田再分萍"的办法，即利用早插的早稻田养萍兼作萍种田，当满江红在稻行间增殖到一定数量时再捞出分放到另外一些田块，早插早稻田可以分萍2次以上，这样就可减少专用萍种田。早春的萍种田要做成萍床，便于越冬后的萍种勤管精养，到后期繁殖可以全田统放，充分利用田面，如果是较大的田块或多风的地段，也要筑几行小泥埂分格栏萍。

2）春繁管理：在春繁期间的管理，对满江红的繁殖影响甚大，应注意做好以下工作。①施足肥料：萍种田要施基肥。前作是绿肥田，每亩留下几担翻耕当基肥；冬闲田每亩可用10担左右的猪厩肥。春后气温由低到高，满江红由红转绿，繁殖由慢到快，撒施萍肥要做到少而勤，一般看温度和萍色掌握施用。萍色全红的，施氮肥为主，配合增施磷肥；红绿相间的，以施磷肥为主，配施氮肥；萍色全绿的只施磷肥，做到"少吃多餐"，面施匀施。②防止沉萍：越冬期间，受过冻害的满江红，往往是根系脱落和个体变小浮力差。或因放萍量不足随风吹荡，或因水流冲叠萍体等，在早春阶段均易发生沉萍或萍体"反仰"现象。为了防止沉萍，放萍量要做到匀铺水面一层，灌水要做到缓慢地进入萍床，并保持1.6～3.3 cm的浅水，如发现沉萍要及时排水"搁萍"，或喷水，使萍体均匀分布。③抓紧治虫：必须经常检查，发现害虫及时防治，把萍虫消灭在萍种田里，以免扩大为害。④及时分萍：早春萍种田的分萍，要做到每次少分、勤分及时分。特别在繁殖快时，越分越旺。以满江红为例，一般每亩以放萍400 kg，生长到750 kg时分萍，对繁殖最宜。⑤认真管水：放养春萍，应掌握浅水养萍，满水分萍，浑水放萍，排水保萍等原则。长期淹水、通气不良的田还要注意排水换水，或进行适当排水搁萍。

3）秋季繁殖技术要点：处暑以后，萍种进入秋繁阶段，秋繁不仅为越冬和翌年放养提供萍种，更重要的是作为饲料和肥料利用。秋繁早期，可充分利用池塘及其他自然水面养殖，到9月中、下旬中稻收割以后可以进入田间放养。秋繁的管理技术，主要是抓好施肥、分萍、治虫、管水等措施，与春繁相似。秋繁是采用河塘水面放养的，必须把放养水面分隔成面积为4～5 m² 长方格围养，以利于稳定萍体，防冲、防叠，便于管理。

10. 稻田放养

稻田养萍要获得粮食增产和培肥地力的目的，必须根据养萍对水稻生长影响的规律，掌握好放萍期、放萍量，控制肥水管理，及时倒萍，促进萍稻双发。

（1）放萍要适期、适量　气温高，稻苗健壮，放萍期可在插秧前或边插边放，每亩放萍 250～300 kg，以满天星形式放萍。气温低、稻苗小，可以在插秧后 7～10 d 放萍。如果为克服萍种量少或挑运的困难，插秧以后立即每块田先养一段，每亩可先放 100 kg，以后逐步扩大。

（2）加强田间管理　①勤施萍肥：放萍以后要施 2～3 次萍肥，每次每亩施磷肥土粉 20 kg（50 kg 土粉内拌入 5 kg 过磷酸钙、5 kg 草木灰），可以促进萍体生长。②勤灌浅灌，搞好田间排灌系统，是保证养好用好满江红的先决条件之一。控制田间灌水深浅，对于协调早期稻、萍矛盾，调节水、肥、气、热四者的关系具有重要作用。深水灌溉，不但降低了水温，并有萍压稻的现象。尤其是细满江红因具有湿生特性，对浅水、湿润条件更是适应，养萍田做到"浅浅湿湿、搁搁的灌水原则，有利水、肥、气、热的融和，促进水稻发棵和生长。③防治虫害：稻田养萍要注意荷缢管蚜、萍螟虫甲、萍灰螟、萍螟的发生为害，做到经常检查，及时防治，避免出现"虫倒萍"。

（3）及时倒萍　养殖满江红，通常是先倒萍，后插秧，倒萍前要排干田水，再翻耕，搁田 2 d 再上水，做到彻底倒萍。在稻行间倒萍要根据当地的气候条件、水稻生长规律和萍种特性确定放萍期和放萍量，控制萍体在稻行间生长时间为 13～15 d，达到 1000 kg 左右，让其"自然倒萍"或用药剂倒萍（五氯酚钠）或人工压青倒萍。

（4）解决稻田养萍影响水稻早发的措施　①增施耙面肥，或采用磷肥蘸秧根，以促进水稻根系生长和早发，但施用碳酸氢铵作为耙面肥，施肥后当天不能放萍，否则灼伤萍体。②增加每丛水稻株数。养萍田虽然最后有较高的成穗数，如果增加每丛株数 1～2 棵苗，对增穗、增粒、增重的效果更为明显。③控制灌水，防止"萍压稻"，及时做好水稻的烤田，或放萍以后采用湿生养殖。④早追化肥。化肥深施的办法，在放萍前后均可采用，防止施用挥发性化肥，伤害萍体的生长。

（5）萍肥的种类及制作　①"萍饭"是将猪栏肥堆积发酵，发酵过程经过两三次翻堆，在翻堆过程中加入草木灰，腐熟以后，选择晴朗天气晒干，用脚踩（或用石碾）细，过筛成粉状，群众俗称"萍饭"或称栏肥。萍饭中含有丰富的磷、钾和一定的氮素以及其他养分,每亩每次用 10～15 kg,可使萍体生长健壮。②磷肥土粉:冬季采集肥力较高的菜园土或水稻土,经晒干研细过筛,制成土粉。每 100 kg 土粉拌入 6～10 kg 粉状的过磷酸钙和 10 kg 草木灰,充分拌匀后,堆放备用。每亩每次施用 10～15 kg 即可,效果与萍饭基本相似。③液肥:生产上用的液肥,是用过磷酸钙加磷酸二氢钾配制的,其做法先将过磷酸钙与水以 1:10 的比例浸泡 24 h,倾出上层清液,再加入 50 g 磷酸二氢钾掺水 50 kg 施用。也有单独用 1％过磷酸钙水液或 0.2％磷酸二氢钾水液进行田间施用的。如果萍体生长势弱,可在上述每 50 kg 磷钾液肥中再加入 0.1～0.2 kg 的硫酸铵或尿素效果更好。

11. 主要病虫害及其防治

(1) 虫害及其防治 满江红的害虫种类较多,有萍摇蚊、荷缢管蚜、萍灰螟、萍螟、萍蠓蜱以及椎实螺、扁卷螺等。各种害虫的活动规律,又因各地自然条件的不同而有显著差异,必须根据当地的自然条件,制订有效的防治措施。现将几种主要害虫及其防治措施分述如下。

1) 萍摇蚊:萍摇蚊又称伊尔诺多足摇蚊,危害萍体是其幼虫,俗称萍丝虫。目前发现萍田的摇蚊有 4 种,即黄摇蚊、褐摇蚊、绿摇蚊和萍摇蚊。前三种在萍田内取食藻类、腐殖质为生,黄摇蚊偶有啃食萍体,都不造成严重为害,唯有萍摇蚊是满江红的大敌。萍摇蚊幼虫绝大部分是筑巢、栖息萍体,以萍体为食,萍区均有分布,繁殖快,发生量大,为害最甚。其防治措施有:一是以萍压虫:春繁季节可以通过加强对萍田的合理施肥,勤分细管,促进快速繁殖,以萍体繁殖速度,压倒萍摇蚊的发育速度,从而减少虫口密度。在秋、冬季节可利用细满江红具有直立浮生、萍群密集水面的特性,减少成虫产卵的机会,对压抑虫害均有良好的作用。二是采用湿生养殖:细满江红的根系具有着泥湿生的习性,在萍田湿润条件下仍生长良好,只要在放萍以后,采用湿润养殖和间隔搁萍的方法,使萍摇蚊在枯水条件下窒息死亡,蛹也无法呼吸,不能脱壳或羽化,最后导致死亡。三是灯诱成虫:成虫盛发高峰期,每晚一盏 100 W 的电灯,可诱杀成虫近 6000 头,75％以上是雌蛾,其带卵蛾达 90％。萍母田不点灯比点灯区幼虫虫口增加 41 倍。四是农药防治:采用 3％呋喃丹颗粒剂每亩 2.5～3.5 kg (要浅水、闭水),撒施萍面,再用萍拍拍入水层和萍体之间,具有极好防治效果。

2) 荷缢管蚜:分布很广,原在睡莲、水浮莲、雨久花等水生植物上寄生为害，秋冬季节杂草枯黄，只有细满江红翠绿繁盛，因而荷缢管蚜从秋季开始逐渐迁至细满江红上产生为害，并进行孤雌生殖，在 15 ℃～18 ℃下，完成一个世代需 8～10 d，在 17 ℃～20 ℃下，完成一个世代需 7～8 d，每头雌虫平均产幼蚜 40～50 头，成虫寿命 20 d 左右。在萍田的为害期达 7～8 个月之久。荷缢管蚜为害细满江红主要是栖息在斜立和直立浮生型萍体上，每亩最高虫口达 1200 万头，使萍色枯暗，繁殖停滞，严重者成片死亡，但荷缢管蚜并不为害九膘亚属的满江红。其防治措施有：一是培育平面浮生型的萍种，平面浮生型缺乏蚜虫栖息条件，可达到避虫效果。二是湿润养殖，灌水闭蚜。长期采用湿润养殖的萍田，发现荷缢管蚜为害，可以采用灌水，浸没萍群，闭死蚜虫，或将漂浮水面下风角的蚜虫集中杀灭。三是保护天敌。荷缢管蚜的主要天敌有一种瓢虫和一种蚜茧蜂及"虫霉菌"，在适宜条件下，它们具有一定的自然控制作用。另外还有一种虎蝇，在萍田上捕捉荷缢管蚜为食，因此，在萍田尽量少用杀虫药剂，以利于有益昆虫栖息。四是农药防治。可以在分萍前 3 d，用 1500 倍 50％马拉松等药喷治，减少为害。

3）萍灰螟。其防治措施有：一是堆压萍种、窒息幼虫。早春气温低，借分萍之便，将萍种捞入萍笕堆放一昼夜，利用萍体呼吸，造成缺氧条件，闷死幼虫，有一定的效果。二是点灯诱杀。萍螟蛾成虫趋光性很强，在 6 月中、下旬，在闷热无风的夜晚，可以诱杀大量的成虫。三是农药防治。通常每亩用甲六粉 100～150 g 拌入"萍饭"中撒施萍面。或用美曲磷脂、马拉松、杀螟松等 1000～1500 倍喷治。四是保护天敌。虎甲虫具有猛食萍象甲成虫的习性，据观察 2 个虎甲虫在 12 h 内，可吞食 23 头萍象甲成虫。

4）螺害：椎实螺及扁卷螺，分布很广，成群地栖息池塘、水田及沼泽地带，可以沉没水底和匍匐泥壁，也可以腹足向上，浮游水面，啃食萍体。胶质状囊卵往往粘贴在杂草和萍体的背面。二螺对氧气非常敏感。因此，喜集在进出水口处，二螺在水温 20 ℃时大量发生为害。椎实螺往往在早春萍湖及越夏的泉水田造成极严重的为害。其防治措施有：一是流水诱集和瓜皮诱集。利用二螺有趋流水处的习性，可以利用放水机会，设置竹篱进行人工捕捉。或在夏季利用冬瓜皮、西瓜皮、南瓜皮切成小片，于傍晚放在灌水处和萍面引诱，人工捕捉杀灭。二是药剂防治。每亩用 3～4 kg 茶籽饼粉撒施萍床或捣碎用开水浸泡后，滤去残渣，加水 100 kg 泼浇萍床，有良好的杀灭效果，但要迟一天放萍，避免药害萍体。

三是每亩用 50 kg 草木灰或石灰撒施萍床，也有良好的杀灭效果。

（2）病害及其防治

1）霉病：霉病是一种寄生菌——丝核病寄生引起的，丝核菌是水生植物的严重寄生菌，菌丝侵入萍体的细胞组织，破坏生理功能和结构，迅速造成被寄生的萍体变黑死亡。在早晨露水未干之前，可以看到纵横交织发白的菌丝布满萍体表面。丝核菌在 10 ℃条件下不能生长，15 ℃～20 ℃生长仍很缓慢，25 ℃以上生长加速。因此，在盛夏初秋气温高、湿度大的条件下，霉病特别严重，会造成极大的损失。其防治措施有：一是及时分萍。萍群密集，萍体基部湿润，易造成丝核菌滋生，及时分萍可避免和减弱霉病。二是发病初期捞除病块。发病初期，有明显发病中心，逐渐向四周蔓延，及时捞除病块，对控制病情有良好作用。三是拍萍或淘洗萍体，发病的萍体或分枝，可以通过拍萍和淘洗沉没水底，恶化菌丝生长条件，对抑制霉病也有好处。四是暂停施用草木灰、栏肥等粉状萍肥。粉状萍肥往往造成萍体表面温度提高，有利于霉病蔓延。五是农药防治。采用 1000 倍的托布津和苯来特喷治，可以收到良好效果，但忌用"稻瘟净"，否则造成萍体药害甚至死亡。

2）烂心病：该病病源菌不详，多发生在春季或冬季温室培养的萍体上，其病症首先在植株主干的基部和第 1、第 2 侧枝基部叶片发生褐色病斑，通过基部向前方蔓延，使母株基部发生腐烂，侧枝病离出许多小个体，这些小植株均为带病的植株，随着植株的增大，烂心也逐渐明显。其防治措施有：①抗生素防治。用青霉素有一定的效果，但因九膘亚属的满江红共生蓝藻对青霉素很敏感，故不能使用。②农药防治。采用 1000 倍托布津和苯来特喷治，可达到 50％左右效果。③摘除烂心。在小量保种时，发生此病可将烂心萍放在硬纸上，用小针头摘除基部的烂叶烂茎，用 1000 倍的托布津冲洗以后，放在另一培养器皿中，具有较好的效果。④控制培养条件。提高萍面的通风强度、降低萍面湿度，对抑制病害的发生具有明显的效果。⑤在萍母田发病时，先拍萍将枯萎的部分拍去，然后施肥促使健壮部分再生。

二、水葫芦

水葫芦，又名凤眼莲、水荷花、水绣花、野荷花、洋水仙等，属雨久花科凤眼蓝属，是一种多年生水生草本植物。原产南美洲，在我国首见于珠江流域，生长在河港、池沼、湖泊和水田中。后来在北京、河北、山东、陕西、辽宁、吉林、黑龙江等北方地区也陆续引种栽培，取得成功。水葫芦在野生状况下，有时因堵塞江河，阻碍交通而成为一种害草。但在生产应用上取得效果后，化弊为利，成为有机肥料和畜牧饲料的重要来源之一。

水葫芦适应性强、繁殖快、产量高，一般每亩水面年产鲜株 2.5 万～4.0 万 kg，高的可达 5 万多千克。茎叶柔嫩，是一种很好的水生绿肥和青饲料。放养水葫芦管理简便、省工省本，据统计，一个普通劳动力一年能管理二三十亩水面。水葫芦对水层养分有较强的吸收力，利用活水放养，施肥不多，而每亩水面的鲜草产量可高达 3.5 万～4.0 万 kg。

（一）植物学特征

水葫芦浮生水面，高 10～30 cm，水质肥沃，生长茂盛拥挤时，可达 1 m 以上。根系发达，长 15～25 cm，呈须状，丛生于短缩茎上，悬垂水中呈分散状，能吸收养分，稳定植株；新根紫红色，老根紫黑色，初生根有根鞘包住，根鞘在根毛生长过程中逐渐脱落。茎为短缩茎，实心、节间不明显。单叶互生，肾形或卵形，叶尖钝圆，叶色深绿，叶肉肥厚，叶面光滑有蜡质，叶脉呈弧形；叶柄长 5～20 cm，中下部膨大呈葫芦状，内为海绵组织，充满着空气，以增加植株浮力，但在水层养分充足，植株生长茂密高大时，葫芦变得长而小或因之消失。成长的植株有叶 6～14 片。叶腋具腋芽，能抽生出匍匐枝，顶端长出分株。花茎单生，中部有节，节间有鞘状苞片两张，外苞片顶端有 1 h，每一花茎开花 4～14 朵，排列成穗状花序；花两性，不整齐，花冠淡紫色，花被 6 裂，椭圆形，顶端最大一瓣中间有一黄色斑块，宽约 0.4 cm，长 0.7 cm 左右，形似凤眼状，故有凤眼蓝之称；花被上部分离，下部联合呈管状，雄蕊 6 枚，三长三短，着生在花被管上，长的伸出管外，短的位于管壁基部；雌蕊 1 枚，柱头乳白色。花朵分批开放，每次每蔸只开 1 株，花期 1～2 d，花凋谢后，花茎逐渐弯曲伸入水中，受精子房在水中发育成熟。子房上位，长卵形，有 3 个心被联合成 3 室，每个种荚有种子 30～150 粒，多的 300 粒以上。在自然条件下，种子结实率低。

（二）生物学特性

水葫芦原产热带、亚热带地区，性喜温暖多湿，在 0 ℃～40 ℃的范围均能生长。适宜的生长温度为 25 ℃～32 ℃，水温在 35 ℃以上生长缓慢，40 ℃以上生长受到抑制，43 ℃以上则逐渐死亡。水葫芦也耐寒冷，13 ℃以上开始繁殖，20 ℃以上生长加快，1 ℃～5 ℃以上能在室外自然过冬，0 ℃以下，遇霜冻叶片枯萎，但其根茎和腋芽经短期冰冻，仍保持生长活力。在广东、广西、云南、福建等省（区），全年都可生长繁殖，以4～10月最为旺盛，湖南、江西、浙江、安徽和江苏等地生长时间为4～11月，6～9月生长最快；北方各省生长时间为5～10月，以6～7月生长最快。

水葫芦耐肥耐瘠，适应性强，水层深的江河、湖泊、池塘可以放养，水层较浅的水沟、水田，甚至潮湿洼地也能生长。一般以水深0.3～1.0 m，水质肥沃，活水缓流，水位稳定的场所最为理想。水层过浅时，根系深入土层，采收麻烦；当水位上升时，又易淹没植株，影响生长。水葫芦有一定的耐旱性，当根系入土后，不留水层，保持土壤潮湿仍能繁殖，但匍匐枝伸展困难，生长缓慢。

水葫芦是喜光植物，有充足的阳光，生长好，繁殖快。但耐阴性也很强，在光照较弱的瓜棚、树荫底下，也能生长，冬季放在无阳光直射的地方也不至死亡。如放在6～7 m深的水井里，经5个月没有直接阳光照射，部分叶片仍保持绿色，埋在土里5个月，过冬后取出来仍有部分种苗能恢复生机，长成新苗。

水葫芦的繁殖有无性繁殖和有性繁殖两种方式：无性繁殖又叫分株繁殖，主要靠叶腋抽生出匍匐枝，在匍匐枝的顶端长出新株，新株经一段时间生长，又可长出新株，依此不断繁殖，生长很快。有性繁殖又叫种子繁殖，水葫芦营养体生长到一定时期，就开花结籽，种子在适宜条件下萌发产生新株。水葫芦在自然条件下的结实率一般在10%以下，经人工授粉可提高到80%～90%。但生产上主要采用其无性繁殖。

（三）栽培技术

水葫芦在一年中的养殖利用是一个连续不断的过程，在栽培技术上，随周年气候条件的变化，大致可分为种苗越冬、春季繁殖和水面放养3个阶段。

1. 种苗越冬

种苗越冬是水葫芦全年养殖利用中的首要工作，直接影响翌年放养面积和利用时间，管理上主要是防止低温冰冻为害。由于各地冬季严寒情况不同，要因地制宜采用相应的越冬方式。

（1）自然越冬　冬季气温经常不低于0 ℃，水面不结冰的地区，水葫芦能自然越冬。当冬季气温下降到10 ℃左右时，挑选植形中等、无病虫为害的植株作为种苗，集中放养，植株之间要靠紧，不留空隙。种苗外围要打桩拉绳,将其固定。天气寒冷时,可在种苗上面覆盖一层稻草保暖。只要腋芽不死,春季可育苗繁殖。

(2)塑料薄膜覆盖越冬　在冬季最低温度不低于-10 ℃的地区,采用塑料薄膜覆盖越冬,方法简便,效果较好,是目前应用面积较广的一种方式。塑料薄膜覆盖的形式有拱形、屋脊形和直角斜面形等,一般以直角斜面形材料成本低。苗床位置应选择背风向阳、排灌方便的水田。苗床规格视塑料薄膜宽度和地形条件而定。苗床棚架应掌握适当高度,采用拱形和屋脊形的,架顶应高出地面 1.5～2 m;直角斜面型的,苗床后墙要高出地面 1 m 以上,使坡面仰角在 45°左右,防止积水。苗床两端要留排灌水沟,并设暗洞与苗床沟通。越冬时间一般在 10 月中下旬进行。先施足基肥,每亩放 50 kg 肥塘泥和 20 kg 腐熟栏肥,然后移苗入床,每亩放种苗 2000～2500 kg。越冬期间要做好温度、湿度的调节。一般保持水温 10 ℃左右,使水葫芦能正常生长并有缓慢繁殖即可。如冬前和早春气温较高,塑料薄膜用日揭夜盖调节温度,12 月至翌年 2 月,寒流频繁,霜雪冰冻经常出现,夜间要加盖稻草帘保暖防冻;3 月份以后,气温回升,天气转暖,但仍不稳定。晴天,膜内气温有时高达 30 ℃以上,而冷空气过境时,又会出现春霜冰冻。因此,要特别注意天气情况,掌握苗床内温度变化规律,加强管理。长期覆盖塑料薄膜时,膜内湿度过大,对水葫芦生长不利,应选择晴暖无风天气,在中午揭膜通风,降低湿度。水葫芦在越冬期间,生长缓慢,需肥不多,在施足基肥后,不必另施追肥。要经常检查苗床水分,保持 6～9 cm 水层深度,使根系接触泥土。如有蚜虫为害,可用 40%乐果 1500 倍液喷治,或用小棉球蘸上 80%敌敌畏原液挂在棚架上熏杀。

(3)坑床湿润越冬　这是一种省工省本,节省地面,保苗数量多,保苗率高的越冬方式。坑床做法:选择地势高燥,排灌方便,避风向阳的地方挖坑,坑床形式有斜坡式和阶梯式 2 种。①斜坡式坑床长 3.5～5 m,宽 2 m,深 1.5 m,坑底宽 1 m,并按北坡斜度为 40°的规格做好坑床。坑沿北高南低,坡面要粗糙,便于堆苗。床底开一条排水沟,宽 30 cm,深 15 cm,排水沟的两端做好平水缺口,以保持沟内一定水层。要选择株形紧凑,叶小葫芦大的小苗,经肥水稀疏培养,控制苗高 15～18 cm,在下霜前进床越冬。种苗进床时,要根贴坑壁,叶朝坑中心,以一层猪粪河泥加一层种苗依次堆放,上下层种苗之间相距 3.3 cm,互相交叉。种苗堆好后,坑顶用小竹搭架,覆盖塑料薄膜。②阶梯式坑床的做法是：长 12～15 m，宽 4～5 m，深 2 m，东西走向，坑面北高南低，南面垂直不栽种苗，东、西、北三面呈阶梯形，以利保水保肥。床底开一条排水沟，并与坑内一端的积水洞相连，积水洞做一个水平的缺口，以便将多余的水排出窖外。排水沟上面铺一层砖头，兼作走道。霜降前，将河泥、腐熟厩肥和少量磷肥拌匀，浇在阶面上，然后移栽种苗，坑顶覆盖塑料薄膜保温。管理上要掌握好温度、湿度的调节，并经常在晴朗天气揭膜换气，保持坑内空气新鲜。

（4）深水保苗越冬 冬季温度较低，常有冰冻的地区，对种苗田灌上深水，淹没种苗是一种以水防冻的越冬方法。这种方法成本低，但要管理精细，越冬效果也很好，一般保种率达 50%～85%，高的可达 100%。具体做法是：选择靠近水源、地势较低、排灌方便的田块，在 10 月中旬作物收获后，先加高四周田埂，每亩施 50 kg 厩肥，然后耕翻、耙细、耖平，做成 1.67 m 宽的苗床，周围开好排水沟，将水排干，进行轻搁田，使苗床浮泥沉实。在出现初霜以前，将种苗插好，种苗要适当深插，但须保持心叶外露泥面，每亩播种 1 万 kg 左右。霜冻前，保持种苗田湿润。出现霜冻后，一般晚上灌水，淹株防冻，白天排除田水，露苗照光。严冬期间，夜间灌水深度要高出苗叶 18～30 cm，这样，水面结冰时，也不至冻到水葫芦的叶子。如昼夜封冻，白天也要保持深水，待天晴转暖后，再在中午排水露苗，透气照光。下雪后，宜将雪水及时排除，换上清水。春季，天气变化大，既要防春雪、晚霜，又要注意温度过高时，植株霉烂死亡。这时，若夜间无霜，就不必灌水淹苗，白天也可以改灌浅水，以利提高水温。清明后，天气转暖，要勤施肥料，及时分株，促进生长繁殖。

（5）地下渠道保苗越冬 具体做法是在 11 月中旬，选择矮小健壮的种苗，按次排放在水流平缓、水深 15 cm 左右的地下渠道里，每 20 m 用竹棒分段隔开，防止重叠。越冬期间，渠道西北面关闸封口，防止冷风吹入。另一端开闸通气，洞口加盖草扇，并用流灌的方法，施稀薄的人粪尿 1～2 次。4 月上旬将种苗取出，先在塑料薄膜温床内放养一段时间，以恢复生机。江苏省有些地方曾利用此法越冬，取得了一定效果。

（6）利用工厂热废水或温泉水流灌的大田保苗越冬 其保种效果更好，管理简便，成本较低，有条件的地方应充分采用。

（7）水葫芦种子育苗 一般是秋季采种，春季育苗，育苗管理时间较短，以播种到成苗，只需 2 个月左右时间，这对冬季严寒的地方，显得尤为重要。水葫芦种子育苗，要挑选成熟饱满的种子，先放在 25 ℃～30 ℃的水中浸种 10 d，然后将其播种在湿润的泥面上，在保持水温25 ℃～30 ℃的条件下；10～15 d 即可萌发。待幼苗长出 5～6 片叶子时，抗逆吸肥能力有所增强，可陆续移到施有底肥的土中进行培育。移植时，将根栽入泥中，保持土壤潮湿或灌薄层水，不要淹没叶子。当长出 8～9片叶子时，叶柄中部开始膨大，浮力增大，根系增多，生长加快，要勤施肥料。待长出 2～3 个分株后，植株稳定，便可移出苗床放养。用种子繁殖的幼苗，长势比较旺盛，生长速度比越冬种苗快，开花延迟，产量较高。

2. 春季繁殖

水葫芦春季繁殖，在时间上是指越冬种苗露青生长到水面放养这段时间，主要是对越冬种苗进行培育和进一步扩大繁殖的过程，其繁殖快慢受温度影响最大。故从越冬苗床分出来的种苗，不宜直接露地放养，仍须塑料薄膜或草帘覆盖保温。苗床做法与塑料薄膜覆盖越冬相同。管理上要做好施肥，管水，通风，炼苗等工作。每亩用 100～150 kg 腐熟厩肥均匀踩入泥中，然后将田面耙平，放入种苗。追肥要少量多次，每亩用稀薄人粪尿 250 kg，稀释 2～3 倍进行泼浇。随着气温升高，种苗生长加快，肥料用量也应增加。施肥后要将黏在叶面上的肥料用清水泼掉，以免肥害。苗床内水层保持 3 cm 左右，以利提高水温，并使根系接触土壤，吸收肥料，促进发棵繁殖。晴朗天气，可揭膜炼苗。中午温度过高时，对叶面喷水，能降温增湿，防止热害。春繁后期，气温升高，这时，从苗床中分出来的种苗，可直接放在露地培育。但放养场所仍须选择避风暖和的水田或水质肥沃的村边池塘。要勤施肥料，一般 10 d 左右施肥1 次，肥料种类以氮肥为主，氮、磷配合施用。并要做好排灌沟渠，实行浅灌。水葫芦春繁面积以水面放养多少而定，一般应占放养面积的 2%～3%，即放养 100 亩水面，备足 2～3 亩春繁田，用池塘作春繁基地的，面积可适当增加。

3. 水面放养和管理

（1）放养时间　水面放养时间决定于当地的气候条件。当气温稳定在 13 ℃以上，不再出现晚霜时即可开始。华南地区一般在立春以后；长江流域在谷雨前后；华北、东北等地，春季风大、干燥，应适当推迟放养。

（2）放养方法　在面积较小的水面，水葫芦种苗可直接进行散放。

在面积较大和流动的水面放养时；须先用竹竿拦成方形或三角形的框格，并将框格活动地固定在木桩上，使其能随水位涨落而自由升降。将种苗放养在框格内，拥挤时将框格逐渐扩大，当种苗长满 1/3 水面时，可拆除框格，让其自由繁殖。每亩水面放养 4～6 kg 以上。在鱼塘放养时，要空出 1/3 水面，以利鱼类生长，但不宜放养草鱼，否则水葫芦会被草鱼吃光。在行船的河港放养，可打桩牵好草绳，水葫芦插在两股草绳中间，根部着水，葫芦在绳面，以提高浮力，如此在岸边拉成框格，格内放养。

（3）管理措施　水葫芦耐肥力强，土壤和水中养分含量高低，对繁殖速度和品质影响很大。水层养分含量高的、植株高大，根系较短，繁殖快，产量高；水层养分含量低的、植株小，根系长，叶色较黄，葫芦带紫色，产量较低。所以，在水质较差的水面放养时应多施肥料，而在水质肥沃的水面或水分流动的河道两旁放养时可少施或不施肥料。水葫芦的害虫有蚜虫和斜纹夜蛾。为害时，可用 40％乐果 1500 倍液和 90％美曲磷脂稀释 1000 倍进行喷治。

4. 采收和利用

（1）采收　当水葫芦长满水面开始拥挤时，即可采收利用。每次采收数量，看长势和密度而定。采收过多时，水面孔隙大，植株动荡不定，对生长不利；采收数量太少，植株过密，不利通风，透光，影响分株繁殖。一般每次采收数量，掌握在总量的 1/4 左右，最多不超过 1/3，为了不打翻植株，影响生长，可间隔采收，采收后将留下的植株均匀拨开，让其继续繁殖。

（2）利用

1）用作肥料：据分析水葫芦干物质含氮量为 2.8％～3.5％，P_2O_5 为 0.4％～1.0％，K_2O 为 2.0％～3.5％。肥用效果较好，每亩施用 1500～2000 kg 鲜水葫芦作连作晚稻田基肥，可增产稻谷 25～60 kg，增产率为 8.85％～22.3％。水葫芦还可作大麦、小麦、油菜、甘薯等旱地作物的肥料，在果园及经济林地施用效果也很好。水葫芦作水稻肥料时可直接施用，也可与河泥混合制成沤肥后施用，施用效果以沤肥较好。水葫芦作基肥用量以每亩施用 1500～2000 kg 为宜。如配施适量石灰，进行浅灌水，勤搁田，可加速分解，提高肥效。用作追肥时，一般在水稻返青分蘖后进行，将水葫芦铡碎，施入水稻行间，或用饲料粉碎机打成浆状，进行泼浇，结合耘田，混入土中。

2）用作饲料：水葫芦茎叶柔嫩，适口性好，其鲜草的营养成分为含水分93%，粗蛋白质为1.2%，粗脂肪0.2%，粗纤维1.1%，无氮浸出物2.3%，粗灰分1.3%。对猪的饲用价值与水浮莲相似。

3）净化水质：水葫芦吸肥力强，特别是对钾的富集能力更强。在肥沃的水中，生长茂盛时，每亩水葫芦每天从水体中吸收的 N、P_2O_5、K_2O 数量最多时可达 2.5 kg、1.1 kg 和 3.0 kg。对江河水中的养分能有效地回收利用减少流失。同时，水葫芦还能从水中回收金、银、汞、铅等重金属，1 亩水葫芦 1 d 内能从采矿废水中回收银 18.75 g。养殖水葫芦还能净化塘水中的有毒物质酚、铬、镉等，其净化率比普通净化方法高8%～25%，所以水葫芦是一种很好的水质净化植物。水葫芦对水质中的微量砷的反应非常敏感，水体中含有 0.06 mg/L 砷时，水葫芦就中毒受害，所以还可作为监测水体砷污染程度的指示植物。水葫芦叶色翠绿，花朵美丽，可绿化水面，美化环境，也是一种观赏植物。

4）沼气原料：水葫芦是一种有发展前途的能源物质，每千克干水葫芦，在 11 个月中，产沼气量达 400.88 mL，比等量的麦秆、玉米秆、晚稻草、牛粪、猪粪的产气量高。0.5 kg 干水葫芦 58 d 产沼气 168.5 L，每亩水面以年产 2.5 万～5 万 kg 计算，折干物质 3500～7000 kg，可产沼气 589.8～1179.5 m^3。留下的沼肥还是很好的有机肥料，它与未经沼气发酵直接作水稻肥料相比较，增产效果相当接近，前者增产 22%，后者增产 25%。说明水葫芦作沼气发酵后，对水稻当季的肥效影响不大。

三、水花生

水花生，又名喜旱莲子草、革命草、螃蜞菊、花生草、水蕹菜、水苋菜和东洋草等，为苋科莲子草属，多年生缩根性草本植物。原产巴西，约在 20 世纪 20 年代由国外引进，先后种于浙江、北京、江苏、江西、湖南、福建等省市，生长在池塘、水沟及沼泽地带。由于它适应性强、生长繁殖快，是一种很好的绿肥和青饲料，因而各地都进行人工栽培，放养及自繁野生，其面积迅速扩大。

水花生在适宜条件下，主茎每天可生长 2～5 cm，一般每亩水面年产鲜草 1.5 万～2.5 万 kg，高的可达 3.5 kg。养分含量：鲜草含 N 为0.15%～0.20%、P_2O_5 为 0.09%、K_2O 为 0.57%。1 亩水面以亩产 2万 kg 鲜草计算，即可解决 10 亩水田的 1 次肥料。水花生的营养成分，含水分90.79%、粗蛋白质1.28%、粗脂肪0.15%、粗纤维4.29%、无氮浸出物2.03%、灰分1.46%。饲养试验证明：对猪的增重情况与优质青饲料甘薯藤接近。

（一）植物学形态特征和生物学特性

水花生根为不定根系，生于节间，长 3～6 cm；新根白色，老根褐色。茎圆柱形，绿色，嫩茎稍带紫色，有条纹及纵沟，中间空，下部匍匐，上部直立；茎节周围密生白色柔毛，有保护腋芽作用；幼嫩茎叶均生柔毛，长大后除纵沟处外，逐渐脱落。叶长卵形或长椭圆形，深绿色，单叶对生、全缘、先端尖，长 3～6 cm，宽 0.8～2.5 cm；叶柄长 4～10 mm，叶腋着生腋芽，能长出分枝。花梗生于叶腋，长 0.5～3.5 cm，顶端呈球形头状花序；花朵小，白色，两性，花被内生雄蕊 5 个，雌蕊 1 个；花丝薄膜状，长 2～3 mm，基部联合成杯状，迟花雄蕊与花丝相间而生，舌状或长条状，先端分裂成 3～5 细条，与雄蕊等长。花粉囊纵裂；花粉黄色。结蒴果，卵形，内生扇形种子，宽 1 mm，长 1.1 mm，黑色，表面光滑发亮。结实率很低。

水花生原产热带，性喜温暖多湿，我国长江流域和华南各地，气候温暖，雨量充沛，都适宜水花生的生长。水花生抗寒力也较强，江、浙一带从早春 3 月到 11 月均能生长，在淮北能以宿根过冬。但不同季节的温度变化，对生长速度有明显影响。春季温度回升到 10 ℃以上时，过冬植株开始生长，节间生根出叶，腋芽萌动，长出新的茎蔓；5～6 月间，日平均温度上升到 20 ℃以上时，节间不断长出分枝，生长加快，茎叶茂盛，并陆续长出花梗，开花结籽；至 7～8 月间，生长最为旺盛，是全年产量的高峰期；9～10 月间，温度下降，生长逐渐缓慢，分枝也不再产生；温度下降到 10 ℃以下时，老叶发黄，生长停止，遇浓霜、冰冻、嫩茎、叶片枯死，以老茎和宿根在水、土中休眠过冬。水花生的老茎在水中抗寒力很强，水面连续冰冻半个月，也不至全部冻死，翌年仍能萌发生长。水花生在光照不足的地方，植株矮小、瘦弱、生长慢、产量低，但夏季光照过于强烈，中午前后，嫩茎幼叶容易凋萎，同样会影响其生长繁殖。水花生对水土条件要求不严，除了在水流湍急、水位剧变的江、河不宜放养外，一般河港、池塘、水沟、湖泊以及潮湿旱地均可栽培。其中以活水缓流、水质肥沃的生长最好。水层深且水质瘦的生长较差，但经加强管理，增施肥料后，也可获得高产。水花生可用茎蔓进行无性繁殖，也可用种子进行有性繁殖。但在自然情况下，由于结实率低、收种困难，因而生产上都采用无性繁殖。

（二）栽培技术和利用方式

1. 栽培技术

（1）放养场所　水花生适应性强，但要获得高产，仍须选择适宜的放养场所。通常在活水缓流、水质肥沃、水位稳定、水面较宽阔的场所放养较好。尤以村庄、城镇附近有活水沟通的流动水面放养更为理想。活水不但能源源不断供给水花生生长所需的各种养料，而且水温稳定、水质比较新鲜，有利于根系生长。活水还能防止和减轻青苔的为害，促进生长。因此，活水放养，即使水质条件较差，也能获得较高产量。船只的航行不会影响水花生的生长，相反，由于船只航行时搅动水层，泥土中的养分不断上泛，便于根系吸收，对植株生长有利。水流湍急、水位落差大的河道，水花生不易固定，管理也很困难，一般不宜利用。有些山塘、水库，水质瘦、水温低、生长其他藻类多的也不利于水花生的生长。

（2）培育种苗　春季，越冬种苗在露出新芽前，将其移到村边背风向阳、水质肥沃的水面进行培育，并根据幼苗生长情况，经常泼施稀薄的人粪尿或猪粪水，使芽苗粗壮，长势旺盛，有利于提高产量。

（3）适时放养　一般应在水花生新茎长到 15 cm 以上高度比较适宜，江、浙一带约在立夏前后。这时温度已适宜水花生的生长繁殖，种苗也长到一定高度，浮力大，吸肥力增强，放养后生根发芽快。若放养过早，往往受到青苔为害，因而早放的反而不能早发，生长不快。但放养过迟，也因错过季节，缩短了适宜的生长时间而影响产量。具体时间还可根据放养场所灵活掌握，背风向阳、温度较高，水质肥沃而无杂草的地方可适当早些；水层较深、风浪较大、水位不稳、管理不方便的地方可适当迟些，以幼苗长得高大一点放养有利。在冬前放养的地方，如果冬季温度过低，部分种苗受冻死亡的，翌年要补放种苗，否则，影响产量的提高。

（4）放养方式　因放养场所不同而异，一般采用的有以下几种：①分格围养：首先在河港两侧、池塘、湖泊近岸的一定距离内，打好竹桩和水泥桩，桩与桩的间距 6～9 m，水流急的桩距短些，然后拉绳，将水面分划成长方形或三角形的小格。拉绳时不宜太紧，以使种草能随水位涨落而自由升降。接着将种草截成 30～45 cm 长度，以 10 根左右为一束，头尾相接或与绳垂直依次用稻草缚在绳索上。最后在框格内均匀散放种草，每亩放养 1000～1500 kg。这种方法比较稳固牢靠，种草不易下沉，也不会被风浪吹叠，管理方便，繁殖快，产量高，是应用较广泛的一种方法。②水面散放：在水面较小，风浪不大，水质肥沃的断头河滨、池塘、沟渠等水面，可将水花生种草切成 30 cm 左右长度，直接均匀地散放在水面上。外围用缚上种草的绳索拦住。生长一段时间后，茎叶互相缠绕，连成一片，种草就不会散失。若在面积较大的湖泊放养一部分水面时，可在需要放养的范围内，打好围桩，桩间拉好绳子，扎上种草。每亩放养 1500～2000 kg。放养初期，如大风大浪将种苗打乱、堆叠，要及时疏匀整理好。③打桩拉绳法：放养时先将种草捞起，分成小捆，每捆 5～10 kg，然后用绳子的一头扎住草捆，将其放入水面，绳子的另一端拴在事先打好的桩上。或在放养场所每隔一定距离打好木桩，拉好绳子，将小捆种隔 30～60 cm 横向扎在绳子上。这种方法，由于种草放养量少，产量较低。但在村庄附近的鱼塘里放养时，对鱼类生长无碍，而水花生仍可收到一定数量。④栽插法：贴近水面沿岸或浅水、洼地等场所，将水花生直接栽插在土中，生根发芽很快。栽插时每穴用 3～5 个茎枝，穴距 30 cm 左右，经 1 个月繁殖能长满地面。这种方法种苗用量少、成活快，但不宜在易遭水淹的地方采用。此外，也有用种子播种的，将种子播种在湿润的土里，出苗后注意防治地下害虫和蚜虫的为害。

（5）管理方法　新区放养水花生常易失败，主要是没有掌握好施肥、灭苔和治虫等措施。放种初期，种苗小，容易漂动，如被风浪吹叠，堆积或翻转，要及时散开，拨正。经常注意水位涨落，及时调整绳索，防止水位上涨或降落时，围绳被水淹没或吊空。进入旺盛生长后，要注意外围桩绳，如有断裂，应更换绳索，加固木桩。生长过于拥挤时，可移动外围桩绳，放大框格。或采收一部分，把留下的种草耙松匀开，继续繁殖。施用肥料是水花生高产的重要措施。前期可用人粪尿或猪粪尿拌稀河泥泼施在种苗上，每隔 5～7 d 施肥一次，每亩施 750～1000 kg，以泼遍种苗为度。中期为植株转入旺盛生长后，可用腐熟的人粪尿或猪粪尿 1 份加水 4 份泼浇，每亩施用 1000 kg。或用 1% 浓度的硫酸铵水溶液 250 kg 均匀喷洒在植株上，效果也很好。施肥次数视植株生长情况而定，生长旺盛的，可每次采收后追施一次肥料；茎细叶小，生长较差的，应增加施肥次数，使其生长旺盛。水花生对氮素营养非常敏感，氮肥的供应状况是影响产量高低的重要因素。磷、钾营养元素也很需要，用钙镁磷肥加草木灰进行叶面散施，效果很好。经常搅浑水，使河底肥泥泛上，既可供肥，又可灭苔。要防除杂草，水层中杂草种类很多，都要争夺养料。故放养前应对放养场所进行清理、把青苔和其他杂草捞掉。如果水面青苔较多，则应推迟放养时间，增加放种数量，加强培育，增施肥料，使水花生放养后很快覆盖水面，起到"以草压苔"的作用。放养后在局部地方再次长出青苔的，可及时捞除，也可用0.2%~0.5%的硫酸铜液，拨开水花生喷洒在青苔密集的水面上，2 d后，青苔就会死亡。及时防治害虫。目前为害水花生比较严重的有斜纹夜盗虫和虾钳菜龟甲，每年7~9月发生最多，发生后大量咬食叶片，危害极大。可用90%美曲磷脂稀释1000倍进行喷治，连续防治2~3次，害虫基本灭迹。在江河水面放养水花生时，要留出船只航行水道，外围用尼龙绳索拦住防浪，以免散失。在养鱼池塘里放养时，放养面积不宜超过水面1/2，以免影响鱼类生长，如放养草鱼，水花生还是良好鱼饵。

（6）留种过冬 水花生抗寒力较强，江南各地一般能在自然条件下过冬。冬季、留种用的水花生，要选择生长旺盛，茎蔓粗壮的植株，在"霜降"前停止采收，保持在水面以上的植株有30 cm左右高度，受冻死亡后自然覆盖水面，对下层茎蔓起保暖防冻作用。冬季温度较低的地方，种草上面覆盖藁秆防冻。也可架设防风棚架保暖，使其安全过冬。冰冻严重的地方，冬前要把种草沉入水底，春季再将种草复浮水面进行繁殖。种草外围要打桩拦绳加以固定，防止漂散。

2. 采收利用

（1）作肥料用 水花生其干物质含K_2O量高达5%~8%，是一种值得注意的钾素肥源。一般每年可采收两次。第一次在7月上、中旬，这时春季放养的水花生产量已达高峰，可采收一部分作肥料，留下1/4左右让其继续生长。也可将水花生全部捞出，再按春季放养方式，每亩放养2500 kg。第二次采收可在10月下旬到11月上旬进行，这时气温下降，水花生已逐渐停止生长，除留作越冬种苗外，可全部捞出制成堆肥或沤肥。水花生作肥料的施用方法：①以鲜草作基肥：将捞起的鲜草，经晒瘪后切碎，均匀散于田面，然后耕翻入土。②以鲜草作追肥：用打浆机将鲜水花生打碎，泼入稻田，耘田入土作追肥，如能施些石灰，促其腐烂，效果更好。③制成堆肥。将水花生稍加晾干，铡成6~10 cm长度，在旱地上按制堆肥方法进行堆积，当全部茎蔓死亡腐烂后即可施用。④沤制草塘泥：草、泥比例可多可少。

（2）作饲料用 水花生喂猪，可熟喂也可生喂。熟喂时，将收割的鲜草洗净，切碎，煮熟，再拌上米糠、麸皮、大麦粉等精饲料和其他多汁饲料，并加入少量食盐。生喂时，将采收的水花生洗净、切碎，与麸皮等精饲料充分拌匀后，直接喂饲。但要防止寄生虫对猪的为害。水花生还可制成青贮饲料，每 100 kg 鲜草加草木灰 0.5 kg，食盐 0.4～0.8 kg，经充分拌匀后，分层填入缸内或桶内踏紧密封。若将鲜草晒干磨粉储存，可长年备用。

四、水浮莲

水浮莲，别名大藻、大浮萍、大萍叶、水荷莲。属天南星科大藻属，是一种多年生浮生草本植物。分布于热带、亚热带地区的淡水湖泊、河塘沟渠中。我国广东、广西、云南、福建等省区有野生，后经人工养殖，逐步北移到长江、黄河流域，直至华北地区。水浮莲繁殖快，产量高，1 亩水面年产鲜莲 2.5 万～5 万 kg，是一种高产水生绿肥和饲料作物。

（一）植物学形态特征和生物学特性

水浮莲植株飘浮水面，根系发达，须根多，悬垂水中。主茎节间短缩，称"短缩茎"，叶腋能生出匍匐茎，顶端长出新株。叶簇呈莲座状排列在短缩茎上，每株有 6～12 张叶，叶长楔形，长 1.3～10 cm，宽 1.5～6 cm，叶面密生茸毛，叶肉疏松，有发达的通气组织。花白色，长在叶腋间，呈螺旋形排列。肉穗花序，具佛焰苞，雄花在上，由数枚合生的雄蕊组成，雌花居下，先开，雄花后开，是雌雄同株，异花授粉作物。果实内含种子 10～20 粒，成熟时果皮破裂，种子撒落在根须上或沉入水底，种子呈腰鼓形，黄褐色，千粒重 1.5～1.6 g。

水浮莲耐热怕寒，气温在 10 ℃～40 ℃均能生存，最适温度在 30 ℃左右，在条件适宜时，分株很快，1 株在 1 个月内可繁殖 50～60 株。在 15 ℃～20 ℃时繁殖缓慢，低于 13 ℃和高于 39 ℃就不能繁殖。7 ℃～10 ℃短期内尚能维持生命，持续 1 星期以上，会造成烂茎，脱根直至死亡，低于 5 ℃植株很快死亡。南方生长期为 4～11 月，以 6～9 月生长最快。长江流域生长期为 5～10 月，北方生长期为 6～9 月。水浮莲产量与气温高低有密切关系，气温 29 ℃，每亩月产量为 8000 kg；气温 25 ℃，每亩月产量为 5000 kg；气温 22 ℃，每亩月产量只有 3500 kg。水浮莲需肥较水葫芦、水花生多，水质的肥度直接影响繁殖速度和营养成分。

水浮莲是一种喜光植物，光照强度在 1.1 万～3.3 万 lx 范围，产量随光强的增加而提高。

水浮莲对湿度有较高的要求，在天气闷热、空气湿度高或多阵雨时生长最快，而在天气炎热，空气干燥时，生长受到抑制。水浮莲适宜在中性的水质中生长，pH 值为 6.5～7.5 时生长较好，低于 5 或高于 10 则很快死亡。

（二）栽培技术

水浮莲全年放养过程分为越冬保苗、春季繁殖和水面放养 3 个环节。

1. 越冬保苗

（1）自然越冬　水浮莲在冬季没有霜冻，广东、广西、台湾、云南及福建部分地区，平均温度在 13 ℃～15 ℃以上的地方才可自然越冬。将水浮莲放在避风向阳的池塘、沟渠、河滨中均可自然过冬。

（2）人工保温越冬。在长江流域及其以北地区，冬季气温低，水浮莲需采取各种保温措施：①温水保苗。将工厂余热水引入水浮莲苗床，如温度过低还需覆盖塑料薄膜罩，防霜保温。②泉水保苗。冬季有泉水的地方，可在泉眼旁挖池，池上搭一屋脊形的塑料棚，进出水口埋 20 cm长的竹管作暗洞，使泉水在种苗下畅流，防止将种苗冲挤到一端。轻霜前将种苗放入池中，并覆盖塑料薄膜。③温室保苗。在温室内建水池，将种苗放入池内水养或栽种在泥里湿润育苗。越冬前期，当气温低于15 ℃时，需加温保暖，使水温保持在 15 ℃以上。④半地下窖保苗。其优点是一般不需人工加温，省工、省本。窖床做法：选避风向阳、地势高燥的地方挖窖，窖东西向，南低北高倾斜向阳，窖长 5～6 m，窖底阔2 m，北墙高 1.8～2.0 m，厚 0.5 m，南墙高 1.0～1.5 m，窖的四周开好排水沟，防止雨水渗入。在出现轻霜前一周至半个月，选择壮苗放入塑料薄膜垫底的浅池中。下霜时，覆盖一层塑料薄膜。当室外气温下降到 3 ℃以下时，须覆盖双层塑料薄膜和草帘。草帘在晴天日揭夜盖，阴雨天昼夜均盖。⑤温床保苗。利用厩肥、棉籽壳等作温床的酿热物，保护种苗过冬。温床地址要选择地势高、管理方便的地方。苗床东西向、宽 3.5 m，长 3～5 m，北面打好 0.67 m 高较厚的土墙，上面搭一个草棚，南高 2 m，北高 1.2 m，由南向北倾斜，棚四周开好排水沟，床内放入中等大小的水缸若干只，缸间距 0.67 m，缸底先放一层肥泥，然后放水至 80％满，霜前选苗入缸，缸口用竹片做好圆形罩，外盖塑料薄膜，并通一个通气孔。罩顶高出水面 30～40 cm，酿热物应随气温下降分两次堆积，并适时加水使其发热，使缸内温度保持在 15 ℃～20 ℃。

（3）越冬期的管理　水浮莲越冬保苗从霜降开始到来年清明，谷雨结束，时间长达半年。管理上要做好控制温度、适时通气透光、换水、施肥和防治病虫害等工作。要使温度在 15 ℃以上；要多见光，经常通气和换水；适当的施肥。水浮莲病害有霉腐病，可喷 0.1％托布津防治。虫害主要是蚜虫，可用 40％的乐果 1500 倍液喷杀或在温室内挂若干个蘸有敌敌畏原液的棉花球熏杀。同时要经常检查种苗生长情况，当幼苗拥挤时，应及时分株稀疏，并剔除烂叶。

2. 种子育苗

水浮莲用种子繁殖，能避过冬季低温阶段，方法简便，具有时间短、省工、省本的优点。

（1）种子萌发条件　①成熟的种子：黄褐色，饱满，腰鼓形，发芽率 90％～95％，而未成熟的种子青果色，大小不一，不饱满，其发芽率很低。②适宜的温度：水浮莲发芽的温度范围为 18 ℃～40 ℃，最适温度 30 ℃～35 ℃，超过 40 ℃对萌发不利。③充足的水分和空气：在湿润的条件下，由于水分，氧气适宜，种子萌发率可达 90％以上；在淹水条件下，由于氧气不足，发芽率下降到 60％～70％。④一定的光照：水浮莲是"需光种子"，在黑暗条件下种子不能萌发，但给予一定的光照种子即能萌发。

（2）种子育苗方法　①选种消毒：选黄褐色饱满的种子，用 0.2％的福尔马林或 0.1％的升汞浸种 2 min，以杀死种子表面的真菌。消毒后用清水将种子漂洗干净。②浸种：水浸种 133 d 及不浸种的要好，在 45 ℃水温时浸种 10～20 d 对发芽有不良影响。③催芽：少量种子催芽，可在小型的温箱中进行，以电灯或煤油灯加温。进行大量种子催芽时，可采用厩肥作温床，厩肥堆高度 0.3～1 m，随催芽时间不同而异。宽 1.8～2 m，苗床做成凹形，底部先垫上一层塑料薄膜，膜上铺一层 3 cm 厚的沙作发芽床，四周及畦中留一条小沟，沟内放水，让水自然渗入苗床，以保持湿润，再播上水浮莲种子，搭好弓形竹架，覆盖塑料薄膜。厩肥温度一般在 20～30 d 可维持膜内气温 15 ℃～30 ℃。④育苗：种子萌发后，当长出一片子叶时就有浮力，可将幼苗移入水缸或苗床上放养。幼苗期温度宜保持在 25 ℃～28 ℃，水温高于 35 ℃或低于 20 ℃对幼苗生长不利，在适宜条件下，3～5 d 长出第 2 片心叶和 3～5 条须根，以后每隔 4～5 d 长 1 片心叶，当出现 5 片心叶时，就可长出分株。以种子萌发到长出 6～7 片叶约需 45 d。幼苗期需肥量少，施肥浓度要低。基肥以腐熟的猪粪尿为宜，浓度开始低些，随幼苗长大，逐渐增加施肥浓度。幼苗期忌施碳酸氢铵和尿素化肥，以 1％～2％的过磷酸钙浸出液或 0.1％的磷酸二氢钾溶液根外施肥，能促进幼苗的生长。注意经常换水，水层深度保持 5～6 cm，随幼苗生长逐步加深。除严寒天气外，要注意通气，保持床内空气新鲜。幼苗嫩弱，避免阳光直射，在阳光强烈时，应适当遮阴。水浮莲抗病力弱，易受霉腐病为害，平时用托布津加以预防，发现虫害及时防治。

3. 春季繁殖

（1）温床扩大繁殖阶段　浙江一般在 2 月中旬至 4 月初。此时气温多变，水浮莲仍需在苗床内扩大繁殖。温床做法与越冬温床相同。春繁期间管理工作以"快繁"为目的，床内气温应保持在 25 ℃以上。其他管理工作与育苗阶段相似。但由于种苗生长加快，更应注意施肥、分苗，在 3 月底至 4 月初种苗移到大田繁殖前要做好炼苗工作。

（2）大田春繁阶段　清明至谷雨后，气温上升，水浮莲可移入大田春繁。春繁基地可利用宅旁较肥的池塘、沟渠等水面，或将绿肥田翻耕后作短期苗种田，待水浮莲移至水面放养时，再插种早稻。管理工作要做好：①施足基肥，勤施追肥。由于气温上升，水浮莲繁殖加速，对肥料的需要量增加。基肥以腐熟的厩肥或猪粪尿为宜，每亩用量 1500～2000 kg。追肥在每次分苗后施 1 次，每次施 500～1000 kg 猪粪尿，加 4～5 倍水于傍晚泼浇，或用 2%的硫酸铵、过磷酸钙喷雾。也可以将流经村镇的肥水，引入春繁苗种田。②及时分苗：当水浮莲长满水面要及时分苗，不使拥挤，促进分株繁殖。

4. 水面放养

当气温稳定在 15 ℃以上时，可进行水面放养，先利用水质肥沃，阳光充足，面积较小的池塘放养，用竹竿做成四方形或三角形的框格，或用稻草绳扎上水花生或水葫芦成浮框，将种苗放入框格内，让其群聚生长，每亩放种量 10～15 kg，长满水面以后，要逐渐放大框格。水浮莲吸肥力强，要根据水质肥度及植株生长情况适当施肥，有条件的地方，可将村镇的肥水引入放养场所，与静水养殖相比可增产 50%～80%。浙江省嵊州市黄泽公社前良大队，3 亩活水串灌而不施肥的田养殖水浮莲，全年共收鲜莲 15 万 kg，平均每亩每天可增殖 300 kg，等于每天回收 N 为 0.415 kg，P_2O_5 为 0.09 kg，K_2O 为 0.54 kg。在水质瘦的水面放养，应勤施肥。水层深度以 1～2 m 较好，太浅根要着泥，太深施肥利用率低。水浮莲虫害主要是蚜虫和斜纹夜盗虫，发现后要及时防治。

（三）采收和利用

1. 作肥料

（1）直接施用：水浮莲放养容易，繁殖快，产量高，肥分全，鲜草中含氮量约为 0.22%，P_2O_5 为 0.06%，K_2O 为 0.1%。用作晚稻、旱地作物和桑、茶、果树的基追肥。作连作晚稻肥料，一般 3～4 d 机体腐烂，7～10 d 稻苗叶色变绿，明显改善经济性状和提高水稻产量。可以直接翻埋入土，也可经打浆、堆沤后泼浇。

（2）稻田套养　水浮莲有一定的耐阴能力，在早稻搁田复水以后，每亩套养 400～500 kg，早稻收割以后翻耕作晚稻基肥，增产效果显著。

2. 作饲料

水浮莲根叶均很柔软，粗纤维含量少，全株可作饲料。其营养成分与水质肥度有密切的关系，在肥水塘中，水浮莲粗蛋白质含量远比瘦水塘中的水浮莲高，而粗纤维含量则相反。水浮莲主要作猪的饲料，也可作鸡、鸭、鹅等家禽的饲料。水浮莲营养价值较低，在饲料中应搭配适当的精料，才能满足猪对营养的需求，随水浮莲在日粮中的比例增大，日增长率下降。在日粮中搭配 40% 的干水浮莲较为合适，搭配过多猪生长缓慢。

（1）晒干储藏　夏季水浮莲旺长期，除直接饲喂外，可将多余部分晒干，用尼龙袋密封储存，供冬季补充青饲料。

（2）青贮　下霜前将水浮莲捞起，晾干后进行青贮。

（3）煮熟喂　为了减少寄生虫感染，最好煮熟喂用，随煮随喂，不宜放置过夜，以防变质。

3. 富集养分、净化污水

水浮莲对水体中养分有较强的吸收能力。据田间测定，含氮量为 1.4 mg/kg 的灌溉水，流经水浮莲田 1 h 后在出水口取样分析，水含氮量下降到 0.1 mg/kg，在 4 cm 水层，铵态氮含量为 8 mg/kg 时，每亩放养水浮莲 750～1500 kg，经 8～9 h，水层中氮素几乎全部被吸收。水浮莲能富集水体的养分，提供大量的饲料和肥料，又能回收有毒的汞、镉等重金属，是一种良好的生物净化剂。

（四）留种采种技术

1. 留种场所

（1）选阳光充足、水位稳定、肥力中等的池塘、沟渠、河浜等自然水面留种，面积小的可全塘养殖，面积大的要分格围养，防止大风吹叠，有荫蔽、水位涨落过大、水质过肥过瘦的水域不宜留种。1 亩水面可收种子 5 kg 左右。

(2) 连作晚稻田留种　为了解决水浮莲留种与饲料的矛盾，可利用连作晚稻田宽窄行种植，在宽行内套养花多、个体大的水浮莲，每亩放种 2500～3000 kg，连作晚稻收割以后采收种子，每亩可收水浮莲种子 3 kg 左右。

2. 种子高产技术

(1) 选株定塘，停止分捞　水浮莲是无限花序，花期 6～10 月，从开花到种子成熟需 60～80 d。在自然水面留种，6 月、7 月间就应选好留种水浮莲，停止分捞，让水浮莲自然拥挤，抑制分株繁殖，促进生殖生长。

(2) 合理施肥，先促后控　放养后根据水质和水浮莲生长情况，适当施肥，促进莲体生长，满塘后停止施肥，抑制分株，促进开花结实，提高种子产量。对于嫩绿的水浮莲种子产量低。

3. 采种方法

水浮莲种子是陆续成熟的，长江流域 8 月下旬第一批种子就可成熟，可以分批采种，也可在 10 月下旬至 11 月上旬一次采收。采种方法有：

(1) 将水浮莲轻轻捞入盛水的水桶，水缸内漂洗，或将龙船撑入留种场所，用铁耙将水浮莲捞入盛水的船舱中，用力搅动使种子沉入船底，后倒去污水，清除杂质，将种子阴干后储藏。

(2) 将水浮莲捞起放在水泥晒场上，根部朝上，曝晒 1～2 d，翻动机体，种子掉在地上，收起储藏。

(3) 将水浮莲用打浆机打碎，放在竹箩里挤去汁液，放在水泥晒场上曝晒，干燥后再倒入盛水缸中，用纱布网做成捞斗将浮在水面的种子捞出，阴干后储藏。

(4) 将水浮莲捞起，堆沤腐烂后晒干，再倒入盛水的缸中搓洗，种子浮在上面，用纱布捞抖取出阴干储藏。

4. 种子的储藏

(1) 干藏　将水浮莲种子晒干后，放在布袋里，挂在通风干燥的地方储藏。

(2) 沙藏　将水浮莲种子和湿沙相间存放在瓷钵中压紧，放在阴暗处储藏。

(3) 水藏　将水浮莲种子浸在水中储藏，盛水的容器以不透光的陶钵为宜，缸口加盖，保持黑暗，储藏期间保持水质清洁。

（4）冷藏　将水浮莲种子放在 2 ℃～5 ℃的冰箱中，或挂在室外经过冬季冰冻处理。水浮莲种子几种储藏方法以水藏、冷藏较好，种子萌发速度快。干藏方便，便于种子调运，但萌发速度慢，应延长浸种时间。沙藏种子萌发率较低，种子取用也不方便。

第五章　新型有机肥及其施用

第一节　概述

一、新型肥料与新型有机肥的概念

所谓新型肥料是指在肥料形态、功能、剂型、原材料乃至生产工艺上有别于传统常规肥料的一大类肥料。我国科技部和商务部《鼓励外商投资高新技术产品目录》(2003)中有关新型肥料目录中包括复合型微生物接种剂；复合微生物肥料；植物促生菌剂；秸秆、垃圾腐熟剂；特殊功能微生物制剂；控、缓释新型肥料；生物有机肥料；有机复合肥等。新型肥料出现和应用的最主要目的是改善和提高肥料利用率，增强肥料改善土壤理化和生物学性质与提高土壤肥力的能力，增强或调节植物生长状况以及改善或增强肥料的其他功能等。从形态上划分，新型肥料可分为固体新型肥料（如缓控释肥料）、液体肥料（如清液型复合肥料、悬浮型复合肥料和泥浆型复合肥料）和气体肥料（如二氧化碳肥）3 类。从功能上划分，新型肥料可分为营养性（养分型）和功能型 2 类，营养型（养分型）新型肥料是指肥料中含作物生长所需的一种或多种营养元素，如氮、磷、钾及微量元素等各类肥料；功能型新型肥料是指除了含有作物生长所需的一种或多种营养元素之外，还添加了具有其他的物质而兼具除草、杀虫、防病、抗病、增加果实的颜色、缩短作物的生育期等某些功能的各类肥料。此外，某些新型肥料属于兼用型，即具有养分型特点，同时又具有一定的功能。

本书所指的新型有机肥，亦称为商品有机肥，是指上述新型肥料中含有有机质成分的肥料，而农作物秸秆、畜禽粪便以及工农业生产和家庭生活产生的有机废弃物仅是作为生产新型有机肥的原料。所以，可以对新型有机肥定义如下：以植物和（或）动物以及工农业生产和家庭生活产生的有机废弃物为主要原料，并配以其他矿质养分肥料，经过发酵腐熟等工艺流程生产的有机肥料，包括市场上广泛销售的各种商品有机肥、有机-无机复合肥、腐植酸肥料、海藻肥、甲壳肥以及最新开发的有机碳肥等，其功能是改善土壤肥力、提供植物营养、提高作物品质。由于新型有机肥都经过了一定的工厂化技术流程生产而成，必须要经过市场流通程序，才能进入农户或农业公司实现其推广应用的目的。为了防止生产者为了经济利益，采取假冒伪劣、以次充好等手段欺诈农民，政府相关部门对这一类肥料都制定了一定的质量标准。如本章阐述的商品有机肥就是指按照 NY525—2012《有机肥料》的要求生产的新型有机肥。

二、新型有机肥的作用与使用原则

(一) 新型有机肥的作用

现代新型商品有机肥不仅腐熟有机质含量高，还添加了一定量的矿质养分，不仅可以有效培肥土壤，增强农作物营养，还大大改善了农家肥养分含量低，体积大；劳动率低，劳动强度大；人畜粪等的无害化程度低，病菌传播、污染大等"三低三大"问题。所以是一类资源节约、环境友好的新型全营养肥料，是今后农作物的重点推广肥料。具体来说，新型商品有机肥有以下作用：一是提高土壤肥力。有机肥较之化肥的一个突出特点就是可以培肥土壤，土壤有机质含量是衡量土壤肥力的一项重要指标，是土壤肥力的物质基础。土壤有机质直接影响着土壤的保肥性、保水性、缓冲性和通气状况等。目前我国耕地中，80％的面积缺氮，50％缺磷，30％缺钾，有机质不足 1％。而各类有机肥资源中含有丰富的有机质和各种植物必需矿质养分，不但是良好的肥源，还是良好的土壤改良剂。二是改善农产品品质。由于有机肥养分全面，既含有多种无机养分，又含有多种有机养分，还含有大量微生物和酶，保证了果品生长所需养分的全面均衡供给，因而具有改善果品品质，保持其固有营养风味的作用。三是降低农业生产劳动强度，减轻农民劳动生产负担，提高农业生产效率。特别是现代新型商品有机肥有效成分含量高，单位面积施用量少，操作简单易行，施用方便，给农业生产带来了极大的方便，更易推广应用。随着肥料的高效复合化、高浓度化、施肥机械化、运肥管道化和水肥一体化等技术的发展和应用，新型有机肥的生产和应用必定成为常规技术，得到普遍推广应用。

（二）新型有机肥的使用原则

由于新型有机肥的种类繁多，特性各异，其使用技术也不同。这里只能对其使用的原则做些介绍。

1. 既可作基肥施用，也可作追肥施用，还可作育苗肥施用，以及温室、塑料大棚等保护地栽培中作营养土用，但是以作基肥使用为主

有机肥料养分释放慢、肥效长、最适宜作基肥施用。如将有机肥料撒到地表，随着翻地将肥料全面施入土壤表层，然后耕入土中；或者以沟施、穴施的方式集中施在根系周围，以充分发挥其肥效，减少施肥量。如果有机肥料的速效性较好，也可作追肥用，但宜早施，且用量不宜过大。育苗肥宜作育苗基质使用。

2. 因土施肥，即根据土壤肥力和土壤质地施肥

施肥的最大目标就是通过施肥改善土壤理化性状，协调作物生长环境条件。充分发挥肥料的增产作用，不仅要协调和满足当季作物增产对养分的要求，还应保持土壤肥力不降低，维持农业可持续发展。科学施肥要充分考虑土壤、植物和肥料三者之间的相互关系，针对土壤、作物合理施肥。首先是要考虑土壤母质和土壤肥力。不同质地土壤中有机肥料养分释放转化性能和土壤保肥性能不同：沙土土壤肥力较低，有机质和各种养分的含量均较低，土壤保肥保水能力差，养分易流失。但沙土有良好的通透性能，有机质分解快，养分供应快。沙土应增施有机肥料，提高土壤有机质含量，改善土壤的理化性状，增强保肥、保水性能。黏土保肥、保水性能好、养分不易流失。但土壤供肥慢，土壤紧实，通透性差，有机成分在土壤中分解慢。黏土地施用的有机肥料必须充分腐熟；黏土养分供应慢，有机肥料应早施，可接近作物根部。其次，根据土壤肥力和目标产量的高低确定施肥量。高肥力土壤供肥能力强，适当减少底肥所占全生育期肥料用量的比例，增加后期追肥的比例；低肥力土壤供应养分量少，应增加底肥的用量，后期合理追肥。尤其要增加低肥力地块底肥中有机肥料的用量，有机肥料不仅要提供当季作物生长所需的养分，还可培肥土壤。

3. 根据肥料特性施肥

对于养分含量高的优质有机肥料，一次使用量不能太多，使用过量也容易烧苗，转化的速效养分也容易流失，养分含量高的优质有机肥料可分底肥和追肥多次使用。不同原料加工的有机肥料养分差别很大，不同肥料在不同土壤中的反应也不同。因此，应根据肥料特性，采取相应的措施，提高作物对肥料的利用率。氨基酸肥不仅含丰富的有机质，还含有丰富的无机养分，对改善作物品质作用明显，是大田经济等作物的理想用肥，既可作底肥，也可作追肥，尽量采用穴施、沟施，每次用量要少。秸秆类有机肥料有机质含量高，对增加土壤有机质含量，培肥地力作用明显。但秸秆在土壤中分解较慢，秸秆类有机肥料适宜做底肥，肥料用量可加大。氮、磷、钾养分含量相对较低，微生物分解秸秆还需消耗氮素，要注意秸秆有机肥料与氮磷钾化肥的配合。以畜禽粪便工厂化快速腐熟加工的有机肥料养分含量高，应少施，集中使用，一般作底肥使用，也可作追肥。含有大量杂质，采取自然堆腐加工的有机肥料，有机质和养分含量均较低，应作底肥使用，量可以加大。垃圾类有机肥料的有机质和养分含量受原料的影响不稳定，一般含量不高，适宜作底肥使用。由于垃圾成分复杂，有时含有大量对人和作物极其有害的物质，如重金属、放射性物质等，使用垃圾肥时对加工肥料的垃圾来源要弄清楚，含有有害物质的垃圾肥严禁施用到蔬菜和粮食作物上，可用于人工绿地和绿化树木。

4. 要与无机化肥配合施用

要根据新型有机肥中的矿质养分含量和作物的需肥特点配以适量的无机化肥。有机肥料虽然有许多优点，但是它也有一定的缺点，如养分含量少、肥效迟缓、肥料中氮的当季利用率低。因此，在作物生长旺盛，需要养分最多的时期，有机肥料往往不能及时满足作物对营养的需求，常常需要用追施化学肥料的办法来解决。因此，为了获得高产，提高肥效，就必须有机肥料和化学肥料配合使用，以便相互取长补短，缓急相济。而单方面地偏重于有机或无机，都是不合理的。

三、发展新型有机肥的重要意义

在我国，由于长期不合理施用化学肥料，有机肥数量不足且使用不均衡，造成部分农田各类养分比例失调，致使农田生态环境、土壤理化性状和土壤微生物区系受到不同程度的破坏，在一定程度上影响了农产品的安全。有机肥是既能向农作物提供多种无机养分和有机养分，又能培肥改良土壤的一类肥料。因此，从农业发展趋势看，有机肥在我国实现农业可持续发展中具有重要的战略地位。

（一）培肥耕地，实现农业可持续发展的重要举措

商品有机肥料含有植物所需的各种大量营养元素、微量元素和有机

质，有机质中的氨基酸、酰胺和核酸可以直接被植物吸收，有机质中的糖类和脂肪是土壤微生物生命活动的能源。另外，有机质在矿质化过程中，生成有机酸可以使土壤中的无效养分有效化，从而培肥土壤；有机肥可改良土壤的物理、化学和生物特性，有利于土壤熟化、提高土壤的生产能力。因为有机肥实际上是有机物、无机物和有生命的微生物的混合体，有机物质在土壤微生物和酶的作用下形成有机-无机复合体，使分散或黏重的土壤质地形成稳定的团粒结构，增强了土壤保水、蓄肥、透气性能，调节了土壤温度，减轻了土壤次生盐渍化，改善了土壤的耕作性能。长期施用有机肥能缓解土壤的酸、瘦、板、黏、旱等不良性状，为农作物稳产高产打好基础。发展有机肥产业是培肥地力，实现农业可持续发展的重要举措。

（二）增强农产品竞争力，发展绿色农业的迫切需要

施肥直接影响农作品的生长发育和农产品的品质。偏施化肥、不施或少施有机肥会造成水稻籽粒品质欠佳，果品的水分含量高，糖/酸比不适宜，茶叶的色、香、味较差。有机肥肥效稳长，可以显著改善农作物和果蔬的品质，提高农产品的经济效益和市场竞争力；有机肥中的腐殖质可以促进植物种子的萌发，刺激根系的生长，增强作物的呼吸和光合作用，利于植物的生长发育；有机肥料还可以使农作物和经济作物中硝酸盐含量大大降低，提高农作物对化学肥料的吸收利用率，降低化肥投入成本，降低化肥流失对环境造成的污染。发展有机肥产业也是增强农产品的市场竞争力，发展绿色农业的迫切需要。

（三）减少农业面源污染，改善农业生态环境的积极措施

农田和设施栽培中大量化肥的施用，规模化养殖场畜禽粪便的大量排放，农作物秸秆和城市垃圾的随处堆放对大气、土壤和水体环境造成了严重的污染。因此，降低化肥损失、减轻或免除有机污染对于当今农业的可持续发展至关重要，一条可取措施就是变废为宝，把有机废弃物加工为有机肥料。所以发展有机肥料产业化，实行工厂化生产、无害化处理生产有机肥料是从根本上解决环境面源污染、保持生态环境安全的首选措施。

（四）实现资源高效利用，发展循环经济的有效途径

农业废弃物资源（畜禽粪便和作物秸秆）安全高效利用是建设循环节约型社会的基础。从资源经济学的角度上看，农业废弃物本身就是某种物质和能量的载体，是一种特殊形态的农业资源。农业废弃物资源化

利用是自然界物质和能量的再循环，是维持生态平衡的重要链条。据农业部统计推算，2002年以来，我国每年的畜禽粪资源量约20亿t、堆沤肥资源约20亿t、秸秆类资源约7亿t、饼肥资源2000多万t、绿肥约1亿多吨，这些资源含有大量的氮磷钾及中微量元素，总养分约7000万t，是全国化肥施用总量的1.46倍，但是有效利用的仅占总资源量的30%，其余的部分进入环境，成为严重的污染源。发展有机肥产业其实质是自然界物质和能量的再循环，是发展循环经济的有效途径，维持生态平衡的重要链条。

第二节　腐植酸类肥料

一、概述

腐植酸是自然界中广泛存在的天然大分子有机物质，它是亿万年前远古时期森林、草原、沼泽等动植物的遗骸，经过地壳的变化和植物微生物分解，以及一系列的化学转化而积累起来的一类天然有机化合物。它大量地存在于褐煤、风化煤、泥炭中。腐植酸主要由碳、氧、氢、氮、硫等元素组成，其中，碳所占比例最大，为48%左右，氧占40%左右，氢4%左右，氮3%左右。除了碳、氧、氢、氮等主要元素，还有芳香核、羟基、羧基、羰基、甲氧基等多种官能团和大量有益微生物菌群，这些官能团能和土壤中其他元素产生化学反应，是腐植酸对作物的增产作用的根本原因。

腐植酸类肥料是以各种天然腐植酸资源如泥炭、褐煤、风化煤等为主体成分，加入一定量的氮、磷、钾或某些微量元素成分，经一定的技术手段所制成的一类肥料。既有腐殖质成分，又有矿质营养成分，是一类对作物有良好的营养作用，又能使作物高产优质的肥料。

腐植酸及其制品广泛应用于农林牧、石油、化工、建材、医药卫生、环保等各个领域。在农业方面，与氮、磷、钾等元素结合制成的腐植酸类肥料，如用氨中和腐植酸可制成腐植酸铵肥料，具有肥料增效、改良土壤、刺激作物生长、改善农产品质量等功能；硝基腐植酸可用作水稻育秧调酸剂；腐植酸镁、腐植酸锌、腐植酸尿素铁分别在补充土壤缺镁、玉米缺锌、果树缺铁上有良好的效果；腐植酸和除草醚、莠去津等农药混用，可以提高药效、抑制残毒；腐植酸钠对治疗苹果树腐烂病有效。

在畜牧业方面，腐植酸钠用于鹿茸止血，硝基腐植酸尿素络合物作牛饲料添加剂也有良好的效果。在工业方面，腐植酸钠用于陶瓷泥料调整；低压锅炉、机车锅炉防垢；腐植酸离子交换剂用于处理含重金属废水；磺化腐植酸钠用于水泥减水剂；腐植酸制品还用作石油钻井泥浆处理剂；提纯腐植酸用作铅蓄电池阴极膨胀剂。

人类对腐植酸的研究实际上是从土壤腐殖质（Humus）的研究开始的，从 1786 年德国的阿查德（Achard）从泥炭中首次得到腐植酸提取物，至今已有 200 多年的历史了。如果以我国"药圣"明代著名医药学家李时珍《本草纲目》著作中编入的"乌金散"为个例的话，那腐植酸的应用已有 400 多年了，这充分说明了腐植酸研究和应用的悠久历史。

我国腐植酸有组织的研究始于 20 世纪 50 年代末对泥炭的利用。60 年代，全国掀起了利用腐植酸肥料和改良土壤的热潮。真正受到国家重视和推动则是 70 年代中期以后。国务院先后于 1974 年和 1979 年两次以国发 110 号和 200 号文件全面推动我国腐植酸的综合开发和利用。80 年代，随着全国腐植酸事业的不断发展，国家经贸委于 1987 年批准成立了"中国腐植酸工业协会"，负责统一组织和协调全国的腐植酸工作。一些腐植酸资源储量大的省、市还将其纳入政府工作序列，为此专门成立了腐植酸办公室。

二、腐植酸类肥料的分类与作用

（一）分类

按照来源，腐植酸可分为天然腐植酸和人造腐植酸两大类。在天然腐植酸中，又按存在领域分为土壤腐植酸、煤炭煤腐植酸、水体腐植酸和真菌腐植酸等。

按照生成方式，腐植酸可分为原生腐植酸和再生腐植酸（包括天然风化煤和人工氧化煤中的腐植酸）。

按照在溶剂中的溶解性和颜色分类，腐植酸可分为黄腐酸、棕腐酸、黑腐酸。在早先的文献中，还有灰腐酸、褐腐酸和绿色腐酸殖的称呼，其实都是不同溶剂分离出来的。

按照天然结合状态，又分为游离腐植酸和（钙、镁）结合态腐植酸。

按照腐植酸的腐植化程度（吸光系数等指标），分为 A 型、B 型（真正的腐植酸）和 RP 型和 P 型（不成熟的腐植酸）等。

（二）作用

1. 提高养分的有效性和氮肥利用率

腐植酸可与尿素形成络合物，而达到控氮缓释的作用；磷肥和腐植酸混用可减少钙、镁、铁等金属离子对磷的固定，而促进根系对磷元素的吸收；腐植酸中的官能团可以吸纳钾离子，防止了钾的淋失。当把尿素和碳胺施到地里之后很快就会随空气和水流失，作物真正能够吸收利用的氮元素养分也只有 30%。腐植酸中的芳香核、羟基、羧基等酸性官能团能够与氮元素产生反应，形成很稳定的新的离子团，这些络合物在土壤中的存留时间比较长，逐渐分解释放氮元素，让植物慢慢地吸收，从而提高氮肥利用率。

2. 改良土壤

重无机肥、轻有机肥的施肥方式使得土壤结构被破坏、土壤肥力下降，土壤板结、盐渍化等现象日益严重，土壤反而被肥料养得越来越贫瘠了。腐植酸作为优良的有机质，在土壤改良方面发挥着重要的作用。

3. 保水保肥

腐植酸与土壤中的钙离子相互作用形成絮状沉淀的凝胶体，能把土壤胶结在一起，使土壤颗粒变为一个个保水保肥的小水库和肥料库，增加了土壤空隙，从而提高了土壤保水、保肥能力。

4. 刺激作物生长

腐植酸可刺激植物的生理代谢，能促使种子提早发芽，提高出苗率高；刺激根系极端分生组织细胞的分裂与增长，促使幼苗发根快，次根多，提高了作物对水分和养分的吸收力。

5. 增强作物抗逆性

植物在生长过程中难免会遭到高温干旱、洪涝灾害或病虫害的侵袭等逆境。腐植酸可促进植物生长，提高自身的抵抗力，它促进植物脯氨酸的合成、糖分的积累，提高过氧化物酶、过氧化物歧化酶等细胞保护酶的活性，调整植物在逆境中的生理状态如细胞膜的渗透性、蒸腾速率等，来抵抗外界逆境的胁迫。

6. 改善农产品品质

腐植酸可以络合一些难溶的微量元素，促进根系对这些必需的微量元素的吸收、利用和转运。腐植酸还可通过促进酶的活性，使多糖转化为可溶性单糖，增加淀粉、蛋白质、脂肪物质的合成积累，并加速各种营养物质向果实、种子运转，使果实丰满、厚实，品质提高。

（三）主要腐植酸类肥料及其生产

腐植酸类肥料因原料来源广、种类多，其原料中腐植酸含量和存在形态各异，其生产方法亦不同。一般都要经过活化与提取、改性、配料与加工等程序。一是强碱提取法，即利用强碱（NaOH）与腐植酸的中和反应，生成腐植酸钠，生成的腐植酸钠是可溶的，呈酱油色，然后再加酸而生成腐植酸沉淀，经干燥即得到固体腐植酸。二是氧化法，即高温高压液相氨氧化法，将煤粒和氨液的料浆在升温和加压条件下，使煤粒与氧反应，生成氧化煤或腐植酸，再与共存的氨反应，生成液相腐植酸铵盐，其中含氮产品除了铵态氮外，还有酰胺态氮、硝态氮和杂环态氮。三是直接氨化法，将处理好的风化煤拌入氨水或碳铵直接制取腐植酸铵。四是混合堆腐法，即利用微生物分解有机物质的特性，将人、畜粪尿，鱼汁，鱼粉，磷矿粉，草木灰，秸秆等物质与泥炭、褐煤或风化煤等混合堆腐，经过微生物的生物化学反应，使复杂的有机物质转化为植物可吸收利用的腐植酸类肥料。

1. 腐植酸铵

腐植酸铵，简称腐铵，是腐植酸的铵盐，是以含腐植酸较高的原料煤经氨化而成的一种腐植酸肥料，内含腐植酸、速效氮和多种微量元素，是目前腐植酸类肥料中的主要品种。该工艺生产的腐植酸铵一般含游离腐植酸 $15\% \sim 20\%$，全氮含量 $3\% \sim 5\%$，速效氮含量 $0.5\% \sim 3\%$，pH $7 \sim 9$，水分含量 35%，颜色为黑色有光泽颗粒或黑色粉末，溶于水，呈碱性，无毒，在空气中较稳定。

2. 硝基腐植酸铵

硝基腐植酸铵，又称硝基腐铵。一般采用硝酸氧化法和节约硝酸含量的综合氧化法。其工艺原理是以硝酸为强氧化剂，加热时易分解出原子态氧，是原料中大分子芳香结构发生氧化降解，羧基、羟基活性基团增加。与此同时也进行硝化反应，使腐植酸结构中引入硝基，产生硝基腐植酸。经气流干燥后的硝基腐植酸，送入氨化反应器进行氨化，产生硝基腐植酸铵。硝基腐植酸铵为黑色有光泽颗粒或黑色粉末，溶于水，呈微碱性，无毒，在空气中较稳定。水溶性腐植酸铵（干基）$\geqslant 45\%$，总氮（干基）$\geqslant 5\%$，速效氮（干基）$\geqslant 2\%$，水分 $\leqslant 30\%$。这是一种质量较好的腐植酸肥料。

3. 高氮腐植酸

高氮腐植酸，亦称高氮腐肥，是用高温高压液氨氧化法生产出来的腐植酸类肥料。其工艺流程是：氨和氧在一定温度、压力下对煤进行氨化和氧化而成，含氮量高达 15%～20%，是一种速效和缓效兼有的腐植酸肥料，产品中 2/3 为缓效氮，1/3 为速效氮。

4. 腐植酸钠

腐植酸钠，亦名胡敏酸钠，是用泥炭、褐煤、风化煤加氢氧化钠和水，加热制成的腐植酸肥料。腐植酸钠肥呈黑色有光泽颗粒或粉末，溶于水，微碱性，以干基计，腐植酸>40%，水分<15%，pH 8～11，灼烧残渣<20%，水不溶物<10%，1.0 孔径筛筛余物<5%。

5. 腐植酸复合肥

腐植酸复合肥主要以硝基腐植酸、硫铵、磷铵、氯化钾和尿素等为原料经一定工艺流程生产而成。其含腐植酸一般在 10% 以上，其氮、磷、钾含量因不同作物而不同，但要符合国家相关肥料标准的要求。

6. 腐植酸磷肥

腐植酸磷肥是利用腐植酸可以促使磷矿粉中不溶性的磷化合物转化成磷酸一钙、磷酸二钙或络合物的性能，使磷肥中的不溶性磷转化为水溶性磷和枸溶性磷，以供植物吸收利用。生产上，采用腐植酸原料（泥炭或煤粉）与磷肥混合堆腐法。将泥炭或褐煤干燥粉碎，过 40 目筛，每 100 kg 原料加过磷酸钙 15～20 kg，加水 30 kg 混合均匀，堆腐 7～10 d 即得成品。

7. 腐植酸钾肥

腐植酸钾是易溶性的腐植酸肥料，是用一定比例的氢氧化钾溶液萃取风化煤中的腐植酸，与残渣分离后，经浓缩、干燥便得到固体的腐植酸钾成品。固体腐植酸钾呈棕褐色，易溶于水。水溶液呈强碱性，腐植酸含量 50%～60%。液体腐植酸钾为酱油色溶液，pH9～10，腐植酸含量 0.4%～0.6%。

8. 黄腐酸

黄腐酸又称富里酸、富啡酸等，是腐植酸中溶于碱、酸、水等溶剂呈黄色的部分，是腐植酸中生物活性最高的部分。黄腐酸为黑色或棕黑色物质，含碳 50% 左右，氢 2%～6%，氧 30%～50%，氮 1%～6%，硫 1% 等，密度 1.33～1.48 g/cm³，可溶于水、酸、碱。水溶液呈酸性，无毒。在自然环境中稳定，遇高价金属离子易絮凝。

三、腐植酸类肥料的使用技术与应用效果

（一）施用时间

移栽后、花前、膨大期、转色期施用效果佳；旱季、雨季、寒潮来临前施用，可增强作物抗性，长势弱，急需恢复长势的作物优先施用。

（二）施用方法

冲施和喷施相结合，作用明显；配合无机化肥、菌肥使用，可增效；少量多次、充分稀释，腐植酸虽好，但也不能贪多，根据作物和土壤的状况施用，才能看到明显的效果。具体方法如下：

1. 浸种

浸种可以提高种子发芽率、提早出苗、增强幼苗发根的能力。一般浸种浓度为 0.005%～0.05%，一般浸种时间为 5～10 h，水稻、棉花等硬壳种子为 24 h。

2. 浸根

水稻、甘薯等在移栽前可利用腐植酸钠或腐植酸钾溶液浸种秧苗，浓度为 0.01%～0.05%。浸种后表现发根快、成活率高。

3. 喷洒

一般浓度为 0.01%～0.05%溶液，在作物花期喷施 2～3 次，每亩每次喷量为 50 L 水溶液，喷洒时间应选在 14～15 时效果好。

4. 基肥

固体腐植酸肥（如腐植酸铵等），一般每 6 亩用量 100～150 kg。腐植酸溶液作基肥施用时，浓度为 0.05%～0.1%，每 6 亩用量 250～400 L 水溶液，可与农家肥料混合在一起施用，沟施或穴施均可以。

5. 追肥

在作物幼苗期和抽穗期前，每 6 亩用 0.01%～0.1%浓度的水溶液 250 L 左右，浇灌在作物根系附近。水田可随灌水时施用或水面泼施，能起到提苗、壮苗、促进生长发育等作用。

6. 应优先用于不良土壤的改良

腐植酸本身就是很好的土壤改良剂，在盐碱地改造和沙漠化治理领域中发挥着重要作用。腐植酸肥料特别适合于长期过量施用化肥造成的板结地、盐碱地、黏土地等有机质缺乏的土壤。施肥后，腐植酸肥料的效果与温度有很大的关系。施肥后天冷见效慢，天热见效快，一般在 18 ℃以上时，腐植酸肥料慢慢释放养分。

（三）腐植酸类肥料在各类大田作物上的应用

腐植酸肥料在大田作物上使用时根据不同作物的营养需求和地力情况，选择不同含量配方的腐植酸肥料。一般情况下，种植小麦、玉米、棉花等大田作物可以选择有机质含量 30％以上、腐植酸含量 20％以上的腐植酸有机无机复混肥。根据地力情况，每亩施用 80～160 kg，在作物播种之前一次施足，结合整地深翻 20 cm 以上。作物在生长到中后期，选择氮磷钾 25％～30％的腐植酸复混肥 40～80 kg 追肥一次。施肥方法根据不同作物撒施、沟施、穴施都可以。施肥后随后浇水，也可选择腐植酸冲施肥随水冲施。

1. 在果树上的使用

果树施基肥：一般在果树冬季落叶以后，施用基肥选择有机质含量 50％以上、腐植酸含量 30％以上的腐植酸有机肥，每亩施肥 300～400 kg，或者选择有机质含量 30％、腐植酸含量 20％以上、氮磷钾含量 20％左右腐植酸含量高的有机无机复混肥，每亩施用 200～300 kg。使用腐植酸有机无机复混肥养分充足，营养全面，能满足果树生长和发芽结果所需要的养分。施肥位置在树冠投影的边缘，采用沟施或穴施的方法，在树冠投影边缘挖沟。因为树冠的下面，也是根系分布最密集的地方，在树冠下的边缘施肥，既不会伤及根系，又有利于肥料的吸收。树冠、树龄大的挖两圈，深度在 20～40 cm，肥料不能埋得太浅，太浅了不利于根系的吸收。施肥掩埋后要充分浇水，以利于果树吸收。

果树追肥：当果树生长到膨果期，追肥选择氮磷钾含量 25％～30％的腐植酸有机无机复混肥，每亩施 80～160 kg，也可选择氮磷钾 30％的腐植酸冲施肥沿沟灌根，这样果树吸收好、效果快。

2. 在蔬菜上的应用

作为基肥施用：选择腐植酸含量 30％以上、有机质含量 50％以上的腐植酸有机肥，每亩施肥 300～400 kg，随整地深翻 20 cm 以上，只有超过了这个深度，才能有效地保水保肥，促进植物吸收，使菜地有足够的养分，保证瓜果的品质。

作追肥施用：在蔬菜定苗缓苗 10 d 后进行才能追肥。第一次追肥量不宜过大，选择氮磷钾含量 25％以上的腐植酸复混肥，每亩 30～50 kg，施用方法采用沟施、穴施、随水冲施。第二次追肥在蔬菜挂果后按第一次追肥方法进行，施用量根据作物长势追肥 50～100 kg。一般大田季节蔬菜一次性采摘的作物 2 次追肥，采摘 10 d 前视肥力情况可追加一次腐植酸冲施肥，以利于瓜果膨大。

　　对于芹菜、菠菜等叶菜类的蔬菜，一般在苗期追肥一次就可以了，大棚种植的多茬采摘的瓜果，如茄子、黄瓜、西红柿等，可以每采摘一茬追施腐植酸冲施肥 30 kg 左右，有利于促进生长发育，以延长结果期。

第三节　海藻肥料

一、概述

　　海藻肥是从叶面肥发展而来的。随着草坪养护水准的不断提高，根外追肥凭借迅速供给养分、避免养分被土壤吸附固定、提高肥料利用率的优势，越来越受到草坪养护者的青睐。特别是在逆境条件下，根部吸收功能受到阻碍，叶面施肥常能发挥特殊的效果。因此，叶面肥在经历了 100 多年的长足发展后，从品种开发、使用技术、应用范围都获得很大进步。在众多的叶面肥品种中，海藻酸类叶面肥近年来以其安全高效，有机环保的品质，迅速受到高尔夫草坪养护者的青睐。

　　海藻酸类叶面肥于 1949 年首先在大不列颠岛生产问世，是集营养成分、抗生物质、植物激素于一体的新型肥料。它经过特殊生化工艺处理，从天然海藻中有效地提取出精华物质，极大地保留了天然活性组分，含有大量的非含氮有机物、陆生植物无法比拟的 K、Ca、Mg、Fe、Zn、I 等各种矿物质元素和丰富的维生素，特别富含海藻中所特有的海藻多糖、藻朊酸、高度不饱和脂肪酸和多种天然植物生长调节剂。因此，海藻液体肥是一种新型多功能的液体肥料。

　　目前我国农业部登记的叶面肥厂家有四五千家，品牌有 10000 多个，应用于高尔夫球场草坪叶面肥的品种种类就有：大量元素类、微量元素类、腐植酸类、氨基酸类、海藻酸类、其他有机物降解产物类等。目前在国内生产销售的海藻肥料很多，其中比较好的品牌有青岛明月海藻集团有限公司的明月牌海藻肥、青岛海大海藻肥、北京雷力农化有限公司的雷力海藻肥、烟台斯维德生物科技有限公司生产的斯维德品牌的海藻肥、江苏苏维达肥料科技发展有限公司生产的海藻肥（20 kg/袋）和海藻抗病生物水溶肥（10 kg/袋）。其产品有液体的、膏状的、粉末的、颗粒的。其效果与质量比较稳定，后两家公司的全部产品都是供应国内高端基地市场，如绿色有机蔬菜基地、高尔夫球场等跟出口，产品在国内外受到用户的一致好评。

二、海藻肥的主要有效成分与应用效果

（一）海藻肥的主要有效成分

海藻是生长在海洋中的低等光合营养植物，是海洋有机物的原始生产者。由于海藻是生长在海水这一特殊的环境介质中，所以它除了含有陆地植物所具有的营养成分之外，还含有许多陆地植物不可比拟的碘、钾、镁、锰、钛等微量元素以及海藻多糖、甘露醇等。海藻的有效成分与含有的活性物质达 66 种以上，能为作物提供各种营养元素、多种氨基酸、多糖、维生素以及细胞分裂素等。能帮助作物建立健壮的根系，增进其对土壤养分、水分与气体的吸收利用，同时可增大茎秆维管束细胞，加快水分、养分与光合有机产物的运输；含有的细胞分裂素等能促进细胞分裂，延缓细胞衰老，有效地提高光合效率，从而达到产量、品质的提高；抗寒、抗旱、抗病能力的提高。另外，海藻酸还具有破除土壤板结、延缓盐渍化的作用。

海藻肥是一种以海洋中的褐藻类生物为原料，通过化学物理生物的方法进行生产加工，再配上一定数量的氮磷钾以及中微量元素加工出来的一种肥料。主要成分是从海藻中提取的有利于植物生长发育的天然生物活性物质和海藻从海洋中吸收并富集在体内的矿质营养元素，包括海藻多糖、酚类多聚化合物、甘露醇、甜菜碱、植物生长调节物质（细胞分裂素、赤霉素、生长素和脱落酸等）和氮、磷、钾、铁、硼、钼、碘等微量元素。此外，为增加肥效和肥料的螯合作用，还溶入了适量的腐植酸和适量微量元素。常见的海藻类肥料主要有利用海藻的提取物制成的海藻生物肥、海藻叶面肥以及海藻水溶肥。目前市场上主要是以液体与粉末为主，很少一部分是颗粒状态。海洋褐藻含有很多种生物活性物质，已被研究的主要活性物质有以下几种：

1. 细胞激动素

细胞激动素属于细胞分裂素，是一类具有生理活性的嘌呤衍生物。1969 年 Jennings 首次研究了昆布等褐藻和沙菜等红藻中的内源细胞激动素的含量及其作为植物生长调节物质的作用之后，Mooney 和 Van Steden（1987）又发现海藻中含有 t-玉米素，二氢玉米素，异戊烯腺苷嘌呤和 t-玉米素核苷等细胞激动素。1991 年日本科学家 Farooqi 证实海藻中除含有细胞激动素外，还含有玉米素、玉米素核苷、6-氨甲基嘌呤等，并证

实了这些细胞激动素的活性。研究证实，海藻及 SWC 中的细胞激动素可以对大部分农作物产生响应。

2. 生长素

生长素有刺激作物根系发育和抗寒的作用。扦插植物时用它处理后可大大提高存活率。最普通的植物生长素是吲哚乙酸（IAA）。许多海藻本身都含有植物生长素和类植物生长素。Van Overbeek（1940）最早报道吲哚乙酸广泛存在于多种海藻中。随后，Abe H.(1972) 和 Jacobs（1985）先后对蕨藻，马尾藻，裙带菜和其他海藻中的吲哚乙酸及其他两种类植物生长素，苯乙酸和羟基苯乙酸的结构和含量进行了确认。由于 SWC 产品对作物可以产生广泛的生理响应，据此人们推测 SWC 产品中可能含有多种植物生长调节物质，并通过检测后得到了证实。

3. 赤霉素

赤霉素有促进植物发芽、生长、开花和结果的作用。早在 20 世纪 60 年代，科学家就发现海藻中含有赤霉素类似物。生物检测发现昆布属和浒苔属的海藻有赤霉素活性，并发现存在至少两种赤霉素 GA3 和 GA7。虽然发现多种海藻都含有赤霉素类似物，但由于海藻中的赤霉素在加工过程中被破坏的原因，在其商业 SWC 产品中的含量至今未被明确检测出来。新鲜制备的商业 SWC 产品发现有赤霉素的活性。使用莴苣下胚轴生物检测法测定 SWC 中的赤霉素活性是 $0.03 \sim 18.4$ mg/L。矮态米微滴生物检测法测定的活性量是 0.05 mg/L。

4. 脱落酸（ABA）

也称离层酸，是一种植物生长抑制剂，可促使植物离层细胞成熟从而引起器官脱落。脱落酸与赤霉素有拮抗作用。Kingman（1982）发现掌状海带中含有水溶性的植物生长抑制剂，其性质类似于 ABA。使用 GLC 和 GC‐MS 技术证实了这类物质是 ABA。Boyer（1988）估算了海藻的 ABA 含量是 $0.10 \sim 0.46 \mu g/g$（干重），并证实由 Ascophyllum nodosum 海藻制备的商业 SWC 产品中 ABA 的含量是 20 mg/g（干重）。

5. 乙烯

乙烯在植物生长中的作用是降低生长速度，促使果实早熟。Van den Driessche 1988 年在研究伞藻的发育和生理节律期间发现了伞藻中含有乙烯。Nelson WR.(1985) 测定了南非制备的商业 SWC 产品 Kelpak 66 中含有乙烯的前体，1‐氨基环丙烷羧酸，其含量达 9.29 nmol/mL。

6. 甜菜碱

甜菜碱是一种氨基酸或亚氨基酸的衍生物，在浓度很低的情况下可大大提高植物叶绿素的含量。1984 年 Blunden 等人发现，海藻中不仅含有细胞激动素，还含有类似细胞激动素性质的物质——甜菜碱。目前在海藻中发现了大约 18 种甜菜碱，大部分是甘氨酸甜菜碱，B-丙氨酸甜菜碱，γ-氨基丁酸甜菜碱等，其含量范围分别为：甘氨酸甜菜碱的含量为 2.3～35.9 mg/L；γ-氨基丁酸甜菜碱的含量为 5.4～15.4 mg/L；6-氨基戊酸甜菜碱的含量为 3.7～11.6 mg/L。

7. 多胺

多胺是一组作用类似植物生长素的化合物，按分类学不属于植物激素，但多胺可以广泛地影响植物生理生长过程，所以 SWC 产品中的这些化合物引起了人们的重视。

（二）施用海藻肥的作物效应

1. 促进生长，增加产量

海藻肥营养非常丰富，含有大量的钾、钙、镁、铁、锌、碘等 40 多种矿物质，尤其是含有多种天然植物生长调节剂，如植物生长素、赤霉素、细胞分裂素等，具有很高的生理活性。海藻肥能够促进作物生长，增加产量，减少病虫害，并增强作物抗寒、抗旱能力。具有明显的促生长效果，增产幅度达 10%～30%。

2. 绿色环保无污染

海藻肥是以天然海藻为原料加工而成，含有丰富的营养和多种矿物质，能调节土壤微生态，降解农药残留、钝化重金属，是生产有机农产品的最佳肥料。

3. 预防缺素症

海藻肥营养丰富，含有大量的钾、钙、镁、铁、锌、碘等 40 多种矿物质，能预防作物缺素症的发生。

4. 提高产量

海藻肥中含有多种天然植物生长调节剂，可促进花芽分化，提高坐果率，促进果实膨大，提高单果重，提早成熟。

5. 改良品质

海藻肥中含有的海藻多糖和甘露醇参与作物氧化还原反应，促进各养分向果实输送，果实口感好，果实表面光滑，提高固形物含量和含糖量。品级高，并能延长采摘期，增产提质抗早衰。

三、海藻肥的应用技术

为了提高海藻肥的利用率，除了选择好的品牌和种类，还应掌握以下技术要点：

（一）喷施浓度要合适

在一定浓度范围内，养分进入叶片的速度和数量，随溶液浓度的增加而增加，但浓度过高容易发生肥害，尤其是微量元素肥料，一般大中量元素（氮、磷、钾、钙、镁、硫）使用浓度在 500～600 倍，微量元素铁、锰、锌的使用浓度在 500～1000 倍。

（二）喷施时间要适宜

叶面施肥时，湿润时间越长，叶片吸收养分越多，效果越好。一般情况下保持叶片湿润时间在 30～60 min 为宜，因此叶面施肥最好在傍晚无风的天气进行；在有露水的早晨喷肥，会降低溶液的浓度，影响施肥的效果。雨天或雨前也不能进行叶面追肥，因为养分易被淋失，达不到应有的效果，若喷后 3 h 遇雨，待晴天时补喷一次，但浓度要适当降低。

（三）喷施要均匀、细致、周到

叶面施肥要求雾滴细小，喷施均匀，尤其要注意喷洒生长旺盛的上部叶片和叶的背面。

（四）喷施次数不应过少，应有间隔

作物叶面追肥的浓度一般都较低，每次的吸收量是很少的，与作物的需求量相比要低得多。因此，叶面施肥的次数一般不应少于 2～3 次。同时，间隔期至少应在一周以上，喷洒次数不宜过多，防止造成危害。

（五）叶面肥混用要得当

叶面追肥时，将两种或两种以上的叶面肥合理混用，可节省喷洒时间和用工，其增产效果也会更加显著。但肥料混合后必须无不良反应或不降低肥效，否则达不到混用目的。另外，肥料混合时要注意溶液的浓度和酸碱度，一般情况下溶液 pH 值在 7 左右、中性条件下利于叶部吸收。

（六）在肥液中添加湿润剂

作物叶片上都有一层厚薄不一的角质层，溶液渗透比较困难，为此，可在叶肥溶液中加入适量的湿润剂，表面活化剂，增加表面张力，增加与叶片的接触面积，提高叶面追肥的效果。

第四节　甲壳素肥料

一、概述

甲壳素，又名甲壳质、壳聚糖，是天然高分子聚合物，是一种化学结构与纤维类似的高分子多糖，故又称为动物纤维素，是目前世界上唯一含阳离子的可食性动物纤维，被誉为继糖、蛋白质、脂肪、维生素、矿物质之后人体必需的第六生命要素，在自然界它广泛存在于昆虫、甲壳类动物的硬壳以及菌类的细胞壁中，也是真核细菌外壁和细胞壁的组成部分。

目前多利用虾壳、蟹壳提取甲壳素和衍生物壳聚糖，其特点是无毒、无害，十分环保，广泛用于医药、化妆品、食品添加剂。在农业生产中，甲壳素也有广阔的市场前景，主要用作生物肥料、生物农药、植物生长调节剂、土壤改良剂、农用保鲜防腐剂、饲料添加剂等。作为一种新型肥料产品，甲壳素肥料可谓多种功能融于一体，各种优点集于一身，特别适合生产无公害、绿色、有机农产品，对于提升我国农产品的市场竞争力、改善农业生态环境具有重要的意义和广阔的应用前景。

二、作用机制与应用效果

(一) 作用机制

1. 改善土壤生态环境，增强土壤的生物多样性

甲壳素是土壤有益微生物的营养源和保健品，是土壤微生物的良好培养基，对土壤微生物区系有良好的改善作用。施用甲壳素肥料后，纤维分解细菌、自生固氮细菌、乳酸细菌等有益细菌增加近 10 倍，放线菌增加数十倍，常见真菌等有害菌减少至 1/10，其他丝状真菌减少到 1/15。而放线菌分泌出抗生素类物质可抑制腐霉菌等有害菌的生长，纤维分解菌可加速土壤有机质的矿化分解速度，释放土壤养分，供作物吸收利用，自生固氮菌可固定空气中氮，提高土壤氮素水平。微生物的大量繁殖可促进土壤团粒结构的形成，改善土壤理化性质，增强土壤的透气性和保水保肥能力，为根系提供良好的土壤微生态环境。甲壳素分子中的氨基（—NH_2）能与铁、锰、铜、锌等微量养分产生螯合作用，提高其有效性。

2. 诱导植物的抗病抗逆性能，活化细胞功能

甲壳素可诱导植物的结构抗病性，使植物的细胞壁加厚或木质素程度增强；可迅速活化细胞，短时间内诱导植物自身产生多种抗性物质；诱导植物的一系列防御反应，提高植物的抗病能力和抗御不良环境条件的能力；诱导植物内源激素的整体调节，增强植物叶片的保水、透气功能，使叶色浓绿润泽，延缓叶片衰老；促进植物根系细胞的分生，使根系发达，增强植物的抗旱抗倒伏能力，促进茎节缩短粗壮，叶片浓绿润泽，光合作用和光合产物的运输增强。

3. 甲壳素肥料与有机肥料混合使用，对农药和化学肥料具有增效作用

提高果树对各种养分的吸收利用，促进短枝发育，调整树势均衡，促进花芽分化、芽体充实率提高 60%～80%，幼果膨大迅速、均衡，果实色泽艳丽，成熟早，显著提升果实表光，糖度、维生素 C 含量明显提高，口感更好，优质果率显著提高，是发展无公害绿色农业的首选佳品。

（二）应用效果

1. 对作物的增产效果非常显著

因为甲壳素可以激活独有的甲壳质酶，增强植物的生理生化功能，促进根系发达，茎叶粗壮，提高植物的吸收利用水肥能力和光合作用能力，喷灌作物后，作物显著增产，果蔬增产 20%～40%，黄瓜增产 20%～30%，菜豆、大豆增产 20%～35%。

2. 极强的生根能力和根部保护能力

甲壳素可以促进根系下扎，抗御低温对根系造成的损伤，使根系在低温条件下也能正常地吸收养分供作物所需。甲壳素的这一强力壮根作用对马铃薯、生姜等根茎类作物的增产效果尤为突出。

3. 促进作物具备超强的抗病能力

甲壳素可诱导防治以下作物病害：大豆的菌核病、叶斑病；油菜的菌核病、炭疽病；菜豆的褐斑病、白粉病、炭疽病和锈病；西瓜的镰刀菌根腐病、丝核菌立枯病、叶枯病、白粉病、菌核病；黄瓜的霜霉病、白粉病、枯萎病、红粉病等；番茄的根腐病、酸腐病、红粉病、斑点病、煤污病、白粉病、果腐病等；茄子的褐斑病、果腐病、黄萎病、斑枯病、褐轮斑病黑点根腐病等；甜椒、辣椒的苗期灰腐病、根腐病、黄萎病、白绢病等。

4. 显著提高作物的抗逆性

甲壳素可以在作物的表面形成独有的生物膜，从而显著提高作物的

抗逆性，如抗寒冷、抗高温、抗旱涝、抗盐碱、抗肥害、抗气害、抗营养均衡等。

5. 节肥效果显著

甲壳素可以固氮、解磷、解钾，且其独有的成膜性能可以在肥料颗粒表面形成包膜，是肥料养分按照作物所需缓慢释放。从而提高肥料养分的利用率，节约肥料的施用量。试验表明，每年每公顷可节约肥料成本 200 元左右。

6. 对作物极强的双向调控能力

在作物旺长时，甲壳素可以促进作物由营养生长向生殖生长转化，而在作物长势较弱时，甲壳素可以促进作物由生殖生长向营养生长转化，是作物能平衡分配营养。

7. 防治作物线虫病的发生

施用甲壳素肥料，可刺激放线菌的大量繁殖，有效地控制线虫病的发生。试验表明，从苗期连续冲施甲壳素肥料，可以完全控制线虫的危害，还能提高作物品质、提高产量，改良土壤。

三、注意事项

1. 不宜与其他的植物生长调节剂混配使用。

2. 已受病虫害危害者，应先单独用农药治好后，再施用甲壳素肥料。因甲壳素肥料没有直接快速杀菌或杀虫的作用。

3. 不要将甲壳素肥料与农药或农药乳油原液混配使用，因为甲壳素具有降解农药残留、絮凝金属离子、破坏某些农药状态的性能。

4. 可以与链霉素、中生霉素、多抗霉素等单一成分杀菌剂混用，只要分别配成母液即可，不能与无机铜制剂混用。

5. 若与杀虫剂混用，应先将甲壳素肥料与杀虫剂分别稀释到相应的倍数后进行混配试验，如无反应才可使用。

第五节 商品有机肥

一、有机肥与商品有机肥的定义

有机肥的概念最早在相关行业标准发布之前是对应化肥的概念提出的，当时涵盖的物料范围十分广泛，包括农家肥、堆沤肥、沼肥、厩肥、绿肥、秸秆肥、饼肥、泥肥、腐植酸类肥等。绿肥包括绿豆、蚕豆、苜蓿、黑麦草、肥田萝卜、小葵子、满江红、水葫芦、水花生等作物；饼肥包括菜籽、棉籽、豆饼、芝麻饼、蓖麻饼、茶籽饼等；泥肥包括未经污染的河泥、塘泥、沟泥、湖泥等。上述这些非化肥的肥料统称为有机肥，这是广义有机肥的概念。从 2002 年发布有机肥料的行业标准开始，就对有机肥料做了明确的定义。至今有机肥料的农业行业标准自发布以来已经过 4 次修订和重新发布。分别是 NY525—2002《有机肥料》、NY525—2011《有机肥料》、NY525—2012《有机肥料》和 NY525—2021《有机肥料》。在最新的有机肥料行业标准中对有机肥料的定义是：主要来源于植物和（或）动物，经过发酵腐熟的含碳有机物料，其功能是改善土壤肥力、提供植物营养、提高作物品质。本节所指商品有机肥就是指按照 NY525—2021《有机肥料》的要求生产的有机肥。

二、商品有机肥的质量要求

NY525—2021《有机肥料》中对有机肥的质量从外观、成分、有害物质限量 3 个方面进行规范。首先，外观要求为粉状或粒状，均匀，无恶臭，无机械杂质；其次，成分要求其有机质的质量分数（以烘干基计）≥30%；总养分（氮＋五氧化二磷＋氧化钾）的质量分数（以烘干基计）≥4.0%；水分（游离水）的质量分数≤30%；酸碱度（pH）在 5.5～8.5；第三，重金属限量指标规定了总砷≤15 mg/kg、总汞≤2 mg/kg、总铅≤50 mg/kg、总镉≤3 mg/kg、总铬≤150 mg/kg 的要求，标准中的其余内容就是试验方法、检验规则、包装标识运输和储存。

三、有机肥的作用

有机肥不仅含有植物生长所需的各种营养元素，同时含有有机质、多种氨基酸和腐殖质等，养分均衡，被称为缓释性的完全肥料。我国有机肥资源丰富，种类繁多，主要包括：人粪尿、畜禽粪便、沤肥、沼气肥、绿肥、秸秆、蚕沙、饼肥、泥土肥（沟泥、河泥、塘泥等）、草炭、风化煤与腐植酸肥料、草木灰、骨粉、食品加工废渣、肉类加工废弃物、有机生活垃圾及城市污泥等。

长期使用有机肥可以有效疏松土壤，防止土壤板结；促进农作物生长；改善土壤微环境，改变土壤微生物群落组成，促进土壤中有益菌的形成；提高作物抗病虫害的能力。若长期不合理施用化肥，有机肥数量不足且使用不均衡，会造成部分农田各类养分比例失调，致使农田生态环境、土壤理化性状和土壤微生物区系受到不同程度的破坏，在一定程度影响农产品安全。有机肥是既能向农作物提供多种无机养分和有机养分，又能培肥改良土壤的一类肥料。因此，有机肥在我国实现农业可持续发展中具有重要的战略地位。近年来，随着中国绿色、优质、高效、健康、环保的新型农业和资源节约型、环境友好型社会的快速发展，有机肥料大受青睐，已逐步成为我国肥料业生产和销售的热点。有机肥的推广应用不仅是科学施肥的延伸和耕地生产力提升的重要措施，也是社会主义新农村建设、保护生态环境的一项重要内容，对促进中国有机农业的发展和农业部提出的到 2020 年实现化肥零增长的目标具有重要的作用。

四、生产商品有机肥的主要原料和技术要点

根据生产原料的不同，我国商品有机肥料主要包括三大类：一是以集约化养殖畜禽粪便为主要原料加工而成的有机肥料；二是以城乡生活垃圾为主要原料加工而成的有机肥料；三是以天然有机物料为主要原料，不添加任何化学合成物质加工而成的有机肥料。商品有机肥的一般生产过程包括：粉碎、搅拌、发酵、除臭、脱水、粉碎、造粒、干燥，整个过程需要 1 个月左右的时间完成。其中，发酵是生产商品有机肥的核心技术流程，主要有堆肥、嫌气发酵（沼气法）、塔式发酵、槽式发酵等方式。一般来说，高温好氧堆肥是发酵的首选方法，即在微生物作用下通过高温发酵使有机物矿质腐殖化和无害化而变成腐熟肥料的过程，在微生物分解有机质过程中，生成大量可被植物吸收的有效氮、磷、钾等化合物，并且合成活性物质腐殖质。该有机肥加工工艺的主要设备有发酵池、搅拌机、推翻设备、皮带输送设备、圆筒筛、粉碎机等。

塔式发酵过程以禽粪为主要原料，接种微生物发酵菌剂，搅拌均匀后经输送设备提升到塔式发酵仓内，在塔内翻动、通氧，快速发酵除臭、脱水，通风干燥形成有机肥产品。槽式发酵是在温室式发酵车间内，沿轨道连续翻动设备在槽式发酵内移动，拌好菌剂的禽粪便从发酵车间一端进入，出来时变为发酵好的有机肥，直接进入干燥设备脱水，成为有机肥产品。该生产工艺充分利用光能、发酵热，设备简单，运转成本低。其主要设备有翻抛机、温室、干燥筒、翻斗车等。

（一）以农作物秸秆为主要原料的秸秆堆肥技术

农作物在收获籽实后的剩余秸秆部分是一种可再生的生物质资源，但目前大量的秸秆被焚烧或丢弃，不但造成严重的环境污染，而且浪费了宝贵的有机肥资源。因此，加强农作物秸秆资源的开发利用是实现秸秆资源化的一种途径。作物秸秆还田是当今世界上普遍重视和应用的一项培肥地力的增产措施，既节省肥料肥，变废为宝，又避免了焚烧，是典型的低碳农业措施。几种常见的秸秆肥料化技术包括直接还田、焚烧还田、堆沤还田、过腹还田和堆肥还田。目前采用较多的是秸秆堆肥技术，其优点是：①在秸秆堆积、腐熟的过程中，产生的高温可杀死大部分病菌和害虫，减轻病原基数，降低虫口密度，还可产生一些有益微生物，从而减轻作物病害、虫害和草害的发生。同时，还具有解决重茬、固氮、解磷钾、改善农作物品质等多种功效，适合在农村大范围推广。②在秸秆堆积、腐熟的过程中，易分解的有机物大部分被分解，堆肥还田后不会造成烧根、农作物死亡等现象。目前大力发展的生物秸秆反应堆技术是利用高温型菌种制剂将秸秆速堆沤成高效、优质有机肥，一方面将秸秆纤维快速分解，提高农田二氧化碳含量，改善农田小气候；另一方面形成大量菌体蛋白，被植物吸收或转化为腐殖质，增加了土壤有机质。

（二）以畜禽粪便为主要原料的高温好氧堆肥技术

畜禽粪便主要指猪、牛、羊、马等家畜粪便和鸡、鸭等家禽粪便，是优质的有机肥原料。随着养殖业的发展，产生了越来越多的畜禽粪便，大部分养殖场未能对畜禽粪便进行有效的处理和利用，畜禽粪便的不合理处置带来了严重的环境污染问题：畜禽粪便中的氮、磷等营养物质通过降雨冲刷或淋溶方式进入水体和土壤；氨、硫化氢等不稳定物质通过挥发释放到大气中；有害病原微生物、药物添加剂通过不同途径进入水体、人体，从而对大气、土壤和水体造成严重污染，给社会带来一系列的环境、卫生问题。畜禽粪便同时又是一种宝贵的肥料资源，因为畜禽粪便富含有机质和氮、磷、钾等营养元素，利用高温好氧堆肥技术对畜禽粪便处理后，加入功能性微生物菌剂便可制成生物有机肥。

1. 基本原理

好氧发酵是利用好氧微生物在有氧和一定的温度、湿度和 pH 值条件下，通过自身的分解代谢和合成代谢过程，将可生物降解的有机固体废弃物分解为相对稳定的腐殖质物质的过程。微生物发酵的结果是废弃物中有机物向稳定化程度较高的腐殖质方向转化。其工艺流程主要由预处理、好氧发酵、后处理和储存等工序组成。其关键技术主要是预处理和好氧发酵。

（1）预处理 堆肥预处理主要是对堆肥原料的水分、pH 和碳氮比进行调整，并向堆肥原料添加微生物发酵菌剂。堆肥粪便的起始含水率一般应为 40%～60%，水分过低不利于微生物的生长，水分过高则堵塞堆料中的空隙，影响通风，导致厌氧发酵，减慢降解速度，延长堆腐时间。pH 是对微生物生存环境进行评估的参数，堆肥过程中最适宜的 pH 应为 5.5～8.0。在堆肥过程中，pH 值通常被认为是非重要影响因素，因为大部分细菌均可在 pH5.5～8.0 的范围生长繁殖。堆肥原料的碳氮平衡是微生物达到最佳生物活性的关键因素。堆肥原料的碳氮比一般为（25：1）～（35：1）比较适宜。碳氮比小，温度上升很快，但堆层达到的最高温度低；碳氮比大，堆层达到的最高温度高，但温度上升慢。在实际生产中，可利用秸秆、稻壳或锯末等物料调整碳氮比。堆肥是微生物作用于有机物的生化降解过程，微生物是堆肥过程的主体，是堆肥过程中最关键、最活跃的成分。向堆肥原料中添加微生物发酵菌剂，可加速堆肥原料有机物的分解腐熟，促进有机物料中有效氮的释放。

（2）好氧发酵 好氧发酵的微生物学过程可大致分为三个阶段，每个阶段都有其独特的微生物类群：

1）产热阶段（中温阶段，升温阶段）：发酵初期（通常在 1～3 d），肥堆中嗜温性微生物利用可溶性和易降解性有机物作为营养和能量来源，迅速增殖，并释放出热能，使肥堆温度不断上升。此阶段温度在室温至 45 ℃范围，微生物以中温、需氧型为主，通常是一些无芽孢细菌。微生物类型较多，主要是细菌、真菌和放线菌。其中细菌主要利用水溶性单糖等，放线菌和真菌对于分解纤维素和半纤维素物质具有特殊的功能。

2）高温阶段：当肥堆温度上升到 45 ℃以上时，即进入高温阶段。通常从堆积发酵开始，只需 2～3 d 时间肥堆温度便能迅速地升高到 55 ℃，1 周内堆温可达到最高值（最高温可达 80 ℃）。嗜温性微生物受到抑制，嗜热性微生物逐渐取而代之。除前一阶段残留的和新形成的可溶性有机物继续分解转化外，半纤维素、纤维素、蛋白质等复杂有机物也开始强烈分解。在 50 ℃左右进行活动的主要是嗜热性真菌和放线菌；温度上升到 60 ℃时，真菌几乎完全停止活动，仅有嗜热性放线菌和细菌活动；温度上升到 70 ℃以上时，大多数嗜热性微生物已不适宜，微生物大量死亡或进入休眠状态。此时，产生的热量减少，堆温自动下降。当堆温降至 70 ℃以下时，处于休眠状态的嗜热性微生物又重新活动，继续分解难分解的有机物，热量又增加，堆温就处于一个自然调节的、延续较久的高温期。高温对于发酵的快速腐熟起到重要作用，在此阶段中开始了腐殖质的形成过程，并开始出现能溶解于弱碱的黑色物质。C/N 值明显下降，肥堆高度随之降低。通过高温能有效杀灭有机废弃物中病原物，按我国《粪便无害化卫生标准》（GB7959—1987）要求发酵最高温度达 50 ℃～55 ℃以上，持续 5～7d。

3）腐熟阶段：在高温阶段末期，只剩下部分较难分解的有机物和新形成的腐殖质，此时微生物活性下降，发热量减少，温度下降。此时嗜温性微生物再占优势，对残留较难分解的有机物作进一步分解，腐殖质不断增多且趋于稳定化，此时发酵进入腐熟阶段。降温后，需氧量大量减少，肥堆空隙增大，氧扩散能力增强，此时只需自然通风。在强制通风发酵中常见的后熟处理，即是将通气堆翻堆一次后，停止通气，让其腐熟，还可起到保氮的作用。

2. 发酵程序及工艺流程

（1）发酵程序

1）原料的前处理：包括分选、破碎、含水率和碳氮比调整。

2）原料发酵：一般需要 15～20 d，其中又分为两个阶段：第一阶段：指好氧发酵中的中温与高温两个阶段的微生物代谢过程。它是指从发酵初期开始，经中温、高温然后达到温度开始下降的整个过程，一般需 10～12 d。第二阶段：物料经过第一阶段发酵，还有一部分易分解和大量难分解的有机物存在，需要继续发酵使之腐熟。此时温度持续下降，当温度稳定在 35 ℃～40 ℃时即达腐熟，一般需 5～10 d。

3）后处理：后处理包括去除杂质和进行必要的破碎处理。

（2）工艺流程

1）堆制技术：堆前夯实地面，然后将粪便、泥炭、乐贝丰秒腐剂等发酵原料按比例混合堆制。

2）搅拌翻堆条垛式发酵工艺：物料以垛状堆置，可以排列成多条平行的条垛，条垛的断面形状通常为三角形或梯形，高度 1.5～2.0m，宽 4～6m。混合后堆料的含水率为 55％～65％。发酵工艺流程如下：发酵原料—预处理—混合—发酵—再调制—制粒—包装—出厂。

在预处理中有时需要对原料进行破碎处理，调整原料的粒度，适宜的粒度范围是 12～60mm。破碎与筛分可使原料的表面积增大，便于微生物繁殖，提高发酵速度。在堆置后每 4～7 d 可翻堆 1 次，1 个月后可停止翻堆，让其自然后熟。

整个工艺流程包括新鲜作物秸秆物理脱水→干原料破碎→分筛→混合（菌种＋鲜畜禽粪便＋粉碎的农作物秸秆按比例混合）→堆腐发酵→温度变化观测→鼓风、翻堆→水分控制→分筛→成品→包装→入库。

3. 发酵的影响因素及其控制

（1）翻堆　翻堆供氧是好氧发酵化生产的基本条件之一。翻堆的主要作用在于：①提供氧气，加速微生物的发酵过程；②调节堆温；③干燥堆料。翻堆次数少，通风量不足以提供给微生物充足的氧气，影响发酵温度的升高；翻堆次数多则有可能使肥堆的热量散失，影响发酵无害化程度。通常根据情况在发酵期间翻堆 2～3 次。

（2）有机质的含量　有机质含量高低影响堆料温度和通风供氧。有机质含量过低，分解产生的热量不足以促进和维持发酵中嗜热性细菌的增殖，肥堆难于达到高温阶段，影响发酵的卫生无害化效果。而且，由于有机质含量低，将影响发酵产品的肥效和使用价值。有机质含量过高，则需要大量供氧，这会给翻堆供氧造成实际困难，有可能因供氧不足造成部分厌氧条件。适宜的有机物含量为 20%～80%。

（3）C/N 值　在发酵过程中，有机 C 主要作为微生物的能源物质，大部分有机 C 在微生物代谢过程中氧化分解变成 CO_2 而挥发，部分 C 则构成微生物自身的细胞物质。氮主要消耗在原生质合成之中，就微生物对营养的需要而言，最合适的 C/N 值在 4～30。当有机物 C/N 值在 10 左右时，有机物被微生物分解速度最大。随着 C/N 值增加，发酵时间相对延长。研究表明，当原料的 C/N 值为 20、30～50、78 时，其对应所需的发酵化时间分别为 9～12 d、10～19 d 及 21 d，但当 C/N 值大于 80：1 时，发酵就难于进行。各发酵原料的 C/N 值通常为：锯末屑 300～1000，秸秆 70～100，原料 50～80，人粪 6～10，牛粪 8～26，猪粪 7～15，鸡粪 5～10，下水污泥 8～15。堆腐后 C/N 值将比堆腐前明显下降，通常在（10～20）：1，这种 C/N 值的腐熟发酵产品，农业利用肥效较好。

（4）水分　水分是否合适直接影响发酵速度和腐熟程度。对污泥发酵而言，堆料合适的水分含量为 55%～65%。在实际操作中，简便的测定方法为：以手紧握物料能成团，有水迹出现，但水不滴出为宜。原料发酵最合适的水分含量为 55%。

（5）颗粒度　发酵化所需要的氧气是通过发酵原料颗粒孔隙供给的。孔隙率及孔隙大小取决于颗粒大小及结构强度，像纸张、动植物、纤维织物等，遇水受压时密度会提高，颗粒间孔隙大大缩小，不利于通风供氧。颗粒适宜大小一般为 12~60 mm。

（6）pH　微生物可在较大的 pH 范围内繁殖，合适的 pH 为 6~8.5。发酵时通常不需要调整 pH 值。

4. 发酵产物腐熟度的判定指标

（1）外观变化　直观定性判断标准是发酵不再进行激烈的分解，成品温度较低；外观呈茶褐色或黑色；结构疏松；没有恶臭。

（2）温度变化　通常肥堆经过了高温阶段后，温度将逐渐下降。当发酵达到腐熟时，堆温将低于 40 ℃。

（3）化学指标

1）有机质和挥发性固体含量的变化：随着发酵的进行，发酵有机质和挥发性固体含量呈持续下降的趋势，最后达到基本稳定。达到腐熟时，可下降 15%~30%。然而这种变化趋势受原料来源的影响很大。仅用其来衡量发酵是否腐熟，还不充分。

2）氮、C/N 值及无机氮形态的变化：在发酵过程中部分有机碳将被氧化成 CO_2 挥发损失，肥堆质量减少。由于氮的损失（主要是在有机氮的氨化阶段，少量的氨氮会挥发损失）远低于有机碳的损失，因此，发酵腐熟后，发酵中全氮含量有上升的趋势，而 C/N 值持续下降，直至稳定。一些研究指出，当堆料的 C/N 值从（25~35）：1 下降至 20：1 以下时，肥堆将达到稳定。

3）水溶性有机碳（C）及水溶性有机碳与有机氮之比：水溶性有机碳与水溶性有机氮的比值是发酵腐熟的良好化学指标，该值为 5~6 时表明发酵已经腐熟，而且该值与发酵原料无关。

第六节　有机-无机复混肥料

有机-无机复混肥是一种既含有机质又含适量化肥的复混肥。它是对粪便、草炭等有机物料，通过微生物发酵进行无害化（如消毒、杀灭病虫、除臭等）和有效化处理，再与氮磷钾化肥混合、造粒而制得的商品肥料，是我国今后主要推广使用的新型肥料。随着生产工艺的不断提高和有益微生物菌的加入，有机-无机复混肥的品质也得到有效的改善，而且效果也会更加的突出。这类肥料既能提供作物所必需的无机养料，又含有多种有机组分，能改善土壤理化性质，避免或减轻由于长期过量地单一施用化肥可能带来的负面影响。化成复合肥料是由基本化学成分进行化学反应而制成，如磷酸铵、硝酸磷肥、硝酸钾、磷酸二氢钾、尿磷钾等。由此可见，有机-无机复混肥综合了有机肥和无机肥的特点，是未来肥料行业的一个重要发展方向，其消除了有机肥和无机肥的弱点，将有机肥和无机肥各自的优点集中于一个载体。

一、有机-无机复混肥的作用特点

有机-无机复混肥是根据我国农作物的生长需肥特性，以及当前田间土壤长期在化肥的作用下，盐碱化、板结、有毒有害物质残留严重的现象，采用先进的环保生物工程技术及其设备，精选原料，并添加了多种土壤活化改良剂和微生物菌种，且科学地配入适量有助于农作物增产、防病以及调节生长平衡的螯合微量元素而制成的一种肥料，是一种科技含量高、针对性强的新型农作物专用生物有机-无机复混肥。其对农作物的作用特点如下：

（一）养分供应平衡，肥料利用率高

有机-无机复混肥既含有有机成分，又含有无机成分，因此其综合了有机肥与无机肥的优点。肥料中来源于无机肥料的养分在有机肥的调节下，对植物供养呈现出快而不猛的特点；而来源于有机肥的缓效性养分又能保证肥料养分持久供应。两者结合使肥料具有缓急相济、均衡稳定的特点，达到了平衡、高效的供肥目的。一般来说，有机-无机复混肥料较同养分氮磷钾复混肥的利用率提高 20％以上，这和其自身的供肥特点有关。与同等含量的无机复混肥料相比，有机-无机复混肥料的有机物质含量在 20％以上，同时增加了 20％的无机养分含量，加之其他微量元素以及活性物质等营养成分的作用，从而提高了肥料利用率。

（二）改善土壤环境，活化土壤养分

有机-无机复混肥还具有养地的功能，因为有机-无机复混肥中含有大量有机质，可以起到改善土壤理化和生物性状的作用。通过这些生物化学作用，可以活化土壤中氮、磷、钾、硼、锌、锰等养分。一方面，有机-无机复混肥可增强土壤中微生物的活性，促进有机质的分解和矿物态磷、钾的有效化和各种养分的均衡释放；另一方面，有机-无机复混肥可在一定程度上调节土壤的 pH 值，使土壤 pH 值处于有利于大多数养分

活化的范围。

（三）生理调节作用

由于有机-无机复混肥中有机成分中含有相当数量的生理活性物质，它除了具有供给植物营养的作用外，还具有独特的生理调节作用，它可促进植物根的呼吸和养分吸收作用及叶面的光合作用等，为植物的生长发育提供有力保障。

综上所述，有机-无机复混肥综合了无机肥和有机肥的优点，而又超越了它们，真正体现了 $1+1>2$ 的效应，有机-无机复混肥是多种科学技术的有效体现，因而其优越性也就显而易见了。

二、有机-无机复混肥的国家标准

有机-无机复混肥料产业作为一个行业，应该有一个标准来规范要求。这就是国家制定的有机-无机复混肥料标准。现行的有机-无机复混肥料最新标准是 2009 年 5 月 1 日正式颁布实施的有机-无机复混肥料（GB18877—2020），它替代了 2002 年颁布的相应标准（GB18877—2009），于 2021 年 6 月 1 日正式实施。与之前的旧标准相比，新标准在养分、水分含量以及肥料颗粒方面均有不同的规定。

新标准将有机-无机复混肥料产品分为Ⅰ型、Ⅱ型和Ⅲ型，并分别规定了指标。Ⅰ型总养分（$N+P_2O_5+K_2O$）的质量分数≥15%，有机质的质量分数为≥20%；Ⅱ型总养分（$N+P_2O_5+K_2O$）的质量分数≥25%，有机质的质量分数为≥15%；Ⅲ型总养分（$N+P_2O_5+K_2O$）的质量分数≥35.0%，有机质的质量分数为10%。其次，在新标准将旧标准的"大肠菌值"改为"粪大肠菌群数"，按 GB/T19524.1 进行测定，将旧标准的蛔虫卵死亡率改为按 GB/T19524.2 进行计算。第三，进一步细化了产品包装标识的规定，如对标称硫酸钾（型）、硝酸钾（型）、硫基等容易导致用户误认为不含氯的产品不应同时表明"含氯"，含氯的产品应用汉字在正面明确标注"含氯"，而不是"含 Cl"或"Cl"等，表明"含氯"的产品包装带容器上不应有忌氯作物的图片。

三、有机-无机复混肥的生产技术

有机废弃物的无害化处理工艺已经在现代商品有机肥一节阐述过，这里主要介绍后面的有机-无机复混肥的生产过程。有机-无机复混肥的生产除了在配料阶段需加入一定量处理好的有机肥外，其生产过程与普通复混肥的生产工艺是一样的。其工艺流程主要有挤压式、团粒法、料浆法三种。挤压法工艺因受其产品外观和产品内在品质的限制，目前已不多见；料浆法工艺因其受生产规模、投资规模等多项因素制约，主要在少数大型国有企业应用；而团粒法因其工艺简单、投资少、操作便利等特点而被国内大多数厂家采用，其缺点是生产过程中经验因素比较强，产品对原料局限性比较大。

（一）生产工艺

有机-无机复混肥的试生产工艺流程如下：确定配方方案—根据配方方案确定营养元素之间的比例—混合搅拌—粉碎—造粒—烘干—冷却—成品包装。

1. 配料

现在一般采用的电子配料或圆盘配料（详见设备介绍及说明书）。

2. 破碎

按设计要求配比的混合肥料输送到原料破碎机内进行原料破碎，目的是把各种原料破碎到一定的细度，基本做到原料的粒径小于 1 mm，有利于物料在造粒机内滚动成符合标准的球。

3. 造粒

经过破碎后的混合物料通过输送机输送到造粒机内，物料在造粒机内通过料浆或水提供的液相量在造粒机的转动带来的离心力的作用下使物料成球，目前有机肥的生产以圆盘造粒机比较好，圆盘造粒机成球率可达 90% 以上，但台时产量较低。

4. 烘干

造粒后的物料通过输送机输送到回转式烘干机内，热风炉设在烘干机的进口，为烘干机内物料烘干提供热能，把成型的物料中的水分蒸发成水蒸气通过风机引到收尘室除尘，物料进入烘干机后，由于物料成球后液相量较高，物料球型强度低，为了保证物料的球型，在烘干机的设计时可采用螺旋式进料，同时，在烘干机内设计二次造粒区，提高复合肥物料的成球率，在筒内扬料板的作用下，不断地被举升泻落并与热气流进行充分热交换从而被烘干，在泻落过程中由于有一定的泻落高度会造成肥料在烘干过程中出现破损现象。如何防止有机肥在烘干过程中出现较大的破损现象是烘干机在设计时必须考虑的问题。可在设计烘干机时设置防破损机构，可有效降低肥料在烘干过程中的泻落高度，而且有效防止"风洞"的出现，提高了热交换效率。

5. 冷却

物料从烘干机烘干出来后的物料水分一般是达不到有机肥的水分要求，在冷却机内的冷却很重要，一方面可以采用双筒冷却机的冷却装置，另一方面可在冷却机的出口增加鼓风装置，增加冷却机内的风量和风速，对有机肥的物料干燥和冷却有非常好的效果。

6. 筛分

冷却后有机肥物料还有一定的温度，有机肥料进入筛分机后，一方面将有机肥料进行粗细分级，将一道筛分后的细粉料直接回到造粒机内造粒，二道筛分后将粗料筛分出来通过回料破碎机破碎后回到造粒机内再次造粒，成品料直接送到包装秤的料仓；另一方面复合肥物料在筛分工程也是冷却的工程，对物料的降温防结块可起到一定的作用。

7. 包装

包膜后的成品有机肥物料进入包装秤的料仓，通过设定的定额自动计量后放到包装袋中，然后再通过自动缝包系统，缝包后的复合肥可以堆放仓库，原则上要求每堆不超过 8 包高，最高不超过 10 包高，地面必须采取防潮措施。

（二）生产方法

1. 原料的预处理

对配好的生产原料要进行粉碎，造粒不好、肥料混配不均匀，会直接影响产品的质量和外观。保证各种物料粒度小于 1 mm。磷酸铵、氨化过磷酸钙、尿素可用链式粉碎机粉碎（尿素不能用高速磨粉机粉碎，以免温度高，物料黏度大，粉碎效果差）。硫酸钾可用高速磨粉机粉碎，也可用链式粉碎机粉碎。经粉碎后的物料最好经振动筛筛选后，小于 1 mm 的物料用来混合造粒，大于 1 mm 的物料返回再次粉碎。

2. 计量混合

将大量元素和中、微量元素化肥与精制有机肥料等物料按照拟好的配方输送到混合机内进行混合，混合机可用滚筒式或立式混合机。混合必须充分，即混即用，不宜混合后放置太久，以免受潮。直径 2 m 的混合机，转速 24～30 r/min 为宜，混合时间 30 min 左右。微量元素肥料用量少，掺混不均匀不仅影响其施用效果，还容易产生肥害，可采取逐级放大掺混。先将粉碎的细微量元素肥料与少量粉碎的有机肥料掺混均匀，再用掺微肥的有机肥料向大量有机肥料中掺混，最后掺入大量元素化肥，混合均匀。

3. 造粒

有机肥料中掺入化肥可形成有机-无机掺混肥，但为了使其物理性状更好，施用方便，可对其进一步造粒。

（1）团粒法　分为以下 3 个步骤：

1）造粒：把混合机混合好的物料输送到造粒机内，再加入选好的黏合剂。物料由于造粒机的转动翻滚逐渐变大成粒。该工艺造出的粒，光滑、美观，但对有机物物料的细度要求较高，且有机肥料的加入量有限，一般有机物料总量应小于原料总量的 40% 为宜。

2）低温干燥：有机-无机复混肥料在干燥筒内烘干、脱水，一般热风温度在 90 ℃左右（挤压法除外）。

3）冷却：干燥后有机-无机复混肥料颗粒进入冷却滚筒中冷却。筛分、包装：干燥后有机-无机复混肥料在筛分机内进行筛分，粒径未达标准的肥料颗粒分离，返回进入原料中，经破碎后重新造粒。粒度合格的进行计量包装。

（2）挤压法　该法是将物料直接挤压成成品的造粒过程。挤压法特别适合于热敏物料的造粒。挤压法造粒可以看作是干料加蒸气进行无化学反应的造粒过程。其主要特点是降低能耗，简化工艺流程，原料产品始终保持干燥状态，因此可省去团粒法干燥和冷却工序，避免氮损失，也不存在排放物污染环境的问题。挤压法设备投资低，有机物料加入比例较大，但形状或表面光滑度不如团粒法。

四、有机-无机复混肥的应用

有机-无机复混肥料应用广泛，可广泛地应用在大田作物、蔬菜、果树、花卉、茶树等农作物及经济作物。有机-无机复混肥方向应该是未来中国的肥料行业发展的最终趋势。有机废弃物低价堆肥的效果不显著，加工成有机-无机复混肥是最好的利用方式。现在我国氮肥的利用率始终是 30% 左右，如在发展控释肥的基础上，配合使用有机-无机复混肥，可以将氮肥的吸收率提高到 40%～45%。这是目前比较可行的一条途径。

（一）用法及用量

一般作为基肥施用，不同配方农作物也可作为追肥施用，一般氮磷钾含量可作为追肥，同时适合蔬菜、果树等经济作物追肥施用。根据不同土质不同作物施肥量也是不同的。一般亩施 100～150 kg，可以作基肥，也可以作追肥和种肥。使用方法如下：①可作底肥、追肥施用，切勿种、肥混施，施用量根据土壤肥力及作物目标产量确定；②切忌肥料与作物根系直接接触，施肥前后应保持土壤湿润；③本品中部分氮肥由尿素提供，含缩二脲，使用不当会对作物造成伤害。

（二）注意事项

1. 方法要得当

作底肥时，在播种前、整地时施下去，一般深施 20 cm 效果，做追肥时，根据作物长势，土壤性质进行追肥，肥料一般距植株 10 cm 为好，追肥后注意土与肥的混合。

2. 用量要合理

施用有机-无机复混肥时要根据果树的产量来确定使用的数量，比较科学的用量应在果品产量的 10％左右。

3. 养分要均衡

各种营养元素之间不能相互代替，使用高效全营养有机-无机复合肥。

4. 有效施用含氮化肥

主要是氯化钾、氯化铵和以它们为原料的复合肥。

5. 施用复合肥并不是一劳永逸

虽然复合肥作底肥能满足作物生长发育对各种养分的需要，但在果实快速膨大期对氮素的需求量很大，为了进一步提高果品产量，酌情追施氮、磷、钾肥，追肥时间应掌握在 6 月上旬至 7 月上旬为宜。

6. 本品颗粒有大有小、颜色为褐色或灰褐色，颜色和颗粒有差异均不影响肥效。

第七节　　有机碳肥

一、生产有机碳肥的理论依据

经典植物营养学理论认为，植物生长所需大量元素有 6 种，分别是碳、氢、氧、氮、磷、钾，其中碳、氢、氧通常由阳光、空气和水来提供，取之不尽，用之不绝，不必担心，所以，植物的大量必需营养元素主要是氮、磷、钾。实际上，在植物的必需大量元素中，"碳"排在第一位。有机质占植物干物质的 70％左右，而有机质中碳元素占 58％，即占植物干物质的 40％，远远超过植物必需营养元素总含量的 50％，占植物必需营养元素含量的绝大部分。由此可见，在经典的植物必需营养元素的划分中，碳元素的地位被大大弱化了。所以，李瑞波先生将碳元素从植物的大量必需元素中划分出来，确认其为植物必需的基础元素，其余的 5 种元素，氢、氧、氮、磷、钾为必需大量营养元素，从而确立了碳元素在植物营养中的特殊地位，为有机碳肥的研制和推广应用奠定了理论基础。

经典植物营养学理论还认为，作物碳营养的主要来源是二氧化碳（CO_2），经过光合作用转化成碳水化合物，才能被作物吸收，事实上由于受气候条件、转化效率等因素的影响，作物长期处在"碳"饥饿状态，因为白天大气中 CO_2 浓度太低（约 0.03%），远远达不到光合作用所需的最佳浓度（约 0.1%），从而导致"碳饥饿"，而夜间和阴雨天，作物几乎没有光合作用，另外，土地贫瘠，缺乏有机质和微生物等水溶有机碳源。这就是近年来肥料用量越来越大、土壤生产能力却逐年下降的重要原因之一。进一步的研究发现，植物的有机质营养本质上就是碳营养，但单质碳不溶于水，不能被吸收；因此能被植物吸收的有机质形态一定是可以被植物直接吸收的有机碳，这就是小分子水溶性有机碳，而这部分有机碳的分子粒径在几十到数百纳米，水溶性极好，可被植物根系和土壤微生物直接吸收利用。基于此，李瑞波先生进一步认为，植物的碳营养来源主要有以下两种：第一，主要由叶片气孔吸收空气中的二氧化碳，经光合作用转化为碳水化合物，组成农作物的内部组织和能量来源。第二，由植物的根部从土壤中的有机质中直接吸收溶解于水的小分子有机碳化合物，如氨基酸、腐植酸、黄腐酸、葡萄糖、蛋白质等，输入植物内部经生物化学反应形成植物的内部组织和能量来源，从而形成植物内部的纤维素、木质素、糖分、蛋白质等物质。这就是植物碳营养的二通道说，也是生产有机碳肥的理论依据之一。

二、有机碳肥的定义、质量标准与主要类型

什么是有机碳肥？从广义的角度来讲，就是指凡是含小分子水溶有机碳的能给农作物提供有机碳养分的制品，都叫有机碳肥，其本质就是含有较多的、能溶于水的、能起有机碳营养作用的小分子活性有机碳物质；从狭义来讲，就是指有效碳含量（BOC）在 5% 以上的，能给土壤和农作物提供有机碳养分的植物营养制品。具体来讲，应符合以下 3 个条件：①小分子水溶有机质中的碳（有效碳，AOC）含量大于 5%；②小分

子的界定是在水溶液中的分子颗粒小于 650 nm；③有害物质含量符合 NY525—2012 有关限制标准的规定。除了符合以上标准的有机碳肥外，还把有机碳含量介于普通商品有机肥和有机碳肥之间的有机肥制品成为高碳有机肥，把加入无机营养和微生物的有机肥制品再分别加上无机和生物字样，这样就分别得到了有机碳肥的多个品种（表 5 - 1）。

表 5 - 1   **有机碳肥的主要品种与质量标准**

品名	有效碳含量/%	无机养分含量/%	功能菌含量/（个·g^{-1}）	物质形态
高碳有机肥	1.5＜AOC＜5			固体
高碳生物有机肥	1.5＜AOC＜5		$\geq 2 \times 10^7$	固体
高碳生物有机肥	3＜AOC＜5	（N+P$_2$O$_5$+K$_2$O）≥12%	$\geq 2 \times 10^7$	固体（造粒）
有机碳肥	AOC≥5		$\geq 2 \times 10^7$	固体（造粒）
有机碳菌剂	AOC≥10		$\geq 2 \times 10^8$	固体（造粒）
有机碳无机复混肥	AOC≥10	（N+P$_2$O$_5$+K$_2$O）≥25%	$\geq 2 \times 10^8$	固体（造粒）
液态有机碳	AOC≥13			固体
有机碳水溶肥	AOC≥10	加氮磷钾或微量元素		固体
有机碳菌液	AOC≥13		$\geq 2 \times 10^8$	固体

三、有机碳肥的生产技术

制备有机碳肥的原料来源较广。一般来说，凡是含有大量粗纤维和蛋白质的物质都可用作制造有机碳肥的原料，常用的制备原料为生物或工业有机废弃物。常用的制备工艺有酸水解法和酶水解法，根本原理为原料中的纤维素和蛋白质在酸水解或酶水解的条件下会转化成小分子核糖和氨基酸，是有机碳肥中最重要的营养，能被植物根部直接吸收。

酸水解制备中，常用的酸有硫酸、硼酸、硝酸以及复合酸。酸水解法对比酶水解法或其他方法有很多好处，如反应速度快、水解强度高、适应性强等，但是酸水解法对设备有着腐蚀作用，因此需要谨慎处理。

1. 酶水解制备

在酶水解制备有机碳肥中，常用酶的种类较多，大致都属于蛋白质酶和纤维素酶。酶水解一般较为彻底，经济实用，较为常用，但酶解时间长和受外界环境影响（pH和温度等）较大，因此需要在合适的条件下进行反应。

2. 其他方法

除酸水解和酶水解有机质的方法外，还可以通过碱处理或微生物降解处理等其他化学处理方式来制备有机碳肥。西北农林科技大学研发成功的高效化学降解新技术，以食品、中药废渣等生物质为原料，通过独特的链式反应，可使90%的大分子有机物在4h内转化为可溶性有机碳，生产出有机全营养肥料。以褐煤为原料加碱反应生产腐植酸这一传统工艺也能用于有机碳生产。

陈庆等以植物秸秆为主要原料，采用微生物降解的方法，分别加入不同比例的人粪便、绿肥、酸碱调节剂、小分子有机酸和小分子有机醇制备水溶性有机碳肥，不仅肥料中的小分子有机碳易于被土壤和植物吸收，且含有植物所需的各种营养物质，因此肥效优于其他普通肥料。

不论采用上述哪种方法，都与传统的制造商品有机肥的高温好氧发酵处理方法截然不同，而是采用低温厌氧发酵的方法，以控制降解产物的进一步完全氧化分解，减少氧化导致的二氧化碳损失，提高降解废液中小分子水溶性有机碳化合物的含量和活性。这一技术的核心是从有机碳的有效化考虑，采取适当厌氧措施，使有机质分解至小分子阶段即停止，尽量减少二氧化碳排放，是基于有机碳的既节能又高效的低温发酵新技术。

四、有机碳肥的特点

1. 可向土壤和农作物直接提供有机碳营养，它取代有机肥，而单位面积用量仅为普通有机肥的5%～20%。

2. 肥效既具速效性，又有持续性。多数农作物施用后5～10d可见显效，而改良土壤的效果可持续数茬。

3. 与化肥搭配更灵活方便。

4. 液体有机碳肥可兑水管道输送和喷施，解决了有机肥不能管道输送的难题，避免设施农业和信息化管理的农业重走"化学农业"的老路。

5. 施肥防病效果明显。用有机碳肥作基肥，可抑制多种土传病害。

6. 施肥减灾，可防止作物，减少旱、涝灾害造成的损失，加快灾后恢复。

7. 可浸泡种子或苗木，提高成活率，壮旺幼苗株势。

8. 可长距离营运和出口贸易。

五、作物的缺碳症状

目前，由于农业生产实际中普遍重无机肥，轻有机肥，致使我国耕地有机质含量下降，农作物缺碳现象严重，明显影响了我国农业的可持续发展。作物缺碳症状主要表现如下：

1. 根系衰弱

由于作物根部缺乏有机碳养分，直接造成农作物根系衰弱、老化，进而导致农作物抗逆性差和减产。

2. 早衰

作物缺乏有效碳养分，进而导致作物地上部早衰、老化。

3. 黄叶病或失绿症

如果土壤缺乏有效碳养分，再遇上阴雨天气，地上部光合作用几近停止，就会导致产生黄叶落叶，甚至叶片失绿。

4. 作物亚健康

农作物的"亚健康"主要表现为虽无明显症状，却萎蔫慢长，或纤薄虚长，其原生态气味丧失等症状。

5. 防病抗逆功能低

作物失去自身正常状态下具备的对逆境的抵御功能，抗寒、抗旱、抗涝、抗病虫害功能低，易造成严重失收。

6. 农产品品质下降，物种退化。

六、有机碳肥的应用

有机碳肥除了可单独应用以外，还可与化肥、复合肥及控释肥等肥料配合制成高效肥料。用于有机-无机复合肥中可改善碳氮比以提高肥效；用于尿素、磷铵等化肥中可大幅提高其利用率，成为增值化肥产品；还可作为控释材料生产包膜及非包膜（混合）控释肥。有机碳控释材料具有多种控释效果，除具有一般的物理控释功能外，还有高聚物材料不具备的化学络合功能和生理（促长）功能。多肽、腐植酸添加剂即属此类，用于研制控释肥效果均很明显。在现行的平衡施肥配方设计中，如把碳营养考虑在内，配方设计的水平将有明显提高，配方施肥的巨大潜力将进一步发挥出来。

1. 在大田粮食作物上的应用

（1）基肥　用高碳生物有机肥作基肥，或有机碳菌肥加化肥一起作底肥施入，或用有机碳无机复混菌肥作底肥。

（2）追肥　在孕穗期和灌浆期用液态有机碳肥各喷施一次，可与化学农药混合施用（表5-2）。

（3）水稻育秧苗床上的应用　如使用苗床土（例如育秧盘），将有机碳菌剂或BFA按2∶100混入苗土施用；如不外加苗土，则按每平方米苗床用50 g有机碳菌剂撒施。

（4）在秸秆还田时每亩用有机碳菌液8 kg直接撒施于秸秆上，然后用旋耕机把秸秆翻压入土，在土壤水分适宜、气温大于15 ℃条件下，10～15 d即完全腐解。

表5-2　　　　　　　　大田作物有机碳肥的推荐施用量

作物名称	基肥（任选一项）／（kg/亩）			第一次喷施液态有机碳肥	第二次喷施液态有机碳肥
	高碳生物有机肥	有机碳菌肥	金三极		
水稻	250	80	120	兑水400倍	兑水300倍
小麦	250	80	120	兑水400倍	兑水300倍
玉米	350	120	170	兑水400倍	兑水300倍

2. 在瓜、茄、椒、豆类作物上的应用

这些作物生长期较长，生物量也较大，一般采用重施基肥、多次追肥的方法。施基肥时，如果每亩施用复合肥总养分量为50 kg，则每亩施用有效碳12.5 kg的有机碳肥量。若施用有效碳含量为10%的有机碳菌剂，则其理论使用量为125 kg，因该品种肥料含功能菌个数为2亿/g，其对土壤有机质有较强的分解能力，可大大提升土壤有机肥力，所以，其实际施用量可减为40～60 kg；若施用有效碳含量为5%，功能菌数含量为2000万/g的有机碳菌肥，同样，可算得有机碳菌肥的每亩施用量为100～150 kg。追肥时，在有管道输送滴管的条件下，将液态有机碳肥与化肥一起混溶于水施用，液态有机碳肥有效碳含量约为 15%，将计算得到的每次每亩的化肥总养分量乘以 0.25 便得到所需液态有机碳肥的有效碳含量，再除以 0.15 就得到液态有机碳肥的需要量。在没有管道施肥的条件下，先将化肥施于土表，再用液态有机碳肥兑水 150～200 倍施于化肥上面。

3. 在块根作物上的应用

这类作物包括薯类、淮山、土豆、萝卜和胡萝卜以及人参、三七、白芍、黄芪等中药材。有机碳肥对这类作物的促根松土作用非常直接有效。在切块播种前 5～6 d 用有机碳菌剂作基肥，并对穴坑适当喷水，以利于功能微生物快速繁殖。

果蔬属于多年生作物，由于土壤缺乏有机肥力，致使土壤板结或土传病害严重，根系衰弱甚至出现腐根。①在果蔬根腐病严重的情况下，先用多菌灵杀菌剂（兑水 500 倍）加每株 0.1～0.2 kg 液态有机碳肥充分浇灌根圈，7 d 后用有机碳菌剂兑水 100 倍浇灌。根据果树大小，每亩用 30～50 kg，20～30 d 后，再用液态有机碳肥（每亩 12～18 kg）混合适量化肥，兑水 200 倍左右浇施 1 次。②在不必治根腐病的情况下，按以下办法，任选一项使用固态有机碳肥：高碳生物有机肥，每亩 250～300 kg；有机碳菌肥，每亩 80～100 kg；有机碳菌剂，每亩 40～60 kg。③单独或与化肥混合作追肥：液态有机肥，每亩 12～18 kg。④用液态有机碳微量元素肥兑水 300～400 倍 2～3 次，可保果壮果，减少次果，或用液态有机碳肥加磷酸二氢钾和硼肥。⑤灾害抢救：在连续阴雨天，用液态有机碳肥灌根，每亩 6～12 kg，霜冻前（或后）用液态有机碳肥兑水 300 倍喷施。

4. 在葡萄上的应用

葡萄是果实高糖类作物，需碳量大，在目前主要是在塑料大棚种植条件下，光照条件差，更容易缺碳。所以，葡萄种植更需施用有机碳肥。可按照葡萄的无后期分期，多次施用液态有机碳肥，每次 3～6 kg 酌情施用：阳光普照，用量可偏低；低温寡照，用量要偏高。若要施用底肥，按每亩施用固态有机碳菌肥 50～80 kg 与常规复合肥一起埋施。

5. 在香蕉上的应用

每年埋施主肥时，每亩用固态有机碳菌剂 40～60 kg 或有机碳菌肥 80～100 kg，与化肥混合施用。每次追肥时，每亩用液态有机碳肥 12～

18 kg，与化肥混合兑水灌根。在香蕉采果前，用液态有机碳微肥喷施果串和叶片。

6. 在叶菜类作物上的应用

移栽前，用固态有机碳肥与化肥混合作基肥，可减少追肥的次数。使蔬菜根系发达，叶脉粗壮，叶片宽厚，在阳光下不萎蔫，光合作用效率高，蔬菜优质高产。

移栽时，用液态有机碳肥兑水 400 倍作定根水，能缩短蹲苗 3～4 d在移栽前 3～5 d 对苗床喷施液态有机碳肥 400 倍液，可不出现蹲苗现象。

出现旱、涝、冻害时，及时灌施液态有机碳肥，可增强蔬菜的抗灾害能力，减轻蔬菜受害程度，灾后恢复快。

7. 在烟草作物上的应用

在烟草育苗期，用液态有机碳肥兑 500 倍水，喷施苗床 2 次，移栽前 3 d 特别要喷。

移苗时用液态有机碳肥兑 300 倍水作定根水。如果底肥不施用普通有机肥，用有机碳菌肥每亩 60～80 kg，复合肥照用。

追肥时，每追施一次化肥，配用液态有机碳肥兑水 200 倍灌根追施，每亩约 6 kg。

连续阴雨天，使用液态有机碳肥兑 300 倍水喷施。

8. 在油料作物上的应用

油料作物包括花生、大豆、油菜等。其有机碳肥的应用有以下两种方案：

第一种方案：基肥用有机碳无机复混肥，每亩 50～80 kg，加常规复合化肥。

第二种方案：基肥用有机碳无机复混菌肥，每亩 80～100 kg，不必用化肥。

在以上任一种方案的基础上，在花生下针期按常规追施适量化肥。

9. 在棉花作物上的应用

棉花施用有机碳肥，能松土促根，消除黄萎病，使棉蕾粗壮、落蕾少，增产 20% 左右。在目前棉田普遍安装有滴灌设施的条件下，首先，每亩用有机碳菌肥 60 kg 与化肥混施，作底肥施入，之后，用液态有机碳肥与化肥一起兑水滴灌，每次每亩 6 kg。

10. 在大棚作物上的应用

大棚种植的作物种类多，复种指数高，化肥施用量大，有机肥施用少，作物缺碳更普遍、更严重。因此，有机碳肥的施用更有必要。其基本原则是：①即可作基肥施，也可作追肥施；②施用量以施用的化肥量为参照，按照公式：$AOC/(N+P_2O_5+K_2O)=0.25$ 计算而得。式中，AOC 为需要施用的有机碳肥的有效碳含量，$(N+P_2O_5+K_2O)$ 为施入的化肥的有效养分总和。

第八节　秸秆生物反应堆技术

秸秆生物反应堆技术是进入 21 世纪后由山东省秸秆生物工程技术研究中心张世明研究员为首的科研团队研发的一项具有自主知识产权的农业增产、增质、有机生产新技术。它以秸秆替代化肥，以植物疫苗替代农药，密切结合农村实际，促进资源循环增值利用和多种生产要素有效转化，使生态改良、环境保护与农作物高产、优质、无公害生产相结合，为农业增效、农民增收、食品安全和农业可持续发展提供了新的科学技术支撑。经全国多个省、市、自治区大面积应用证实，该技术可大幅度提高资源利用率，促进农业良性循环，降低生产成本，显著地提高农产品产量和质量、使资源利用与农民增收，环境保护、食品安全融为一体，为农业的可持续发展探索出了一条新途径。

一、生物反应堆及秸秆生物反应堆技术的概念

所谓生物反应堆，是指在一定设施条件下微生物与有机物发生链锁式反应，产生巨大的生物能和生物能效应，从而极大地改变另一种生物的生长条件和环境。它类似于原子反应堆，所以把这种生物反应的设施装置取名为生物反应堆。生物反应堆用秸秆作原料，通过一系列的生物转化，从而综合改变植物的生长条件，能极大地提高作物产量和品质，故称秸秆生物反应堆。秸秆生物反应堆由秸秆、辅料、菌种、植物疫苗、交换机、CO_2 微孔输送带等设施组成。

秸秆生物反应堆技术，是指利用微生物菌种及净化剂等的作用，将生物秸秆定向转化成植物生长所需的 CO_2、热量、抗病孢子、酶、有机和无机养料，进而实现作物高产、优质和有机生产的新的有机栽培技术。其特点是以秸秆替代化肥，植物疫苗替代农药，具有成本低、易操作、资源丰富、投入产出比大，环保效应显著等优点。一般说来，秸秆生物反应堆的转化率高，1 kg 干秸秆可转化 CO_2 1.1 kg、热量 3037 kcal、生

防有机肥 0.13 kg 和抗病微生物孢子 0.003 kg。这些物质和能量用于果树蔬菜生产，可增产 0.6～1.5 kg 果菜。

选择秸秆作为反应料，是因为植物秸秆及其下脚料是地球上第一大可再生资源，它取之不尽用之不完。这些由水和二氧化碳为主合成的秸秆，通过生物反应重新转化为二氧化碳、水、热量等，供植物吸收利用。其他方法虽然也能产生 CO_2，但吸收利用率低，成本高。而秸秆取材广泛、投资小，转化成植物需要的物质成分多，利用率高。

二、生物反应堆的技术原理

生物反应堆的技术原理有植物的光合作用，植物饥饿理论，叶片主动、被动吸收理论和秸秆矿质元素可循环重复再利用理论。

(一) 植物饥饿理论

该理论揭示了植物产量、品质的本质，即由气（CO_2）、水（H_2O）、光三要素和微量矿质元素组成。由此，农作物产量和品质有了科学的定义，产量就叫气（CO_2）、水（H_2O）、光。其中，主要制约因素是气体 CO_2，没有它植物就会饥饿而死。目前大气 CO_2 浓度为 330 mg/kg，大多数植物每天吃饱需要 10000～40000 mg/kg，供需相差几十倍乃至百倍之多，长期以来，植物在严重饥饿状态下生存。许多孕育能够长大的果实，因饥饿早期夭折，或生长缓慢，或性状发育不全，这就是人们常见的作物、果树的落花落果、大小年、早衰、午休、晚熟、果实畸形等现象的根本原因。当满足二氧化碳需求时，以上现象就会消失。研究证明，人们实际得到的产量不足应该达到的 1%，还有几十倍增产潜力待挖掘。所以，要想作物高产优质，必须生产出更多的植物"粮食"——CO_2，以解决植物饥饿问题。总之，一切增产措施归根结底在于提高 CO_2 供应水平。这一理论应该成为人们未来进行高产、优质栽培的理论基础，根据这一理论，研制成功了秸秆生物反应堆技术。

(二) 叶片主动、被动吸收理论

植物叶片从地上吸收 CO_2，根系从地下"喝水"，在光的作用下两者汇集于"叶片工厂"中合成有机物。白天合成夜间运输，储存于植物各个器官中，果实由小变大，植株由矮变高，这就是庄稼白天不长夜间长的原因。在白天，叶片具有把不同位置、不同距离的 CO_2 吸进体内合成有机物的本能，这种本能就叫"叶片的主动吸收"。不同作物品种吸收力有差距，一般 4～12 大气压。在叶片吸收 CO_2 的过程中发现人为将二氧化碳送进叶片内或附近，合成速度加快，积累增多。我们把这种现象叫作"叶片的被动吸收"。主动吸收会减少有机物积累，被动吸收会增加有机物积累。根据主动、被动吸收理论，研制了秸秆生物反应堆的应用形式：内置式、外置式和内外置结合式。

（三）矿质元素可循环重复利用理论

植物生长除大量需要气、水、光三种原料外，还要通过根系从土壤中吸收 N、P、K、Ca、Mg、Fe、S 等各种矿质元素。这些积存于秸秆（植物体）中的矿质元素，经过秸秆生物反应堆技术定向转化释放出来，能被植物重新全部吸收。据测定这些元素完全可以满足植物生长的需要，无须通过化肥来补充。农业生产中人们把施肥当作增产的主要措施是错误的，由于错误的观念才导致了化肥的用量越来越大，不仅增加了生产成本，还造成了生态的破坏和食品污染。研究证实，肥料不是产量，产量也不是肥料，肥料与产量有关系，但关系不大，在产量合成中所起的作用不足 5%，从严格科学意义上说，化肥就是"植物盐"，对土壤就是"水泥"，多施化肥土壤就会板结。化肥在解决人类温饱问题上有过历史性贡献，而这种贡献是以牺牲人类的健康长寿，破坏生态作代价，获得的暂时温饱。化肥对增产不是直接的作用，而是在瘠薄土壤中，首先培养微生物（如氨化菌、硝化菌、硫化菌），再由微生物代谢放出 CO_2，才表现增产。综上所述，秸秆矿质元素可循环重复利用理论，为秸秆替代化肥找到了新途径和科学依据。

（四）植物生防疫苗理论

防治植物病害最科学的根本方法是走植物免疫之路。研究证实：植物具有免疫功能，只是免疫机制与动物有区别。而利用好植物免疫功能的技术关键是研制出对应的植物疫苗。经过数年研究，于 20 世纪 90 年代初，植物疫苗研制成功。植物疫苗是生物反应堆技术体系的重要组成部分，它相似于动物疫苗，但在接种工艺、方法上又有很大的差异和特殊性，它是通过对植物根系进行接种，进入植物各个器官，激活植物的免疫功能，产生抗体，实施对病虫害的防疫。植物疫苗具有以下生物特性：①感染期的升温效应；②感染传导的缓慢性；③好氧性；④恒温恒湿性；⑤侧向传导性。经过 10 多个省、100 多个县在果树、蔬菜、茶叶、豆科植物、烟草等作物上大面积示范应用证明，植物疫苗的生物防治效果达 90% 以上，平均用药成本降低 85%，平均增产 30% 以上，是有机食品生产的主要技术保障，有效地解决了当前农业生产中亟待解决的病虫害泛滥、农药用量日增、农产品残留超标等问题，极大地改善了人们的食品安全和身体健康。

三、秸秆生物反应堆的作用

（一）CO$_2$ 效应

一般可使作物群体内 CO$_2$ 浓度提高 4～6 倍，光合效率提高 50％以上，饥饿程度得到有效缓解，生长加快，开花坐果率提高，标准化操作平均增产 30％～50％，农产品品质显著提高。

（二）热量效应

在严寒冬天里大棚内 20 cm 地温提高 4 ℃～6 ℃，气温提高 2 ℃～3 ℃，显著改善植物生长环境，提高了作物抗御低温的能力，有效地保护作物正常生长，生育期提前 10～15 d。

（三）生物防治效应

菌种在转化秸秆过程中产生大量的抗病孢子，对病虫害产生较强拮抗、抑制和致死作用，植物发病率降低 90％以上，农药用量减少 90％以上，标准规范化操作可基本上不用农药。

（四）有机改良土壤效应

在秸秆生物反应堆种植层内，20 cm 耕作层土壤孔隙度提高 1 倍以上，有益微生物群体增多，水、肥、气、热适中，各种矿质元素被释放出来，有机质含量增加 10 倍以上，为根系生长创造了优良的环境。

（五）酶切处理残留效应

秸秆在反应过程中，菌群代谢产生大量高活性的生物酶，与化肥、农药接触反应，使无效肥料变有效，使有害物质变有益，最终使农药残毒变为植物需要的二氧化碳。经测定：一年应用该技术植物根系周围的农药残留减少 95％以上，2 年应用该技术可全部消除。

（六）提高自然资源综合利用效应

秸秆生物反应堆技术在加快秸秆利用的同时，提高了微生物、光、水、空气游离氮等自然资源的综合利用率。据测定：在 CO$_2$ 浓度提高 4 倍时，光利用率提高 2.5 倍，水利用率提高 3.3 倍，豆科植物固氮活性提高 1.9 倍。

四、秸秆生物反应堆技术的应用方式及要点

该技术操作应用主要有三种方式：内置式、外置式和内外结合式 3

种。其中内置式又分为行下内置式、行间内置式、追施内置式和树下内置式。外置式又分为简易外置式和标准外置式。主要依据生产地种植品种、定植时间、生态气候特点和生产条件而选择相应的应用方式。

（一）内置式秸秆生物反应堆的选择与条件

内置式又分为行下内置式、行间内置式、追施内置式和树下内置式4种。

1. 行下内置式

秋、冬、春三季均可使用，高海拔、高纬度、干旱、寒冷和无霜期短的地区尤宜采用。

2. 行间内置式

高温季节、定植前无秸秆的区域宜采用。

3. 追施内置式

在作物生长的整个过程均可使用，方法比较灵活。秸秆宜粉碎穴施。

4. 树下内置式

果树、经济林、绿化带及苗圃等种植区宜采用。

（二）内置式反应堆秸秆、菌种及辅料用量

1. 行下内置式

每亩秸秆用量 3000～4000 kg、菌种 8～10 kg、麦麸 160～200 kg、饼肥 80～100 kg。

2. 行间内置式

每亩秸秆用量 2500～3000 kg、菌种 7～8 kg、麦麸 140～160 kg、饼肥 70～80 kg。

3. 追施内置式

每亩每次秸秆粉（或食用菌废料）用量 900～1200 kg、菌种 3～4 kg、麦麸 60～80 kg、饼肥 80～100 kg。

4. 树下内置式

每亩秸秆用量 2000～3000 kg、菌种 4～6 kg、麦麸 80～120 kg、饼肥 60～90 kg。

5. 菌种处理方法

使用前一天或当天，菌种必须进行预处理。方法是：按 1 kg 菌种兑掺 20 kg 麦麸，10 kg 饼肥，加水 35～40 kg，混合拌匀，堆积发酵 4～24 h 就可使用。如当天使用不完，应摊放于室内或阴凉处，厚 8～10 cm，第二天继续使用。

6. 注意事项

种植蔬菜、水果和豆科植物，可用草食动物（牛、马、羊等）粪便：每亩一般用量 3～4 m³，与内置式反应堆结合施入沟中效果更佳。使用该技术禁用化肥和非草食动物粪便。研究证实：使用鸡、猪、人、鸭等非草食动物粪便，会加速线虫繁殖与传播，导致植物发病；使用化肥会影响菌种活性，同时还会使土壤板结，加速病害的泛滥。

（三）内置式反应堆操作

1. 行下内置式操作程序

包括开沟、铺秸秆、撒菌种、拍振、覆土、浇水、整垄、打孔和定植。

（1）开沟 一堆双行，宜采用大小行种植。大行（人行道）宽 100～120 cm，小行宽 60～80 cm，就在小行位置开沟，沟宽 60 cm 或 80 cm，沟深 20～25 cm，开沟长度与行长相等，开挖土壤按等量分放沟两边。

（2）铺秸秆 开沟完毕后，在沟内铺放秸秆（玉米秸、麦秸、稻草等）。一般底部铺放整秸秆（玉米秸、高粱秸、棉柴等），上部放碎软秸秆（例如麦秸、稻草、玉米皮、杂草、树叶以及食用菌下脚料等）。铺完踏实后，厚度 25～30 cm，沟两头露出 10 cm 秸秆茬，以便进氧气。

（3）撒菌种 每沟用处理后的菌种 6 kg，均匀撒在秸秆上，并用锨轻拍一遍，使菌种与秸秆均匀接触。

（4）覆土 将沟两边的土回填于秸秆上，覆土厚度 20～25 cm，形成种植垄，并将垄面整平。

（5）浇水 浇水以湿透秸秆为宜，隔 3～4 d 后，将垄面找平，秸秆上土层厚度保持 20 cm 左右。

（6）打孔 在垄上用 12# 钢筋（一般长 80～100 cm，并在顶端焊接一个 T 形把）打 3 行孔，行距 25～30 cm，孔距 20 cm，孔深以穿透秸秆层为准，以利进氧气发酵，促进秸秆转化，等待定植。

（7）定植 一般不浇大水，只浇小水，一棵一碗。定植后高温期 3 d、低温期 5～6 d 浇一次透水。待能进地时抓紧打一遍孔，以后打孔要与前次错位，生长期内每月打孔 1～2 次。

2. 行间内置式操作程序

多数是因为定植前没有秸秆，故先定植，待秸秆收获后在行间进行。其操作程序基本同行下内置式。一般离开苗 15～20 cm，挖土深 15～20 cm，宽 60～80 cm，铺放秸秆 20～25 cm 厚，沟两头露出秸秆 10 cm。

将拌好的菌种按每行 6 kg 均匀撒接，用铁锨拍振一遍，土壤回填于秸秆上，大行不浇水，小行内浇水，渗入大行湿润秸秆。按行距 30 cm，孔距 20 cm，用 12# 钢筋打孔，孔深以穿透秸秆层为准。

3. 追施内置式操作程序

为保持全生育期持续增产、弥补定植时因为没有秸秆或秸秆量不足造成的缺失，在生长期内宜使用该方式。方法是将新下的秸秆用粉碎机粉碎，按每亩菌种用量 3 kg、麦麸 60 kg、饼肥 30 kg、秸秆粉 900 kg、水 2000 kg（其比例为 1∶20∶10∶300∶666），混合拌匀，堆积成高 60 cm、宽 100 cm 的梯形堆升温，用直径 5 cm 的木棍在堆面上打孔 9 个，盖膜，发酵，升温至 45 ℃～50 ℃，即可穴施。30 cm1 穴，离开作物15 cm，每穴 0.5～1.0 kg；随即覆土，每穴打孔 3～4 个；追施后 7～10 d 一般不浇水，以后根据墒情进行常规浇水，一般作物在生育期追施 2～3 次。

4. 树下内置式操作程序

根据不同应用时期又分全内置和半内置两种，它适用于果树。其他如绿化树、防沙林等附加值较高的树种可参照使用。

（1）树下全内置式　在果树的休眠期适用此法。做法是环树干四周起土至树冠投影下方，挖土内浅外深 10～25 cm，使大部分毛细根露出或有破伤。坑底均匀撒接一层疫苗，上面铺放秸秆，厚度高出地面 10 cm，再按每棵树菌种用量均匀撒在秸秆上，撒完后用锨轻拍一遍，坑四周露出秸秆茬 10 cm，以便进氧气。然后将土回填秸秆上，3～4 d 后浇足水，隔 2 d 整平、打孔、盖地膜，待树发芽后用 12# 钢筋按 30 cm×25 cm 见方破膜打孔。

（2）树下半内置式　果树生长季节适用此法。做法是将树干四周分成六等份，间隔呈扇形挖土（隔一份挖一份），深度 40～60 cm（掏挖时防止主根受伤）。撒接一层疫苗，再铺放秸秆，铺放一半时撒接一层菌种，待秸秆填满后再撒一层菌种，用铁锨轻拍后盖土，3 d 后浇水找平，按 30 cm×30 cm 见方打孔。一般不盖地膜，高原缺水地区宜盖地膜保水。其操作方法参照内置式秸秆生物反应堆。

（四）外置式秸秆生物反应堆的应用方式

1. 应用方式

按投资水平和建造质量可分为简单外置式和标准外置式两种。简单外置式：只需挖沟，铺设厚农膜，木棍、小水泥杆、竹坯或树枝做隔离层，砖、水泥砌垒通气道和交换机底座就可使用。特点是投资小，建造快，但农膜易破损，使用期为一茬。标准外置式：挖沟、用水泥、砖和沙子建造储气池、通气道和交换机底座，用水泥杆、竹坯、纱网做隔离层。投资虽然大，但使用期长。此方式按其建造位置又分棚外外置式和棚内外置式。低温季节建在棚内，高温季节建在棚外。棚外外置式上料方便，可根据实际情况灵活选择。每种建造工艺大同小异，要求定植或播种前建好，定植或出苗后上料，安机使用。

2. 秸秆、菌种和辅料的用量

每次秸秆用量 1000～1500 kg、菌种 3～4 kg、麦麸 60～80 kg。越冬茬作物全生育期加秸秆 3～4 次，秋延迟和早春茬加秸秆 2～3 次。

3. 建造使用期

作物从出苗至收获，全生育期内应用外置式生物反应堆均有增产作用，越早增产幅度越大。一般增产幅度 50% 以上。

（五）外置式秸秆生物反应堆的建造工艺

1. 标准外置式

一般越冬和早春茬建在大棚进口的山墙内侧处，距山墙 60～80 cm，自北向南挖一条上口宽 120～130 cm，深 100 cm，下口宽 90～100 cm，长 6～7m 的沟，称储气池。将所挖出的土均匀放在沟上沿，摊成外高里低的坡形。用农膜铺设沟底（可减少沙子和水泥用量）、四壁并延伸至沟上沿 80～100 cm。再从沟中间向棚内开挖一条宽 65 cm、深 50 cm、长 100 cm 的出气道，连接末端建造一个下口径为 50 cm×50 cm（内径）、上口内径为 45 cm、高出地面 20 cm 的圆形交换底座。沟壁、气道和上沿用单砖砌垒，水泥抹面，沟底用沙子水泥打底，厚度 6～8 cm。沟两头各建造一个长 50 cm、宽高 20 cm×20 m 的回气道，单砖砌垒或者用管材替代。待水泥硬化后，在沟上沿每隔 40 cm 横排一根水泥杆（宽 20 cm，厚 10 cm），在水泥杆上每隔 10 cm 纵向固定一根竹竿或竹坯，这样基础就建好了。然后开始上料接种，每铺放秸秆 40～50 cm，撒一层菌种，连续铺放三层，淋水浇湿秸秆，淋水量以下部沟中有一半积水为宜。最后用农膜覆盖保湿，覆盖不宜过严，当天安机抽气，以便气体循环，加速反应。

2. 简易外置式

开沟、建造等工序同标准外置式。只是为节省成本，沟底、沟壁用农膜铺设代替水泥、砖、沙砌垒。

（六）外置式秸秆生物反应堆的使用与管理

外置式反应堆使用与管理可以概括为："三用"和"三补"。上料加水当天要开机，不分阴天、晴天，坚持白天开机不间断。

1. 用气

苗期每天开机 5~6 h，开花期 7~8 h，结果期每天 10 h 以上。不论阴天、晴天都要开机。研究证实：反应堆 CO_2 气体可增产 55%~60%。尤其是中午不能停机。

2. 用液

上料加水后第二天就要及时将沟中的水抽出，循环浇淋于反应堆的秸秆上，每天 1 次，连续循环浇淋 3 次。如果沟中的水不足，还要额外补水。其原因是通过向堆中浇水会将堆上的菌种冲淋到沟中，不及时循环，菌种长时间在水中就会死亡。循环 3 次后的反应堆浸出液应立即取用，以后每次补水淋出的液体也要及时取用。原因是早期液体中酶、孢子活性高，效果好。其用法按 1 份浸出液兑 2~3 份的水，灌根、喷叶，每月 3~4 次，也可结合每次浇水冲施。反应堆浸出液中含有大量的二氧化碳、矿质元素、抗病孢子，既能增加植物的营养，又可起到防治病虫害的效果。试验证明反应堆液体可增产 20%~25%。

3. 用渣

秸秆在反应堆中转化成大量 CO_2 的同时，也释放出大量的矿质元素，除溶解于浸出液中，也积留在陈渣中。它是蔬菜所需有机和无机养料的混合体。将外置反应堆清理出的陈渣，收集堆积起来，盖膜继续腐烂成粉状物，在下茬育苗、定植时作为基质穴施、普施，不仅替代了化肥，而且对苗期生长、防治病虫害有显著作用，试验证明反应堆陈渣可增产 15%~20%。

4. 补水

补水是反应堆反应的重要条件之一。除建堆加水外，以后每隔 7~8 d 向反应堆补一次水。如不及时补水会降低反应堆的效能，致使反应堆中途停止。

5. 补气

氧气是反应堆产生 CO_2 的先决条件。秸秆生物反应堆中菌种活动需要大量的氧气，必须保持进出气道通畅。随着反应的进行，反应堆越来越结实，通气状况越来越差，反应就越慢，中后期堆上盖膜不宜过严，靠山墙处留出 10 cm 宽的缝隙，每隔 20 d 应揭开盖膜，用木棍或者钢筋打孔通气，每平方米 5～6 个孔。

6. 补料

外置反应堆一般使用 50 d 左右，秸秆消耗在 60% 以上。应及时补充秸秆和菌种。一次补充秸秆 1200～1500 kg，菌种 3～4 kg，浇水湿透后，用直径 10 cm 尖头木棍打孔通气，然后盖膜。一般越冬茬作物补料 3 次。

（七）注意事项

1. 内置式操作时间应比定植播种期提前 20 d 左右，最少不低于 10 d，否则表现效果会错后。

2. 第一次浇水要足（以湿透秸秆为准）；第二次浇水匀，间隔时间 10～15 d；第三次浇水要巧，常规法浇 2～3 水，反应堆技术浇 1 水；第四次浇水要慎，入九至立春期间不宜浇水，以看到旱情才可浇水。

3. 使用内置式掌握四不宜的原则：开沟不宜过深（≤25 cm）；菌种、秸秆量不宜过少（每亩菌种 8～10 kg，秸秆 3000～4000 kg）；覆土不宜过厚（20～25 cm）；打孔不易过晚、过少（浇水后 3 d 打孔，20 cm 见方）。

五、秸秆生物反应堆技术的应用效果

（一）生长表现

苗期：早发、生长快、主茎粗、节间短、叶片大而厚，开花早，病虫害少，抗御自然灾害能力强。中期：长势强壮，坐果率高，果实膨大快，个头大，畸形少，上市期提前 10～15 d。后期：越长越旺，连续结果能力强，收获期延长 30～45 d，果树晚落叶 20 d 左右。重茬导致的死苗、死秧和病虫害泛滥等问题得到解决。过去表现一年好，二年平，三年连作就不行的许多品种，使用秸秆生物反应堆技术后一年好，二年更好，三年好上加好。

（二）产量表现

果树不同品种一般增产 80%～500%；蔬菜不同品种一般增产 50%～200%；根、茎、叶类作物一般增产 1～3 倍，豆科植物一般增产 50%～150%。总结多年生产应用结果，其倾向性规律为：果树大于蔬菜；根、茎、叶类蔬菜大于果实类菜；豆科植物大于禾本科植物；以叶类为经济产量的作物（如茶、烟等）大于以籽粒为经济产量的作物；C3 植物大于C4 植物等。

（三）品质表现

果实整齐度、商品率、颜色光泽、含糖量、香味香气质量显著提高；产品含亚硝酸、农药残留量显著下降或消失，是一项典型的有机栽培技术。

（四）投入产出比

温室果菜、瓜类为 1 : （14~16）；大棚果菜、瓜类为 1 : （8~12）；小拱棚瓜、菜为 1 : （5~8）；露地栽培瓜、菜为 1 : （4~5）；特殊中药材为 1 : （20~50）。

（五）降低生产成本

温室每亩减少 3500~4500 元；大棚每亩减少 1500~2500 元；小拱棚每亩减少 500~1000 元。

六、应用该技术易出现的问题及其起因和解决方法

秸秆反应堆技术因其具有提高棚室内二氧化碳浓度、提高地温、生物抗重茬和提升土壤有机质的四大效应，平均增产 30% 左右，目前在我国北方棚室区得到了迅速推广，有效地提高了棚室作物产量，增加了农民收入，促进了土壤的可持续利用。但也有一些用户反映使用该技术后存在效果不明显等现象，应用该技术后易出现的问题及其起因与相应的解决措施如下。

（一）效果不明显

起因一：所用菌种质量低劣。解决措施：购买优质菌种，不要听厂商忽悠，要专菌专用。微生物肥料产品要经农业部进行产品登记后才能进行生产和销售，因此，要购买有微生物肥料登记标识的菌种产品。

起因二：未进行碳氮比调节。解决措施：亩用 15 kg 左右的尿素或 200 kg 豆粕来调节碳氮比，具体操作方法如下：撒菌种后，将尿素或豆粕均匀撒在秸秆上。也可将菌种和豆粕混匀后撒施，切忌尿素和菌种混合撒施。

起因三：打孔不足或孔被堵塞。解决措施：增加打孔密度。一般按下述操作进行：定植期在距离作物苗根茎 5 cm 处与前后左右各打 1 孔；生长期可按 25~30 cm 见方均匀打孔；结果期按 20 cm 见方打孔。一般茄果类作物一季打 4 次孔即可，叶菜类两次即可。

（二）打孔后有白色小虫爬出

起因：玉米秸秆中有玉米螟，秸秆收割后，玉米螟在秸秆中休眠。

当秸秆反应堆浇水打孔后，温度升高，玉米螟解除了休眠就从孔中爬出来了。解决措施：喷洒杀虫药剂即可，切忌喷洒杀菌剂。

(三) 植株颜色发黄，茎细叶薄

起因：由于在秸秆反应堆建造时没有添加尿素调节碳氮比或尿素添加较少，在秸秆分解过程中微生物与植物争氮，导致作物缺氮失绿。解决措施：冲施氮肥。

(四) 植株下部叶色变黄

起因：冲施氮肥时图方便，直接将冲施肥浇进了孔中。由于孔中微生物作用几种，温度较高，导致氮肥分解成了氨气溢出，导致了下部叶片受熏。解决措施：一要排风放气，降低室内氨浓度；二要浇水，降低肥料浓度；三要在叶片背部喷施1%食用醋溶液，可有效缓解为害。

(五) 病害比未用前严重

起因：未使用专用菌种或使用量不足或使用了劣质菌种。由于秸秆中本身带有病菌，如果菌种使用不当，会导致秸秆所带病菌在棚室中蔓延，产生新病害。解决措施：使用经农业部登记的秸秆反应堆菌种产品；使用相应杀菌剂进行叶面喷施，切忌灌根。

第六章 现代微生物肥料及其科学应用

第一节 概述

一、微生物肥料的概念及分类

微生物肥料，亦称接种剂、菌肥、生物肥料等，是由一种或数种有益微生物活细胞制备而成的特定农用制品，也可以认为是由一种或数种有益微生物，经工业化培养发酵而成的生物性肥料。

微生物肥料的种类很多，按照制品中特定的微生物种类分为细菌肥料（如根瘤菌肥料、固氮菌肥料、光合细菌肥料等）、放线菌肥料（如抗生菌类）、真菌类肥料（如菌根真菌、酵母菌）等；按其作用机制分为根瘤菌肥料、固氮菌肥料、磷细菌肥料、硅酸盐细菌肥料、抗生菌肥料；按其制品内含有的成分可分为单纯微生物肥料、复合微生物肥料、生物有机肥等。

目前在国家农业部登记的微生物肥料产品共分为农用微生物菌剂、生物有机肥和复合微生物肥料 3 大类共 11 个品种。在登记产品中，各种功能菌剂产品约占登记总数的 40%，复合微生物肥料和生物有机肥类产品各占大约 30%；使用的菌种超过 170 个，涵盖了细菌、放线菌和真菌各大类别。其中，菌剂类品种 9 个，分别是：根瘤菌剂、固氮菌剂、硅酸盐菌剂、溶磷菌剂、光合菌剂、有机物料腐熟剂、产气菌剂、复合菌剂和土壤修复菌剂；菌肥类品种 2 个：复合微生物肥料和生物有机肥。从成品性状看，我国微生物肥料的制成品剂型主要分为液体和固体两种。

二、微生物肥料的特点及作用

微生物肥料是活体肥料，作用主要是靠它含有的大量有益微生物的生命活动来完成。只有当这些有益微生物处于旺盛的繁殖和新陈代谢的情况下，物质转化和有益代谢产物才能不断形成。因此，微生物肥料中有益微生物的种类、生命活动是否旺盛是其有效性的基础，而不像其他肥料是以氮、磷、钾等主要元素的形式和多少为基础。正因为微生物肥料是活制剂，所以其肥效与活菌数量、强度及周围环境条件密切相关，包括温度、水分、酸碱度、营养条件及原生活在土壤中土著微生物排斥作用都有一定影响。

微生物肥料作为一种肥料，其功效与营养元素的来源和有效性有关，或与植物吸收养分、水分和抗病有关。主要体现在以下几个方面：

（一）改良土壤，提高土壤肥力，促进作物增产增收

微生物肥料可提供能固氮、解磷、解钾等有益微生物，这些活的微生物能在植物根际生长、繁殖，具有以下主要优势：一是通过有益微生物的生命活动，将空气中不能利用的分子态氮固定转化为化合态氮，将土壤中不能利用的化合态的磷、钾解析为可利用态的磷、钾，还可解析土壤中的 10 多种中、微量元素。二是通过有益微生物的生命活动，分泌植物激素，如生长素、细胞分裂素、赤霉素、吲哚酸等，促进作物生长，调控作物代谢，按遗传密码建造优质产品。三是通过有益微生物在根际的大量繁殖，产生大量黏多糖，与植物分泌的黏液及矿物胶体、有机胶体相结合，形成土壤团粒结构，增强土壤的物理性能和减少土壤颗粒的损失，提升土壤蓄肥、保水能力，在一定的条件下，还能参与腐殖质形成。此外，质量好的微生物肥料能促进农作物生长，改良土壤结构，改善作物产品品质和提高作物的防病、抗病能力，从而实现增产增收。

（二）提高化肥利用率

随着化肥的大量使用，肥料利用率不断降低，养分流失导致农业面源污染加重。为此国内外科学家一直在努力探索如何提高化肥利用率达到平衡施肥、合理施肥以克服其弊端，实现高效环保生产的目的。微生物肥料在促进土壤养分转化与利用方面具有明显优势，根据我国不同作物对养分的需求规律，结合土壤和气候条件，采用微生物肥料与化肥配合施用，以保证作物增产稳产为前提，提高肥料利用率，减少化肥用量，降低成本，同时还能改善土壤及作物品质，减少污染。

（三）增强植物的抗病和抗旱能力

有些微生物肥料的菌种接种后，在植物根部大量繁殖并成为根际优势菌，除发挥其自身优势作用外，还可抑制或减少病原微生物的繁殖机会，达到抗病原微生物，减轻植物病害的发生。此外，菌根真菌在植物

根部大量繁殖，形成菌丝，菌丝除吸收有益于植物生长的营养元素外，还可促进植物对水分的吸收，从而提高植物的抗旱能力。此外，微生物肥料还可以节约能源，降低生产成本。在生产和使用过程中比化肥能源消耗少、用量少，且本身无毒无害无环境污染问题。

（四）在绿色食品生产中的作用

随着人民生活水平的不断提高，尤其是人们对生活质量提高的要求，国内外都在积极发展绿色农业、有机农业来生产安全、无公害的绿色食品。生产绿色食品过程中要求不用、少用或限量使用化学肥料、化学农药和其他农业化学投入品。现代微生物有机肥料开发利用的目标就是要实现有机肥替代化肥，减少化肥投入，提升土壤肥力，保护和促进作物生长和提高品质，减少产生和积累有害物质，降低化肥、农药等农业投入品过量使用对生态环境的不良影响。

（五）在环境保护方面的作用

利用微生物的特定功能分解发酵城市生活垃圾及农牧业废弃物而制成微生物有机肥是一条经济可行的有效途径。目前已应用的主要是两种方法，一是将大量的城市生活垃圾作为原料经处理由工厂直接加工成微生物有机复合肥料；二是以农业固体有机废弃物快腐、畜禽养殖废弃物抗生素残留降解、病原菌拮抗剂添加为主要途径，由工厂生产特制微生物肥料（菌种剂）供应于有机肥料厂，再对各种农牧业物料进行堆制，以加快其发酵过程，缩短堆肥的周期，同时还提高堆肥质量及成熟度。此外，微生物肥料还可作为土壤净化剂使用，从而减少有害成分对土壤质量的影响。

三、微生物肥料推广应用中应注意的事项

到目前为止，已获得国家批准登记的微生物肥料仅 100 多种，实际上生产的厂家已超过 2000 家，所以市场上销售的微生物肥料良莠不齐，广大消费者对肥料的优劣很难判断，在推广应用中的确有很多微生物肥料增产增收效果不佳，为了维护微生物肥料的声誉，确保其使用效果，广大微生物肥料消费者在推广应用时注意以下几个问题：

（一）没有获得国家登记证的微生物肥料不能推广

国家规定微生物肥料必须经农业部指定单位检验和正规田间试验，充分证明其效益、无毒、无害后由农业部批准登记，而且先发给临时登记证，经 3 年实际应用检验可靠后再发给正式登记证。正式登记证有效

期仅 5 年。所以没有获得国家登记证的微生物肥料，质量有可能出问题，不宜大面积推广使用。

(二) 有效活菌数达不到标准的微生物肥料不要使用

国家规定微生物肥料菌剂有效活菌数≥2 亿/g，有效活菌数≥2000万/g，而且应该有 40% 的富余。如果达不到这一标准，说明质量达不到要求。

(三) 存放时间超过有效期的微生物肥料不宜使用

由于技术水平的限制，目前我国绝大多数微生物肥料的有效菌成活时间超过一年的不多，所以必须在有效期内尽快使用，越早越好，过期的微生物肥料效果肯定有影响。

(四) 存放条件和使用方法须严格按规定办

微生物肥料中很多有效活菌不耐高低温和强光照射，不耐强酸碱，不能与某些化肥和杀菌剂混合，所以，推广应用微生物肥料必须按产品说明书进行科学保存和使用。

(五) 避免在高温干旱条件下使用

在高温干旱条件下使用微生物肥料，它的生存和繁殖就会受到影响，不能发挥良好的作用。应选择阴天或晴天的傍晚使用这类肥料，并结合盖土、盖粪、浇水等措施，避免微生物肥料受阳光直射或因水分不足而难以发挥作用。

(六) 避免与未腐熟的农家肥混用

这类肥料与未腐熟的有机肥堆沤或混用，会因高温杀死微生物，影响微生物肥料肥效的发挥。同时也要注意避免与过酸过碱的肥料混合使用。

(七) 避免与强杀菌剂、种衣剂、化肥或复混肥混合后长期存放，应随混随用

化学农药都会不同程度地抑制微生物的生长和繁殖，甚至杀死微生物。若需要使用农药，也应将使用时间错开。同时需要注意的是，不能用拌过杀虫剂、杀菌剂的种子来拌微生物肥料使用。

(八) 不要减少化学肥料或者农家肥的用量

大多数微生物肥料是依靠微生物来分解土壤中的有机质或者难溶性养分来提高土壤供肥能力，固氮菌的固氮能力也是有限的，仅仅靠固氮微生物的作用来满足作物对氮的需求是远远不够的。要保证足够的化肥或者农家肥与微生物肥料相互作用补充，以发挥更好的效益。

四、微生物肥料应用中存在的问题与发展前景

（一）当前微生物肥料应用中存在的问题

微生物肥料应用历史虽然很长，但是仍有许多不明确和未解决的理论问题。一是基础研究比较落后。对微生物肥料中微生物自身的生物学特性、微生物肥料作用的持续时间、微生物与作物间的作用机制、微生物在土壤中的竞争状况、存活时间以及影响微生物肥料效果发挥因素等缺乏必要的深入研究，严重制约了微生物肥料的开发研制和推广应用。二是产品质量稳定性欠佳。目前，微生物肥料生产存在的突出问题是菌种接种剂少，质量不稳定。这些因素导致微生物产品有效菌数量不稳定、活力差、杂菌基数过高、保质期短等问题。三是专用机械设备落后。目前微生物肥料加工工业落后，设备简陋，工艺不完善，使得许多微生物肥料产品存在质量问题，如有效菌含量低、肥料颗粒硬度不够、含水量高等。这些因素严重制约着微生物肥料功能的发挥，这也是导致目前微生物肥料肥效不稳定的重要因素之一。四是产品质量标准不完善。目前，还没有土壤环境修复菌剂的标准体系。应分别组织制定土壤有机污染修复菌剂、重金属污染修复菌剂和放射性污染修复菌剂标准，以规范其生产行为，保证产品质量。五是与微生物肥料配套应用的耕作栽培施肥等技术体系不完善。目前虽然已经制定了微生物肥料的合理使用准则（NY/T 1535—2007），但还缺乏配套的耕作、栽培和施肥技术体系，严重地阻碍了微生物肥料的推广应用和发展。六是监督管理不力。现在的肥料市场产品质量的监督水平还停留在普通肥料的养分含量监督上，缺乏对微生物肥料质量的专门监管部门和队伍，许多肥料企业把普通的商品有机肥当作生物有机肥肥料销售、欺骗、坑害农户。

（二）微生物肥料的未来发展前景

微生物肥料由于生产成本低，对农作物的增产效果好，能提高农产品品质和降低化肥的使用，在我国农业可持续发展中的地位日渐凸显，充分显示了其在农业生产上的应用优势及广阔的应用前景。一是选育性能优良的菌株是保证微生物肥料功效的核心环节。包括开展分离、筛选的优良菌种的分类、培养特性、有效性指标、代谢产物以及菌种对于土壤、作物品种的适应能力或要求等研究。二是功能菌株菌群的组合是充分发挥微生物肥料功效的重要保证。不同功能的菌株组合、功能互补的复合微生物肥料研发已成为该领域研究和应用的主要发展方向。要在深

入了解有关微生物特性的基础上，采用新的技术手段，根据用途把具有不同功能的所用菌种进行科学、合理的组合，使其性能明显提高，发挥复合或联合菌群的互惠、协同、共生等作用，排除相互拮抗的发生。三是微生物肥料生产工艺和设备的改进是产品质量提高和效果稳定的基础。我国微生物肥料质量的提升和应用效果的稳定，需要全行业采用现代发酵工程和自动控制技术，以提高产品中功能微生物密度；采用保护剂和包装新材料，延长菌剂的货架期；使生产设备逐渐走向自动化，工艺流程趋于合理，能准确确定运行参数的量化指标；降低生产成本。重点以根瘤菌、胶冻样芽孢杆菌及其他应用性良好的芽孢杆菌菌株为代表，研究其菌体和芽孢高密度形成的条件和障碍因子，通过代谢调控等手段，实现菌体数量（或芽孢成活率）以及其他功能性物质的提高，并完成其放大和产业化。四是重点的功能产品研究和应用是微生物行业发展的推动力。目前研发的热点产品主要是有机物料腐熟菌剂、土壤修复菌剂、根瘤菌剂和生物有机肥，要加大力度，重点研发具有改善作物营养条件、增强作物抗逆性、刺激和调控作物生长、防治作物病虫害的生防促生菌剂。同时还要加强对开发的功能菌种的针对性及其与其他营养型菌种的复合研究。

进入21世纪，微生物肥料是肥料产业的一个重要发展方向，提高微生物肥料的比例是发展现代农业的必然需求，因此，微生物肥料是未来肥料的主要应用种类，具有良好的发展前景。针对目前微生物肥料在生产上出现的各种问题，应做到以下几点：一是要进一步加强对微生物肥料的基础研究，政府和肥料生产企业需要进一步加大对其科研投入；二要进一步规范市场秩序，加强对微生物肥料行业的管理；三是要进一步重视和加强质检体系构建，强化微生物肥料的标准体系建设；四是要督促微生物肥料生产企业改善生产条件、设备，完善工艺路线；五是要严格执行广告法，杜绝假冒伪劣产品在市场上流通，并积极做好微生物肥料的科普宣传，让广大农民对微生物肥料有充分的认识，为微生物肥料的广泛推广应用奠定基础。

第二节　生物有机肥及其应用

一、生物有机肥的定义与分类

生物有机肥亦称微生物有机肥，是指特定功能微生物与主要以动植物残体（如畜禽粪便、农作物秸秆等）为来源并经无害化处理、腐熟的有机物料复合而成的一类兼具微生物肥料和有机肥效应的肥料。也有人把生物有机肥料定义为畜禽粪便、秸秆、农副产品和食品加工的固体废物、有机垃圾以及城市污泥等经微生物发酵、除臭和腐熟后再引入有益目标微生物加工而成的新型肥料。其实质就是以发酵处理后的有机废品为有益菌剂载体的生物肥料，是最近几年在微生物技术发展及有机肥商品化使用的基础上研制而成的新型肥料，既不是传统的有机肥，也不是单纯的菌肥，而是两者有机结合所形成的高效、安全的微生物-有机复合肥料。

生物有机肥的分类方法多样，根据其所包含的微生物种类和功能的不同可分为：①单一功能生物有机肥，即应用在农业生产中可获得特定肥料效应的生物有机肥，能提高土壤供肥能力，主要包括根瘤菌肥、固氮菌肥、溶磷菌肥等。②多功能生物有机肥，即含有2种或2种以上功能性微生物的生物有机肥，比单一功能生物有机肥功能更全面。③具有抗病作用的生物有机肥，即在功能性微生物菌剂的基础上加入生防菌发酵或与其结合使用而制成的生物有机肥，生防菌剂可抑制植物根际病原菌繁殖，提高植株抗性，减轻病害发生。根据有机质载体种类的不同，生物有机肥主要分为秸秆类有机肥、畜禽粪便类有机肥、腐植酸类有机肥、渣类有机肥和生活垃圾、污泥类有机肥等。常见的例如秸秆生物有机肥、猪/牛粪型生物有机肥、酒糟生物有机肥、蔗渣灰生物有机肥、蝇蛆生物有机肥、葛根菌糠生物有机肥等。

二、生物有机肥的生产工艺

生物有机肥产品质量的好坏影响施用效果，而衡量产品质量的关键指标是有效活菌数。生物有机肥的活菌数量决定于产品生产工艺的选择。生物有机肥的生产一般经过发酵、除臭、造粒、烘干、过筛和包装过程。

（一）发酵工艺

与生产有机肥相同，发酵工艺通常使用好氧发酵技术，物料当中的有机物质通过微生物的代谢来达到降解的目的。除此之外，大部分的工厂也有在应用槽式堆置、平地堆置塔式、密封仓式等发酵工艺。发酵成功的关键就是在发酵过程中要控制好 C/N 值、水分、温度等以及腐熟剂的正确使用。

（二）造粒工艺

其生产工艺的成功关键就在于选择正确的造粒方式，按照生产工艺的具体要求，现在的主要造粒方式有两种：挤压造粒与圆盘造粒。挤压造粒的优点是对物料的要求很低，生产操作较为简单，颗粒较硬，储运比较方便；缺点是产品的带粉率太高，质量合格率较低，成本太高。圆盘造粒的优点是生产出的产品质量好、可混性好，这样在市场投放产品时是很有用的；缺点是投资成本大，限制物料的条件很多，颗粒不够坚硬，所以在运输过程中很不利。生物有机肥生产工艺中一般都是采用圆盘造粒之后再烘干的方式。

三、生物有机肥的产品质量标准

目前生物有机肥产品质量标准只有农业部行业标准（NY884—2012）。其产品各项技术指标应符合表6-1要求，产品剂型包括粉剂和颗粒型两种。生物有机肥中5种重金属限量指标应符合表6-2的要求。产品各项技术指标检测应符合表6-3中的规范要求。

表6-1　　　　　　　　　　生物有机肥产品技术指标要求

项目	技术指标
有效活菌数（cfu）/（亿·g^{-1}）	≥0.20
有机质（以干基计）/%	≥40.0
水分/%	≤30.0
pH	5.5～8.5
粪大肠埃希菌数/（个·g^{-1}）	≤100
蛔虫卵死亡率/%	≥95
有效期/个月	≥6

表 6-2　　　　　　　　生物有机肥产品 5 种重金属限量指标技术要求

项目	限量标准
总砷（As）（以干基计）	≤15
总镉（Cd）（以干基计）	≤3
总铅（Pb）（以干基计）	≤50
总铬（Cr）（以干基计）	≤150
总汞（Hg）（以干基计）	≤2

表 6-3　　　　　　　　生物有机肥产品质量指标检测方法要求

指标项目	检测方法标准
有效活菌数测定	应符合 NY/T798—2004 中 5.3.2 的规定
有机质测定	应符合 NY525—2012 中 5.2 的规定
水分测定	应符合 NY/T798—2004 中 5.3.5 的规定
pH 测定	应符合 NY/T798—2004 中 5.3.7 的规定
粪大肠菌群数测定	应符合 GB/T19524.1—2004 的规定
蛔虫卵死亡率测定	应符合 GB/T19524.2—2004 的规定
As、Cd、Pd、Cr、Hg 测定	应符合 NY/T1978—2010 中的规定

四、生物有机肥的科学使用

1. 注意生物有机肥使用期限

生物有机肥一般应用于果树、蔬菜等经济作物上，肥料包装袋打开以后，不宜放置太久，应尽早施用，过久会导致肥料中活性微生物数量下降，影响肥料效果，一般使用期不超过 6 个月。

2. 生物有机肥不宜与化学农药混施

生物有机肥一般不能与杀虫剂、杀菌剂、除草剂等化学农药混合施用，防止化学农药对肥料中功能微生物产生毒害，降低其肥效。如因病虫害防控等原因一定要用，生物有机肥应提前或延后 72 h 以上施用。

3. 生物有机肥与其他菌剂配施

生物有机肥可以与其他菌剂配施，但一定要注意避免菌与菌之间的拮抗作用，确保生物有机肥中微生物的有效性。此外，施入土壤中的微生物也会与土著微生物形成竞争关系，减弱功能微生物的作用。因此，可以通过增加生物有机肥的施用量或施用次数来提高功能菌的竞争能力，使功能微生物在根际成功定殖并发挥肥效。

4. 以作物生长期营养需求特点，合理配方施肥

按照农作物生长营养需求规律，合理地将生物有机肥与农家有机肥、矿物肥、化肥相配合，坚持按"四类一体"配方平衡施肥技术科学施肥。实践证明：以生物菌肥 1％～2％、有机质肥 50％～60％、中微量元素肥 10％～20％、氮磷钾大量元素肥 30％～40％的配合比例比较适宜，可实现作物增产 20％～30％的显著效果。

5. 作基肥施用并深施

生物有机肥具有有机肥肥效长、养分全面且释放缓慢等特点，一般应作基肥施用。深耕结合有利于土肥相融，促进水稳性团粒结构的形成，有效地改良土壤。一是尽量将生物有机肥深施或盖入土里，避免地表撒施肥料现象，减少肥料的流失浪费和环境污染；二是作物苗期基肥要深施或早施，尤其要严格控制作物苗期氮肥的施用量；三要按作物生长营养需求规律来施肥，一般生长期短的作物可作底肥一次性施入，生长期长的作物栽培施肥，应该分前期、后期来分别施用，做到"前轻、后重"，才能达到预期的目标产量效果。

6. 生物有机肥与化肥配合施用

生物有机肥尽管较常规有机肥在肥效方面具有优势，但仍为有机肥料，营养元素全、含量较低，且在土壤中分解较慢，在有机肥用量不是很足的情况下，很难满足农作物对营养元素的需要。而化肥营养元素的含量高，肥效迅速，但肥效短，可根据农作物需要量的多少，进行有针对性的补充。有机肥与化肥配合施用，两者取长补短，发挥各自的优势，可满足农作物对各种营养元素在数量和时间上的需要。因此在施用生物有机肥时，为了获得高产高效应追施一定数量化肥，做到迟速结合，取长补短、缓急相济、互为补充，充分保证作物整个生长发育期间有足够的养分供给，从而提高作物产量。但腐熟的生物有机肥不宜与碱性肥料混用；若与碱性肥料混合，会造成氨的挥发，降低有机肥养分含量。

7. 施用方法

作物生长期间应开沟条施或挖坑穴施，施后及时覆土，注意不要将肥料直接撒于地表，这样不但起不到应有的效果，还会压伤掩埋作物，

影响作物正常生长，甚至造成环境污染。生物有机肥的施用方法（以果树为例）主要有以下几种：

（1）蘸根　将生物有机肥与土壤和清水进行搅拌，再将果树的根泡在泥浆中，使果树的根充分沾上有机肥的泥浆后再移栽。

（2）作底肥施用　这种方法适用于梨、苹果、枣、葡萄、柑橘、黄桃等果树。在秋季果实采收后及时施用底肥，施肥深度以地表下 20 cm 为宜，同时应将生物有机肥与土壤充分混匀，以保护根系。

（3）灌根　此方法一般用于果树追肥。将生物肥加入清水，或者是用粪水配制，浇在果树根部的施肥穴中，肥料全部渗入土壤中之后，再覆盖土壤，减少有机肥的流失。

（4）喷施　将生物有机肥和清水浸泡一段时间，用细纱布过滤后装入机器中进行喷洒。注意应选择阴天，在 10 时以前或 16～18 时，将肥料均匀喷洒到叶片背面。

（5）苗床施肥　用于移栽果树的育苗阶段。将肥水混合后装入容器中施肥。

五、生物有机肥研发应用的现状与发展趋势

目前，生物有机肥料的研发应用主要集中在以下 3 个方面：一是生物有机肥在土壤、植物施用效果与机制方面，包括土壤质量的改变、作物产量品质的提高、林木产量存活率的变化等。大量试验表明，生物有机肥的应用可显著增加植株根际土壤中有效氮、磷、钾含量，提高土壤细菌数量，增强土壤脲酶、蔗糖酶、磷酸酶和过氧化氢酶活性，增强作物抗病性，降低土传病害发生，提高作物产量并改善品质。二是对不同有机物料的生物肥料的研制，包括利用味精渣、城市固体垃圾、腐植酸、农畜副产品、海藻酸钠-脱脂乳体系包埋菌剂等不同方式方法研制生物有机肥料，也有向堆肥中添加稀土等特定物质，对提高堆肥质量具有很好的效果。三是体现在生物有机肥料在使用的菌种、生产工艺等方面。在菌种使用方面，生物有机肥料的主要菌种是：丝状真菌、担子菌、酵母菌和放线菌。也已有个别企业采用光合细菌与上述的一些菌种制成发酵剂，并取得了不错的应用效果。在生产工艺上，生产生物有机肥料仅需在发酵剂的生产阶段符合无菌条件，固体废物则直接发酵，经发酵、腐熟、脱水、粉碎、过筛即成生物有机肥料。

但是，生物有机肥的研究应用过程中也还存在一定风险，如制作生

物有机肥的原料中会存在重金属残留和抗生素污染的问题，生物有机肥中微生物菌种的使用也有潜在风险。虽然目前生产菌种大多采用植物根际促生菌，近年来很多研究发现，芽孢杆菌属和类芽孢杆菌部分菌株是可以产生多种毒素的烈性致病菌和条件致病菌。此外，我国生物有机肥缺乏生物肥料效果的评价体系，存在肥料货架期短、存活效果较差；原料复杂，施用后易产生二次污染；生产工艺有待改善；生物有机肥产业链有待完善等问题。

21世纪以来，化肥的过量施用严重影响了农业可持续发展，为了减少化肥与农药用量，微生物肥料已经成了研究与应用的热点。目前对微生物肥料功能性菌株的研究主要集中在两个类型，包括提升土壤肥力的菌株和具有抗病抗逆作用的菌株。因此以微生物应用为基础的肥料成为生物有机肥发展与应用的重要方向。而我国微生物肥料产品菌种的使用正逐渐由单一菌种向复合菌种转化，由单一功能向多功能复合转化，由功能模糊型向功能明确型转化的变化趋势。因此，今后微生物有机肥料研发与应用是现代有机肥料发展的必然趋势。

（一）以微生物开发应用技术推广带动市场发展

微生物肥料虽然已经被广泛应用，但仍有很多技术问题没有得到解决。虽然微生物肥料生产企业越来越多，但是技术水平没有明显的提升。因此以科技带动市场是必然趋势，一方面需要通过基础研究，搞清楚功能菌的作用机制；另一方面需要通过应用研究，探明功能菌在土壤中发挥的实际功效，并根据功能菌的作用机制，找出有效应用于作物生长的突破口，最大限度地发挥微生物肥料作用。

（二）由单一微生物功能向复合多功能微生物应用发展

微生物肥料的功效并不是单一的，不同菌株对土壤和作物的作用有异，作物生长需要多种营养元素，只有充分认识到不同菌类在生产农作物肥料中所发挥的不同作用，通过不同功能微生物的相互作用关系、共生条件、配伍、施用方法等研究，将不同功能的微生物混合应用，研发多功能微生物有机肥是现代有机肥产业开发应用的重要趋势。

（三）由微生物活体作用研究向微生物活体及其代谢产物作用研究发展

微生物肥料与传统的肥料最大区别是要求微生物肥料是具有一定活性的，并且会产生自身的代谢产物。因此在研究现代微生物有机肥时需要充分认识到其自身代谢物对于农作物发挥的重要作用，充分挖掘对农作物有促生作用的代谢物价值，进行开发利用和生产，为现代有机肥开发与应用的另一个重要趋势。

第三节　复合微生物肥料及其应用

一、概述

　　复合微生物肥料是 20 世纪 90 年代开始兴起的新型肥料产品。复合微生物肥料是 2 种或 2 种以上微生物菌肥与营养物质复合而成的，把有机质、无机营养元素和微生物菌剂有机结合，为农作物提供营养并改善生长环境，提高农作物的品质和产量的活性微生物肥料。

　　按照复合微生物肥料成分组配与复合方式可分为多种微生物菌株复合、微生物菌株和营养元素复合 2 种类型。第一类为多种微生物菌株复合，即由两种或多种微生物菌株复合而成的微生物菌肥。这类微生物复合菌肥可以是同一种微生物菌株的不同菌系分别发酵、吸附时混合，也可以是不同种的微生物菌株，如固氮、解磷、解钾微生物菌株分别发酵、吸附时混合。无论是哪种复合方式，其前提都是微生物菌株之间不会产生拮抗作用，而且是分别发酵后混合。第二类为微生物菌株和营养元素复合，即由微生物菌株和大量元素复合，大量元素可以包括氮、磷、钾中的一种或多种作物所需的微量元素、植物生长激素、稀土元素等。作为基质发酵后的有机肥，微生物菌株和大量元素混合后需要考虑到复合微生物菌肥的 pH 值和盐浓度对菌肥中微生物活性物质是否存在抑制作用。

　　按照复合（复混）微生物肥料的产品形式主要有 3 种类型：一是微生物接种剂与有机物料、无机肥料混合后造粒制成的肥料；二是微生物接种剂与有机肥料混合后造粒，再与化肥或复合肥充分混合包装；三是有机无机复合（混）肥的包装中附加一袋微生物接种剂，在田间施用前，将接种剂与有机无机复合（混）肥混合。

　　复合微生物肥料的优点是作用全面，既可改善作物营养，又能促生、抗病，还能增强土壤生物活性。同时复合微生物肥料中各菌种间又能相互促进。因此复合微生物肥料是一种适应性和抗逆性都很强，且肥效持久、稳定的肥料，是今后微生物肥料发展的重要方向之一。

二、产品质量标准

根据国家复合微生物肥料标准（农业部行业标准 NY/T798—2015），使用的微生物应安全、有效。生产者须提供菌种的分类鉴定报告，包括属及种的学名、形态、生理生化特性及鉴定依据等完整资料，以及菌种安全性评价资料。采用生物工程菌，应具有获准允许大面积释放的生物安全性有关批文。应具有的技术指标（表 6-4）是：①外观（感官）：产品按剂型分为液体、粉剂和颗粒型。粉剂产品应松散；颗粒产品应无明显机械杂质、大小均匀，具有吸水性。②有效活菌数（cfu），液体产品应不少于 0.50 亿/g（mL），固体或粉剂产品分别不少于 0.20（cfu）。③总养分（$N+P_2O_5+K_2O$）应分别不少于 4.0% 和 6.0%。④杂菌率，液体、粉剂和颗粒型应分别≤15% 和 30%。⑤粉剂和颗粒型产品的水分含量应分别≤35% 和 20%。⑥液体、粉剂和颗粒型产品的 pH 值应分别为 3.0～8.0 和 5.0～8.0。⑦粉剂和颗粒型的细度为≥80.0%。⑧有效期液体、粉剂和颗粒型产品分别≥3 个月和 6 个月。

表 6-4　　　　　　　　　复合微生物肥料产品技术指标

项目	剂型		
	液体	粉剂	颗粒
有效活菌数（cfu）/（亿·g^{-1}）或（亿·mL^{-1}）	≥0.50	≥0.20	≥0.20
总养分（$N+P_2O_5+K_2O$）/%	≥4.0%	≥6.0%	≥6.0%
杂菌率/%	≤15.0%	≤30.0%	≤30.0%
水分/%	—	≤35.0	≤20.0
细度/%	—	≥80	≥80
pH 值	3.0～8.0	5.0～8.0	5.0～8.0
保质期	≥3 个月	≥6 个月	≥6 个月

此外，复合微生物肥料产品还应符合无害化指标（表 6-5）。

表 6 - 5　　　　　　　　　　复合微生物肥料产品无害化指标

参数	标准极限
粪大肠菌群数/（个・g^{-1}）或（个・mL^{-1}）	≤100
蛔虫卵死亡率/%	≥95
砷及其化合物（以 As 计）/（mg・kg^{-1}）	≤75
镉及其化合物（以 Cd 计）/（mg・kg^{-1}）	≤10
铅及其化合物（以 Pb 计）/（mg・kg^{-1}）	≤100
铬及其化合物（以 Cr 计）/（mg・kg^{-1}）	≤150
汞及其化合物（以 Hg 计）/（mg・kg^{-1}）	≤5

三、使用方法与注意事项

复合微生物肥料在应用过程中，首先，选择的微生物菌必须经过有关部门的登记，并且满足许可菌种的要求。在数量方面，添加微生物菌必须符合国家以及行业的相关规定。其次，在施用复合微生物肥料的同时，应当结合肥料自身的特点，全面考虑作物生长的实际土壤环境、当地的气候特征以及作物需求等情况科学选择合适的品种以及复合微生物肥料的施用方法。复合（复混）微生物肥料施用时除与一般的微生物肥料施用过程中需要注意的事项之外，重点注意以下 3 点：

1. 应当尽可能减少甚至避免外界环境因素的不良影响，如微生物因为高渗透压、高温、紫外线以及土壤酸碱性能等外界不良因素，可能导致微生物活性降低或迫害致死。

2. 必须充分考虑保障微生物繁殖所需要的基本条件，如水分、营养以及温度等生存条件。

3. 复合微生物肥料施用时，可以考虑与化肥、有机肥等配合施用，但是配合施用的前提是不能同时将其随意混合后同时施入土壤，以免降低或抑制复合（复混）微生物肥料的功效。

第四节　微生物菌剂肥及其应用

所谓微生物菌剂肥就是将目标微生物（有益菌）经过工业化生产扩繁后，加工而成的活菌制剂，简称菌肥，又称微生物接种剂。它具有直接或间接的改良土壤、恢复地力、维持根际微生物区系平衡，降解有毒、有害物质等作用。微生物菌剂应用于农业生产时，通过所含微生物的生命活动，增加植物养分的供应量或促进植物生长、改善农产品品质及农业生态环境。常用的有促生菌剂、菌根菌剂、解磷解钾类微生物菌剂、硅酸盐微生物菌剂、光合细菌菌剂、生物修复菌剂、有机物料腐熟剂等都属于该范畴。根据国家标准 GB20287—2006《农用微生物菌剂》，微生物菌剂有粉剂、水剂、颗粒 3 种剂型，作基肥施用主要以粉剂或颗粒为主。

由于微生物菌剂是一种活菌制剂，不含其他化学营养元素，因此它的原料相对简单，主要是经扩繁后的各种有益菌种。辅料主要是添加一些氨基酸、腐植酸、草炭、各类饼粕渣等有机质。随着微生物菌剂生产工艺的不断提高，当前用于微生物菌剂肥的辅料一般营养物质含量高，无杂菌或杂菌数量极少，目的是为所添加的有益微生物提供必要的生存环境，利于其存活，且杂菌少不会造成土壤二次污染。如选择添加各类饼粕渣等有机质，其原料必须经过充分腐熟后再添加，否则容易引起烧苗、死苗现象发生。

目前微生物菌肥的种类很多，按照制品中特定的微生物种类分为细菌肥料（如根瘤菌肥料、固氮菌肥料、光合细菌肥料等）、放线菌肥料（如抗生菌类）、真菌类肥料（如菌根真菌、酵母菌）等；按其作用机制分为根瘤菌肥料、固氮菌肥料、磷细菌肥料、硅酸盐细菌肥料；按其制品内含有的成分可分为单纯微生物菌肥、复合（或复混）微生物菌肥等。

一、根瘤菌肥料

根瘤菌肥料是指含有大量根瘤菌，用于豆科作物接种，使豆科作物结瘤、固氮的微生物制品。由根瘤菌属、慢生根瘤菌属、固氮根瘤菌、中慢生根瘤菌等各属种的根瘤菌种生产而成。按寄主的种类不同可分为：菜豆根瘤菌肥料、大豆根瘤菌肥料、花生根瘤菌肥料、三叶草根瘤菌肥料、豌豆根瘤菌肥料、苜蓿根瘤菌肥料、紫云英根瘤菌肥料和沙打旺根瘤菌肥料等。

（一）作用机制

根瘤菌是一类可以在豆科植物上结瘤和固氮的杆状细菌，可侵染豆科植物根部，形成根瘤，与豆科寄主植物形成共生固氮关系，是最重要的土壤微生物菌群之一。根瘤菌的各个菌株，只能感染一定的豆科植物，两者具有专一性的共生关系，也就是说不是任何根瘤菌和任何豆科植物都可以形成根瘤，各种根瘤菌都必须生活在它们各种相应的豆科植物上，才能建立共生关系形成根瘤。根据根瘤菌在豆科植物上形成根瘤的专一性，构成几个互接种族。在同一互接种族中可以互相利用其根瘤菌并形成根瘤，不同互接种族的植物之间则不能互相接种形成根瘤（表6-6）。

表6-6　　　　　　　　　　　根瘤菌——豆科植物互接种族

互接种族	结瘤的根瘤菌	共生的豆科植物寄主
苜蓿族	苜蓿根瘤菌	紫花苜蓿、黄花苜蓿、草木樨、胡芦巴等
三叶草族	三叶草根瘤菌	红三叶、白三叶、地三叶、绛三叶等
豌豆和野豌豆族	豌豆根瘤菌	各种豌豆、蚕豆、箭筈豌豆、茄子、兵豆、山藜豆、鹰嘴豆
菜豆族	菜豆根瘤菌	四季豆、扁豆、芸豆等
羽扇豆族	羽扇豆根瘤菌	各种羽扇豆
大豆族	慢生大豆根瘤菌	各种大豆、野大豆等
豇豆族	中华根瘤菌、豇豆根瘤菌	豇豆、绿豆、赤豆、花生、木豆、山蚂蝗等
紫云英族	华癸根瘤菌	紫云英

当豆科植物种子萌发时，根系分泌的一些物质对根瘤菌有强烈的刺激作用。根瘤菌大量繁殖，聚集在根的周围，排列在根毛上（这种聚集并非在所有的豆科作物上有着非常显著的对应关系）。在足够数量的根瘤菌和其产生的物质影响下，豆科植物的根毛弯曲，根瘤菌入侵。根瘤菌入侵后，经历一定的生物学、生物化学和遗传学过程，在豆科植物根部形成根瘤。生活在根瘤里的类菌体利用豆科作物制造的碳水化合物作为根瘤菌生命活动的能源，固定大气中游离的分子态氮素，将其转化为作物可利用的含氮物质，豆科植物则不停地把根瘤菌固定的氮素转化、运输供其自身利用。这种不停地转化、运输，也使根瘤内氨浓度维持平衡，不会因为氨浓度的增加，毒害固氮酶系统。固氮作用得以持续进行，两者间形成一种相互依赖的共生关系。据测定，每667 m^3 面积的根瘤菌在一个生长季节能够固氮的数量为：大豆-大豆根瘤菌3.8 kg氮、苜蓿-苜

蓿根瘤菌 8.5～40 kg 氮。经由根瘤菌固定的氮素可以直接被寄主吸收利用。少量随分泌过程和根瘤菌溃破，留在土壤里供给下一季作物吸收利用。

（二）产品标准

根瘤菌肥料按其存在形态可分为液体根瘤菌肥和固体根瘤菌肥。它们的产品技术指标如表 6-7。

表 6-7　　　　　　　　　　**根瘤菌肥料产品的技术指标**

液体根瘤菌肥料		固体根瘤菌肥料	
项目	指标	项目	指标
外观、气味	乳白色或灰白色均匀浑浊液体，或稍有沉淀，无酸臭气味	外观、气味	粉末状、松散、湿润无霉块、无酸臭味、无霉味
		水分含量/%	25～50
根瘤菌活细菌个数/（亿·mL^{-1}）	≥5.0	根瘤菌活细菌个数/（亿·mL^{-1}）	≥2.0
杂菌率/%	≤5	杂菌率/%	≤10
pH	6.0～7.2	pH	6.0～7.2
		吸附剂颗粒细度	大粒种子（大豆、花生、豌豆等）用的菌肥，通过孔径 0.18mm 标准筛的筛余物≤10% 小粒种子（三叶草、苜蓿、紫云英等）用的菌肥，通过孔径 0.15mm 标准筛的筛余物≤10%
寄主结瘤最低稀释度	10^6	寄主结瘤最低稀释度	10^6
有效期	≥3 个月	有效期	≥6 个月

（三）使用方法与效果

根瘤菌肥料一般施用于缺少根瘤菌的耕地土壤，多采用拌种的方法使用。根瘤菌肥一般用于豆科作物，施用时必须注意"互接种族"的关系，根据不同的豆科作物选用相应的菌肥。施用前将菌肥倒在盆内，加水适量调成糊状，放入种子后混匀，待种子略微风干后即可播种。可在播种前一天拌种，也可将菌剂配制成菌液在苗期追施于根部，以促进共生固氮，达到固氮培肥的目的。

根瘤菌与钼肥结合使用效果更好。使用时，每亩用 5～10 g 钼酸铵直接拌在种子上或与根瘤菌肥合用。

正确使用根瘤菌一般增产率花生为 10％～20％、蚕豆为 10％左右、豌豆为 15％左右，在生茬和新垦的土地上施用增产效果更显著。

（四）注意事项

1. 根瘤菌是喜温好气型微生物，适宜于中性至微碱性（pH 6.5～7.5）的土壤条件，应用于酸性土壤时，需加石灰调节土壤酸度。若土壤板结、通气不良或干旱缺水，会使根瘤菌活动减弱或停止生长。

2. 避免与速效氮肥和杀菌剂同时使用，如种子消毒，应在拌种前2～3 周拌药，使菌与药有较长时间的间隔，以免影响根瘤菌的活性。

3. 选用与播种的豆科作物相匹配的根瘤菌，如有品系更需对应。

二、固氮菌肥料

固氮菌肥料是指以能够自由生活的固氮的微生物菌种生产出来的微生物制剂，即由固氮菌属的成员制成。固氮菌擅长把空气中植物无法吸收的氮气转化成氮肥，供植物享用，在自然界的氮素转化具有重要意义。按照菌种及特性分为：自生固氮菌肥料、根际联合固氮菌肥料、复合固氮菌肥料；按照剂型不同分为：液体固氮菌肥、固体固氮菌肥和冻干固氮菌肥。

（一）应用基础

自生固氮菌肥是指在土壤里既能固定大气中的游离态氮，供给作物氮素营养，又能分泌激素刺激作物生长的一类微生物肥料。与共生固氮菌（根瘤菌）肥料不同的是，它不侵入根内形成根瘤与豆科植物共生，而是利用土壤中的有机质或根系分泌物作为碳源，直接固定大气中的氮素。自生固氮菌本身也能分泌如维生素 B_1、维生素 B_2 和维生素 B_{12} 以及吲哚乙酸等化合物，刺激植物生长和发育。根际联合固氮菌肥料是既依赖根际环境生长，又能在根际中固定空气中的氮素，对作物生长发育产生积极作用的微生物肥料。联合固氮微生物一般生活在植物的根内或根表，它既能利用一些禾本科作物，尤其是 C_4 植物根分泌的一些糖类进行繁殖、固氮，也能进行自生固氮。

　　自生和联合固氮菌固定的氮素一般满足自身需要后，体内的氨浓度可抑制固氮酶系统，使固氮系统停止，因而固定的氮素很少。即便是行联合固氮作用的微生物，能够分泌到体外的氮素也是极少的。但是，自生和联合固氮菌除了固定一定数量的氨以外，这些微生物中的许多菌株在生长繁殖过程中能够产生多种植物激素类物质，对作物生长有利。

　　用以生产固氮菌肥料的自生固氮菌为固氮菌属、氮单胞菌属的菌种，也可用茎瘤根瘤菌和固氮芽孢杆菌菌株；用以生产固氮菌肥料的根际联合固氮菌菌种为固氮螺旋菌、阴沟肠杆菌，经鉴定为非致病菌的菌株，粪产碱菌经鉴定为非致病菌菌株，肺炎克杆菌经鉴定为非致病菌菌株。

（二）产品标准

　　目前国内生产的产品剂型有固体固氮菌肥料、液体固氮菌肥料、冻干固氮菌肥料。固体固氮菌肥料和液体固氮菌肥料产品的技术标准见表6-8。

表6-8　　　　　　　**固体和液体固氮菌肥料产品的技术指标**

固体固氮菌肥料		液体固氮菌肥料	
项目	指标	项目	指标
外观、气味	黑褐色或褐色粉状，湿润、松散、无异臭味	外观、气味	乳白色或淡褐色液体，浑浊、稍有沉淀，无异臭味
水分/%	25.0～35.0	pH	5.5～7.0
pH	6.0～7.5	细度，过孔径0.18 mm 标准筛的筛余物/%	≤5
细度，过孔径0.18mm 标准筛的筛余物/%	≤20.0	有效活菌数/（个·mL^{-1}）或（个·瓶$^{-1}$）	≥5.0×10^8
有效活菌数/（个·mL^{-1}）或（个·瓶$^{-1}$）	≥1.0×10^8	杂菌率/%	≤5.0

续表

固体固氮菌肥料		液体固氮菌肥料	
杂菌率/%	≤15.0	有效期	≥3 个月
有效期	≥6 个月		

　　冻干固氮菌肥料是指将发酵液浓缩后冷冻干燥的制品。其产品的技术指标见表 6-9。

表 6-9　　　　　　　　　冻干固氮菌肥料产品的技术指标

项目	指标
外观、气味	乳白色结晶，无味
水分/%	3.0
pH	6.0～7.5
有效活菌数/（个·mL⁻¹）或（个·g⁻¹）或（个·瓶⁻¹）	≥5.0×10⁸
杂菌率/%	≤2.0
有效期	≥12 个月

（三）使用条件与方法

　　固氮菌肥料是含有大量好气性自生固氮菌的微生物肥料。自生固氮菌不与高等植物共生，没有寄主选择，而是独立生存于土壤中，利用土壤中的有机质或根系分泌的有机物作碳源来固定空气中的氮素，或直接利用土壤中的无机氮化合物。固氮菌在土壤中分布很广，其分布主要受土壤中有机质含量、酸碱度、土壤湿度、土壤熟化程度及速效磷、钾、钙含量的影响。固氮菌的固氮功能只有当其在土壤中占优势和适宜的环境条件下才能表现出来。固氮菌固氮的前提是要满足固氮菌生活所必须的条件，具体如下：

　　1. 环境中有丰富的碳水化合物，而且缺少化合态氮；当土壤中 C/N 超出（40～70）:1 范围时，则固氮作用停止。

　　2. 最适宜 pH 为 6.5～7.5，所以在南方酸性土壤上施用石灰有利于提高固氮效率。

　　3. 固氮菌是好气性微生物，要求土壤通气状况良好，但氧化还原反应电位过高也不利于固氮。

4. 固氮菌对湿度要求较高，以在田间持水量的 60%～70% 生长最好。

5. 固氮菌是中温性微生物，最适宜温度为 25 ℃～30 ℃，若温度过高，固氮菌易致死。

固氮菌肥料适用于各种作物，尤其禾本科作物和叶菜类作物的施用效果更好。可作基肥、追肥和种肥施用，并且固氮菌肥与有机肥、磷肥、钾肥及微量元素肥料配合施用可明显促进固氮菌的活性提高。此外，固氮菌肥料常拌种施用，也可直接施用于蔬菜苗床，其施用量视其所含活菌数量多少而定，一般要求每亩使用 500 亿～1000 亿个活菌数。具体方法如下：①作基肥施用：与有机肥配合沟施或穴施，施后立即覆土。②作追肥施用：把菌肥用水调成糊状，施于作物根部，施后覆土。③作种肥施用：在菌肥中加适量水混匀，倒入种子混合拌匀，捞出阴干后播种。对水稻、甘薯、蔬菜等移栽作物，可采用水剂蘸秧根或粉剂混水后蘸秧根的方式施用。

（四）注意事项

1. 多适用于禾本科作物及蔬菜中的叶菜类作物，有作物专用的，也有不强调作物类型的。

2. 避免与速效氮肥联合应用。

3. 固氮菌对土壤酸性反应很敏感，最适宜的 pH 为 7.4～7.6。

4. 当土壤湿度为田间最大持水量的 25%～40% 时，固氮菌才开始生育，至 60% 时生育最旺盛。

5. 固氮菌属中温性细菌，一般在 25 ℃～30 ℃ 的条件下生长最好，温度低于 10 ℃ 或高于 40 ℃ 时，生长受到抑制。

三、磷细菌肥料

磷细菌肥料是指施用后既能分解土壤中难溶态磷，即将难溶性的磷转化为作物能利用的有效磷，又能分泌激素刺激作物生长的活体微生物制品。

（一）应用基础

土壤中有一些种类的微生物在生长繁殖和代谢过程中能够产生一些有机酸，如乳酸、柠檬酸，以及一些酶，如植酸酶类物质，使固定在土壤中的难溶性磷如磷酸铁、磷酸铝以及有机酸磷酸盐矿化成植物能利用的可溶性磷，供植物吸收利用。这些微生物在解磷的同时，还能形成维生素、异生长素和类赤霉素之类的刺激性物质，从而促进作物生长。

为了利用这些微生物的解磷功能，一般是先在实验室分离、筛选分解难溶性磷能力强和抗逆性强的微生物，然后将其发酵后制成肥料，施于土壤，以改善作物磷素营养供应状况，促进植物生长并达到增产作用。

解磷菌的种类很多，按照菌种及肥料的作用特性分为：有机磷细菌肥料、无机磷细菌肥料。有机磷细菌肥料是指在土壤中分解有机态磷化物（卵磷脂、核酸和植素等）的有益微生物经发酵制成的微生物肥料。分解有机态磷化物的细菌有芽孢杆菌属中的种、类芽孢杆菌属中的种。无机磷细菌肥料是指能把土壤中难溶性的不能被作物直接吸收利用的无机态磷化合物，溶解转化为作物可以吸收利用的有效态磷。分解无机态磷化合物的细菌有假单孢菌属中的种、产碱菌属中的种、硫杆菌属中的种。若使用上述菌种以外的解磷菌种生产磷细菌肥料时，菌种必须经过鉴定，而且必须为非致病菌菌株。目前主要研究和应用的解磷微生物有以下几种：①巨大芽孢杆菌（*Bacillus mega therium*）；②假单胞菌属中的一些种，如 *Pseudomonas* spp.；③节杆菌属中的一些种，如 *Ar throbac ter* spp.；④氧化硫硫杆菌（*Thiobacillus thiooxidaas*）；⑤芽孢杆菌属中的一些种，如 *Bacillus* spp.；⑥某些真菌。

（二）产品标准

磷细菌肥料按生产剂型不同分为：液体磷细菌肥料、固体磷细菌肥料和颗粒状磷细菌肥料。其产品的技术标准见表 6-10 和表 6-11。

表 6-10　　　　　　　　　　**液体磷细菌肥料的技术指标**

项目	指标
外观、气味	浅黄或灰白色浑浊液体，稍有沉淀，微臭或无臭味
有效活菌数/（亿·mL^{-1}）	有机磷细菌肥料≥2.0 无机磷细菌肥料≥1.5
杂菌率/%	≤5
pH	4.5～8.0
有效期	≥6 个月

表 6-11　　　　　　　　　　　　固体磷细菌肥料的技术指标

固体（粉状）磷细菌肥料		固体（颗粒状）磷细菌肥料	
项目	指标	项目	指标
外观、气味	粉末状、松散、湿润、无霉块、无霉味、微臭	外观、气味	松散、黑色或灰色颗粒，微臭
水分/%	25～50	水分/%	≤10
有效活菌数/(亿·g⁻¹)	有机磷细菌肥料 ≥1.5 无机磷细菌肥料 ≥1.0	有效活菌数/(亿·g⁻¹)	有机磷细菌肥料 ≥0.5 无机磷细菌肥料 ≥0.5
细度（粒径）	通过孔径 0.20 mm 标准筛的筛余物 ≤10%	细度（粒径）	通过孔径 2.5～4.5 mm 标准筛
杂菌率/%	≤10	杂菌率/%	≤2.0
pH	6.0～7.5	pH	6.0～7.5
有效期	≥6 个月	有效期	≥6 个月

（三）使用方法

磷细菌肥料可以用作基肥、追肥和种肥（浸种、拌种），具体施用量以产品说明为准。

1. 基肥

可与农家肥混合均匀后沟施或穴施，施后立即覆土。

2. 追肥

将肥液在作物开花前期追施于作物根部。

3. 拌种

在磷细菌肥料内加入适量清水调成糊状，加入种子混拌后，将种子捞出放置，待其阴干即可播种。种子拌好后一般随用随拌，暂时不用的，应放置阴凉处覆盖保存。

（四）注意事项

1. 磷细菌肥料应用于缺磷但有机质丰富的土壤上效果较佳。

2. 不同类型的解磷菌种一般互不拮抗，可复合使用。

3. 磷细菌肥料不能和农药及生理酸性肥料同时施用，但与磷矿粉合用效果较好。

4. 磷细菌的适宜温度为 30 ℃～37 ℃，适宜的 pH 为 7.0～7.5。

5. 把菌种接入堆肥中，发挥其分解作用，效果比单施为好。

四、硅酸盐细菌肥料

硅酸盐细菌肥料（也称硅酸盐细菌菌剂）是指在土壤中通过硅酸盐细菌的生命活动，增加植物营养元素的供应量，刺激作物生长，抑制有害微生物活动，对作物有一定的增产效果的微生物制品。

（一）应用基础

硅酸盐细菌（*Bacillus* spp.）中的一些种在生长繁殖过程中产生有机酸类物质，能将土壤中的钾长石矿物中的难溶性钾溶解出来供植物利用，将其称为钾细菌，用这类菌种生产出来的菌剂叫硅酸盐细菌菌剂或硅酸盐细菌肥料。这类细菌还兼有分解土壤中的难溶性磷及其他矿物养分的作用，并产生一些刺激作物生长的物质，即植物生长激素，促进作物生长。在作物生长过程中，硅酸盐细菌还能抑制病虫害，提高作物的抗病性。硅酸盐细菌肥料的菌种用胶冻样芽孢杆菌的一个变种菌株或环状芽孢杆菌及其他经鉴定用于硅酸盐细菌肥料生产的菌种，需严格控制各种遗传工程微生物菌种的使用。凡非用上述菌种生产硅酸盐肥料时，其菌种必须经过鉴定。目前已知芽孢杆菌属中的一些种，如胶质芽孢杆菌（*Bacillus mucilaginosus*）、软化芽孢杆菌（*B. macerans*）、环状芽孢杆菌（*B. circulans*）及其他经鉴定用于硅酸盐肥料生产的菌种均能利用磷钾矿物为营养，并分解出少量磷钾元素。

（二）产品标准

硅酸盐细菌肥料按生产剂型不同分为：液体硅酸盐细菌肥料、固体硅酸盐细菌肥料和颗粒硅酸盐细菌肥料，其产品的技术指标如表 6-12。

表 6－12　　　　　　　　　　　硅酸盐细菌肥料的技术指标

液体菌剂		固体菌剂		颗粒菌剂	
项目	指标	项目	指标	项目	指标
外观	无异臭味	外观	黑褐色或褐色粉状，湿润、松散、无异臭味	外观	黑色或褐色颗粒
pH	6.5～8.5	水分/%	20.0～50.0	水分/%	≤10.0
有效期内有效活菌数/（亿·mL^{-1}）或（亿·g^{-1}）	5	pH	6.5～8.5	pH	6.5～8.5
杂菌率/%	≤5.0	细度，过孔径0.18 mm筛余物/%	≤20	细度，过孔径0.5～2.5 mm筛余物/%	≤10
有效期	≥3 个月	有效期内有效活菌数/（亿·mL^{-1}）或（亿·g^{-1}）	1.2	有效期内有效活菌数/（亿·mL^{-1}）或（亿·g^{-1}）	1.0
		杂菌率/%	≤15.0	杂菌率/%	≤15.0
		有效期	≥6 个月	有效期	≥6 个月

（三）使用方法

硅酸盐细菌菌剂的剂型主要是用草炭吸附的固体剂型，多应用于土壤有效钾极缺的地区。硅酸盐细菌肥料可以作基肥、追肥和拌种或蘸秧根。

1. 基肥

每亩沟施或条施 3～4 kg 硅酸盐细菌肥料，施后覆土。若与农家肥混合施用效果更好。

2. 拌种

在硅酸盐细菌肥料内加入适量的清水制成悬浊液，喷在种子上拌匀，稍干后立即播种。

3. 蘸根：将硅酸盐细菌肥料与清水按 1∶5 的比例混匀，待溶液澄清后，将水稻、蔬菜等作物的根部蘸取清液，随蘸随用，避免阳光直射。

（四）注意事项

1. 不能与过酸、过碱的肥料混合施用，以免因条件的变化发生抑制作用。

2. 当土壤中速效钾含量在 26 mg/kg 以下时，不利于硅酸盐细菌的生长与解钾功能的发挥。当土壤中速效钾含量在 50～75 mg/kg 时，硅酸盐细菌的解钾能力达到高峰。

3. 当土壤 pH 小于 6 时，硅酸盐细菌的活性受到抑制。因此，在酸性土壤上可在施用前施生石灰调节土壤酸度。

五、新型微生物肥料

（一）菌根菌剂

菌根（fungus-root，或 mycorrhizas）是指土壤中某些真菌侵染植物根部，与其形成的菌-根共生体，主要有外生菌根和内生菌根。我国菌根研究开始于 20 世纪 50 年代，主要研究外生菌根对松属植物生长的影响；70 年代末开始内生菌根的研究；80 年代开始开发菌根生物菌剂；90 年代以后发展迅速，已取得显著的经济、社会和生态效益。

由内囊霉科真菌中多数属、种形成的泡囊称为丛枝状菌根，简称 VA 菌根（Vesicular-arbuscular mycorrhizas，VAM），属于内生菌根。现已肯定 VA 菌根菌至少可为 200 个科 20 万个种以上的植物进行共生生活。VA 菌根的菌丝具有协助植物吸收磷素养分的功能，对硫、钙、锌等元素的吸收和对水分的吸收也有很大的促进作用。也就是说，接种 VA 菌根菌可增强农作物对一些营养元素的吸收，从而起到增加产量，改善品质，提高养分利用率等多方面的作用。现已应用于甘蓝、大麦、小麦、花生、西瓜、香瓜、各类花卉、药材等植物的栽种技术中。

我国研制开发的 Pt 菌根菌剂，被用来进行松树育苗，造林成活增长率可高达 169%，从而可以解决松树因缺少外生菌根成活率低、生长差、造林不见林的难题。用牛肝菌对樟子松幼苗进行接种，1 年生的菌根化苗木可达到通常需要 3 年的出圃苗木标准。已证实牛肝菌和厚环乳牛肝菌都可以降低油松、落叶松、樟子松幼苗根部病害。也有人在极端条件下分离到 6 种丛枝菌根真菌，筛选出了抗旱、抗盐碱能力很强的菌株。此

外，还发现兰科植物种子萌发和萌发后形成原球茎阶段都需要有相应的
菌根真菌与之共生，才能正常生长。

（二）抗生菌肥料

抗生菌肥料是指用能分泌抗菌物质和刺激素的微生物制成的微生物
制品，菌种通常是放线菌。我国应用多年的"五四〇六"即属此类。其
中的抗生素能抑制某些病菌的繁殖，对作物生长有独特的防病保苗作用；
而刺激素则能促进作物生根、发芽和早熟。"五四〇六"抗生菌还能转化
土壤中作物不能吸收利用的氮、磷养分，提高作物对养分的吸收能力。

"五四〇六"抗生菌肥可用作拌种、浸种、蘸根、穴施、追肥等。施
用中要注意如下几个问题：①掌握几种穴施、浅施的原则；②"五四〇
六"抗生菌是好气性放线菌，良好的通气有利于其大量繁殖。因此，使
用该菌肥时，土壤中的水分既不能缺少，又不可过多，控制水分是发挥
"五四〇六"抗生菌肥效的重要条件；③抗生菌适宜的土壤 pH 为 6.5～
8.5，酸性土壤上施用时应配合施用钙镁磷肥或石灰，以调节土壤酸度；
④"五四〇六"抗生菌肥可与杀虫剂或某些专性杀真菌药物如三九一一、
氯丹等混用，但不能与杀菌剂如赛力散等混用；⑤"五四〇六"抗生菌
肥施用时，一般要配合施用有机肥料、磷肥，但忌与硫酸铵、硝酸钠、
碳酸氢铵等化学氮肥混施。此外，抗生菌肥还可以与根瘤菌、固氮菌、
磷细菌、钾细菌等菌肥混施，一肥多菌，可以相互促进，提高肥效。

（三）光合细菌菌剂/光合细菌肥料

能利用光能作为能量来源的细菌统称为光合细菌（Photo Synthetic
Bacteria，PSB）。根据光合作用是否产氧，可分为不产氧光合细菌和产氧
光合细菌；又可根据光合细菌碳源利用的不同，将其分为光能自养型和
光能异养型，前者是以硫化氢为光合作用供氢体的紫硫细菌和绿硫细菌，
后者是以各种有机物为供氢体和主要碳源的紫色非硫细菌。

1. 光合细菌肥料的应用基础

光合细菌使农作物增产增质的原因，光合细菌具有以下功能：①大
都具有固氮能力，能提高土壤氮素水平，通过其代谢活动能有效地提高
土壤中某些有机成分、硫化物和氨态氮含量。②可产生丰富的生理活性
物质（如脯氨酸、尿嘧啶、胞嘧啶、维生素、辅酶、类胡萝卜素等），都
能被作物直接吸收，有助于改善作物的营养，激活作物细胞的活性，促
进根系发育，提高光合作用和生殖生长能力。③光合细菌的活动能促进
放线菌等有益微生物的繁殖，抑制丝状真菌等有害菌群生长，增强作物

抗病防病能力。光合细菌含有抗细菌、抗病毒的物质，这些物质能钝化病原体的致病力以及抑制病原体生长。也有研究者将其开发为瓜果蔬菜等的保鲜剂。④光合细菌菌剂能降低蔬菜硝酸盐含量，加快残留农药分解。

2. 光合细菌的种类

光合细菌的种类较多，目前主要根据它所具有的光合色素体系和光合作用中是否能以硫为电子供体将其划为 4 个科：红螺菌科或称红色无硫菌科（Rhodospirillaceae）、红硫菌科（Chromatiaceae）、绿硫菌科（Chlorobiaceae）和滑行丝状绿硫菌科（Chloroflexaceae）。可分为 22 个属，61 个种。与农业生产应用关系密切的主要是红螺菌科的一些属、种，如荚膜红假单胞菌（Rhodopseudomonas capsulatus）、球形红假单胞菌（Rps. globiformis）、沼泽红假单胞菌（Rps. palustris）、嗜硫红假单胞菌（Rps. sulfi-dophila）、深红红螺菌（Rhodospirillum. rubrum）、黄褐红螺菌（Rhodospirillum. fulvum）等。

红螺菌的细胞螺旋状，极生鞭毛，革兰氏阴性，含有菌绿素 α-类胡萝卜素，为厌氧光能自养菌，多数种在黑暗微好氧下进行氧化代谢，细菌悬液呈红色到棕色。

红假单胞菌形态从杆状卵形到球形，极生鞭毛，能运动，革兰氏阴性，含有菌绿素 a、菌绿素 b 和类胡萝卜素，无气泡。厌氧光能自养菌某些种在黑暗中微好氧或好氧进行氧化代谢，细菌悬液呈黄绿到棕色和红色。

3. 光合细菌肥料的生产和应用

光合细菌能在光照条件下进行光合作用，也能在厌氧条件下发酵，在微好氧条件下进行好氧生长。光合细菌的生产需要采用优良菌种，要求菌种活性高，菌液中菌体分布均匀、无下沉现象。相对其他微生物肥料生产，光合细菌的生产相对简单，在一定生长温度条件下，必须保持一定量的光照强度。我国现在常用玻璃或透光好的塑料缸或桶进行三级或四级扩大培养，简述如下。

（1）一级试管菌种和二级种子培养生长培养基可根据需要配制为固体、半固体和液体培养基，分装于带螺帽的试管中和带反口脱塞的玻璃瓶中，高压灭菌后在无菌条件下接种，固体和半固体培养基用于穿刺接种，供菌种保藏用。以 1% 的接种量接种于液体培养基中，用于二级种子扩大培养。接种后置 28 ℃、1000 lx 光照条件下培养，一般用电灯泡（白炽灯 40～60 W）可以满足要求，培养物放在距灯 15～50 cm 处，一般培养 7～10 d 即可长好。

（2）三级大瓶与四级塑料桶或玻璃缸扩大培养基原液可用蒸馏水或冷开水配制，室内培养温度维持在 25 ℃～28 ℃，光照维持 1000 lx 左右，培养 7～10 d 即可。

一级、二级菌种的接种量为 1％～2％，三级、四级扩大培养的接种量一般为 5％～10％。光合细菌的生产也可以采用连续培养设备进行。

光合细菌肥料产品分为液体菌剂和固体菌剂两类。液体菌剂以有机、无机原料培养液接种光合细菌，经发酵培养而成的光合细菌菌液。固体菌剂由某种固体物质作为载体吸附光合细菌菌液而成。目前农业部光合细菌肥料行业标准认定指标为有效活菌数≥5.0 亿/g，杂菌数的比例≤20.0％。目前生产的光合细菌肥料一般为液体菌液，用于农作物的基肥、追肥、拌种、叶面喷施、秧苗蘸根等。作种肥使用，可增加生物固氮作用，提高根际固氮效应，增进土壤肥力。叶面喷施，可改善植物营养，增强植物生理功能和抗病能力，从而起到增产和改善品质的作用。作果蔬保鲜剂，能抑制病菌引起的病害，对西瓜等的保存有良好的作用。光合细菌防止病害的主要原因是它具有杀菌作用，能抑制其他有害菌群及病毒的生长。

此外，在畜牧业上应用于饲料添加剂，畜禽粪便的除臭，有机废弃物的处理上均有较好的应用前景。

（四）植物根际促生菌（PGPR）肥料

植物根际促生菌（Plant Growth-Promoting Rhizobacteria，PGPR），在植物根际土壤中，对根系生长有一定的刺激作用，而对有害微生物有较强的拮抗作用的细菌。大多数为芽孢杆菌和荧光假单胞菌。PGPR 不仅分布在植物根区（根际和根内），在叶区也有发现，因此，PGPR 这个术语已用于广谱的菌株，不限于细菌，一些根区的真菌也有促生（或抗病、虫）作用，称之为植物促生真菌，如菌根。植物通过化感作用选择有利于植物生长的细菌，而细菌在根际微生物中最为丰富，其定殖能力在一定程度上影响植物的生理功能。植物通过根系分泌物对菌种进行筛选并发挥作用，根际促生菌以植物根系分泌物作为营养物质，相比肥沃的土壤，养分贫瘠的土壤更利于根际促生菌促进作物生长。在植物根系内部、植物根系、根系表面、根系周围土壤中的细菌是一个整体，根际促生菌从植物根系分泌物中选取和分解有机化合物，通过附着在根系表面以获得更多有机质。

根际促生菌通过直接作用或间接作用促进作物生长。①直接作用，即固氮和解磷作用，其功能与传统微生物菌肥相似，可产生促生物质。植物激素可以影响植物生长发育，通过直接改变植物内部细菌的生理特性来影响植物的生理特性，促进根系数量增加和养分吸收，同时也为根际促生菌提供额外的养分，实现互利共生。②间接作用，即诱导系统产生抗性，利用生物或非生物因子形成阻碍植物生长的物理或化学性质抗性。点位竞争和定殖优势，在植物根系周围的根际促生菌高密度定殖，与同一环境下的微生物有空间和营养竞争力，通过竞争方式有效抑制病原菌繁殖，并阻止病原菌入侵植物内部，达到防病促生作用。

根际促生菌的作用机制主要分两类：一是诱导体系抗性，根际促生菌可以抵抗病原菌或毒素，帮助植物抵御病菌侵害，这类病菌主要有病原菌、病毒和真菌等。二是诱导体系耐受力，根际促生菌可以帮助植物耐受非生物胁迫，如盐分、干旱、肥力较低、肥力过剩、重金属离子等。因此，目前PGPR的促生作用概括起来有以下几方面：①产生植物促生物质；②改善植物根际营养环境；③对病害的生物调控；④通过增加植物根的表面积等，对植物根部生长和根部形态学的积极作用；⑤促进其他有益微生物与宿主的共生，包括豆科植物-根瘤菌或植物-真菌的共生等。

（五）有机物料腐熟菌剂

有机物料腐熟菌剂是指能加速各种有机物料（包括农作物秸秆、畜禽粪便、生活垃圾及城市污泥等）分解、腐熟的微生物活体制剂。它属于复合微生物菌剂，主要由细菌、放线菌、真菌、酵母菌组成，能加快动植物残体等有机废物的分解，用于堆制发酵秸秆或禽畜粪便，促使有机堆肥物料快速降解成活性物质，接种专性的微生物菌剂或添加一定量的无机养分，可制成生物有机无机复合（混）肥。

按产品的形态不同可分为液体、粉剂、颗粒3种剂型。菌种生产企业所使用的菌种应安全、有效，必须提供菌种的分类地位材料，包括菌落及菌体形态照片。产品技术指标应符合国家行业标准规定的指标和无害化指标。用有机物料腐熟菌剂发酵、堆制有机肥施用后可提高土壤有机质含量、改善土壤理化性状、提高土壤肥力，同时堆肥中有益微生物菌群能很好补充土壤中由于长期施用化肥、农药而减少的自然微生物群体，改善土壤微生物生态系统，有利于提高肥料利用率，促进作物增产，改善品质。有机物料腐熟剂一般的使用方法有：

1. 秸秆与有机物料腐熟剂混合还田

将作物秸秆切碎后与有机物料腐熟剂均匀混合后撒于田间，并通过翻耕等措施将大部分秸秆翻埋入土，深度 $10\sim15$ cm，一般经 $2\sim3$ d 腐熟后即可栽种作物。

2. 堆肥腐熟方法

将农作物秸秆等和农家粪肥搅拌混合均匀，然后撒上有机物料堆肥腐熟剂，堆好堆体调节水分，保持持水量为 $50\%\sim60\%$，搅拌均匀，视情况而定，一般堆成宽 $2\sim3$ m、高 $0.8\sim1.2$ m 的堆肥，长度不限。待发酵温度升到 50 ℃即开始翻堆，之后每天一次。一般春夏秋季 10 d 左右、冬季 20 d 左右可发酵完成，即可使用。

3. 制作酵素液态粪肥

将人粪尿或动物粪尿原液等，与有机物料腐熟剂混合均匀，储装发酵，自第 2 d 起，每日搅拌 $1\sim2$ 次，进行供氧，一般春夏秋季 10 d 左右、冬季 20 d 左右可发酵完成，即可使用。

（六）具有杀虫效果的生物肥料

将胶质芽孢杆菌、圆褐固氮菌、阿维链霉菌组合成具有杀虫效果的生物肥料，试用效果显著。胶质芽孢杆菌可以将土壤中固定的磷、钾转化为植物可以吸收利用的速效磷和速效钾，补充作物磷钾养分的不足；圆褐固氮菌能够将空气中的 N_2 转化为铵态氮（NH_4^+），补充作物氮素营养，减少化学肥料的用量；阿维链霉菌可以产生阿维菌素，有效杀死棉铃虫、玉米螟、美洲斑潜蝇等地上和地下害虫，减少化学农药的用量。

（七）利用蚯蚓生物反应器生产生物肥料

蚯蚓生物反应器是蚯蚓专家爱德华兹 20 世纪 80 年代中期设计的一种有机废弃物处理装置。蚯蚓生物反应器主要原理是有机废物经过蚯蚓消化道时，被接种的工程菌分解，因此，蚯蚓粪便就是生物肥料。产出的蚯蚓粪便为小而均匀的颗粒，营养价值比处理前可提高 $20\%\sim30\%$，含有丰富的有益微生物和酶类。该技术最初在英国用于处理土豆加工废弃物和动物粪便。90 年代后，英美科学家在原设计的基础上，对该反应器进行了较大改进，采用电脑控制参数，使之全过程运作自动化。目前已有 10 多个国家引进推广，近年来在我国甘肃等地也开始推广应用此技术。

（八）土壤修复菌剂

土壤生物修复的主要有土壤有机污染修复、重金属污染修复、放射性污染修复。目前，国内的土壤修复剂研究主要集中在高效降解菌的筛选与降解特性的研究上，包括石油污染土壤和农药污染土壤降解菌的研究。南京农业大学李顺鹏等人对土壤农药污染微生物的修复研究成果较大，他们筛选了500多株高效降解菌株，建立了相关的菌种资源库，进行了部分农药降解关键基因的克隆、表达以及基因工程菌的构建；并开展了一系列农药代谢途径和降解菌的分子生态学研究，获得了部分降解菌株的生物学特性与发酵参数。

（九）土壤酵母

土壤酵母是一种新型的土壤疏松改良剂，综合了肽蛋白的抗病抗逆性、微生物的沃土性、新型土壤疏松剂的松土性等优点，是针对解决目前土壤板结严重、有益微生物减少、盐碱化加剧、有机质含量低、保水性能差的最佳原料。土壤酵母生物稳定性强，可快速疏松土壤，补充土壤益生菌，促生长，抗病虫，改善品质，增产丰收。与复合肥、有机肥结合，可有效提高肥料利用率、减少肥料用量以及优越的松土保水性能。

土壤酵母的功能主要有：①免深耕、不板结。能快速改变土壤阴阳离子结构，平衡土壤酸碱度，增加土壤有益菌，活化土壤、打破板结、死土变活土，培肥土壤、彻底免深耕、不板结。②抗重茬、减病害。抑制土壤中的真菌、细菌、链刀菌等各种病菌，抗重茬、减轻作物生长期病害发生。③加速各种秸秆腐化。加速各种秸秆腐化成有机物变成农家肥，增加土壤有益营养菌，使土壤上虚下实，有利于作物扎深根，减少土传病害，避免作物缺苗、死苗及地下害虫的发生。④具有肥料增效剂功能。促进沉积在土壤中的磷、钾肥分解，从而提高养分有效性，进而提高肥料利用率。

附录 A 本书所涉及的肥料标准一览表

1. NY/T 496—2002 肥料合理使用准则 通则

2. GB/T 6274—1997 肥料和土壤调理剂 术语

3. GB/T 18382—2001 肥料标识、内容和要求

4. NY/T 1113—2006 微生物肥料术语

5. NY 885—2004 农用微生物产品标识要求

6. NY 525—2021 有机肥料

7. GB/T 18877—2020 有机-无机复混肥料

8. GB/T 17419—1998 含氨基酸叶面肥料

9. NY 410—2000 根瘤菌肥料

10. NY 411—2000 固氮菌肥料

11. NY 412—2000 磷细菌肥料

12. NY 413—2000 硅酸盐细菌肥料

13. NY 527—2002 光合细菌菌剂

14. NY 609—2002 有机物料腐熟剂

15. NY/T 798—2015 复合微生物肥料

16. NY 884—2012 生物有机肥

17. GB/T 20287—2006 农用微生物菌剂

18. NY 1429—2010 含氨基酸水溶肥料

19. NY 1106—2010 含腐植酸水溶肥料

20. NY/T 3083—2017 农用微生物浓缩制剂

21. NY/T 883—2004 农用微生物菌剂生产技术规程

22. NY/T 1109—2017 微生物肥料生物安全通用技术准则

23. NY/T 2722—2015 秸秆腐熟菌剂腐解效果评价技术规程

24. NY/T 1114—2006 微生物肥料实验用培养基技术条件

25. NY/T 1536—2007 微生物田间试验技术规程及肥效评价指南

26. NY/T 1535—2007 肥料合理使用准则 微生物肥料

27. NY/T 1978—2010 肥料汞、砷、镉、铅、铬含量的测定

28. GB/T 23349—2009 肥料中砷、镉、铅、铬、汞生态指标

29. NY/T 2066—2011 微生物肥料生产菌株的鉴别 聚合酶链式反应（PCR）法

30. GB/T 19524.1—2004 肥料中粪大肠菌群的测定

31. GB/T 19524.2—2004 肥料中蛔虫卵死亡率测定

32. GB/T 6679—2003 固体化工产品采样通则

33. NY/T 3264—2018 农用微生物菌剂中芽孢杆菌的测定

34. NY/T 2321—2013 微生物肥料产品检验规程

35. NY/T 1736—2009 微生物肥料菌种鉴定技术规范

注：NY 为农业行业标准代号，由农业部标准主管部门批准颁布，全国实施；GB 为国家标准代号，由国家质检总局批准颁布，全国实施；带"/T"为推荐性标准，反之为强制性标准。

参考文献

［1］陆景陵. 植物营养学：上册［M］. 2 版. 北京：中国农业大学出版社，2003.

［2］胡霭堂. 植物营养学：下册［M］. 2 版. 北京：中国农业大学出版社，2003.

［3］崔德杰，杜志勇. 新型肥料及其应用技术［M］. 北京：化学工业出版社，2018.

［4］徐卫红. 新型肥料使用技术手册［M］. 北京：化学工业出版社，2016.

［5］曹卫东，徐昌旭. 中国主要农区绿肥作物生产与利用技术规程［M］. 北京：中国农业科学技术出版社，2010.

［6］李瑞波，吴少全. 生物腐植酸与有机碳肥［M］. 2 版. 北京：化学工业出版社，2018.

［7］李瑞波，李群良. 有机碳肥知识问答［M］. 北京：化学工业出版社，2018.

［8］吴礼树. 土壤肥料学［M］. 2 版. 北京：中国农业出版社，2004.

［9］彭克明，裴保义. 农业化学［M］. 北京：中国农业出版社，1980.

［10］谢德体. 土壤肥料学［M］. 北京：中国林业出版社，2004.

［11］张世民. 秸秆生物反应堆技术［M］. 北京：中国农业出版社，2012.

［12］中国农科院土壤肥料研究所. 中国肥料［M］. 上海：上海科学技术出版社，1994.

［13］焦彬. 中国绿肥［M］. 北京：中国农业出版社，1983.

［14］聂军，廖育林，彭科林，等. 湖南省绿肥作物生产现状与展望［J］. 湖南农业科学，2009（2）：77 - 80.

［15］曹卫东. 绿肥在现代农业发展中的探索与实践［M］. 北京：中国农业科学技术出版社，2011.

［16］鲁艳红，廖育林，周兴，等. 湖南省双季稻区紫云英品种适用性比较［J］. 湖南农业科学，2014，12（2）：3 - 6.

［17］廖育林，鲁艳红，聂军，等. 双季稻适用型"湘紫 2 号"紫云英的种植表现及高产栽培技术［J］. 安徽农业科学，2015，43（9）：83 - 85.

［18］周兴，鲁艳红，谢坚，等. 紫云英新品种湘紫 1 号的品种特性及高产栽培技术［J］. 湖南农业科学，2015（9）：24 - 26.

［19］聂军，廖育林，鲁艳红，等. 稻田绿肥作物恢复发展技术［J］. 湖南农业，2016（07）：14.

［20］曹卫东，包兴国，徐昌旭，等. 中国绿肥科研 60 年回顾与未来展望［J］. 植物营养与肥料学报，2017，23（6）：1444 - 1455.

［21］聂军，廖育林，鲁艳红，等. 稻田绿肥轻简高效生产利用技术创新与应用［J］. 中国科技成果，2019，20（10）：16.

[22] 范美蓉，张春霞，廖育林，等. 不同紫云英品种种质资源试验比较 [J]. 湖北农业科学，2020，59 (2)：79 - 81，101.

[23] 韩梅，张宏亮，郭石生，等. 不同绿肥毛苕子品种农艺性状评价 [J]. 广东农业科学，2012，39 (16)：21 - 23.

[24] 王嘉怡，许贵红，黄凡风，等. 田菁栽培管理技术 [J]. 中国园艺文摘，2017，33 (06)：173 - 174.

[25] 马文，孔德平. 田菁生物学特性及栽培技术 [J]. 现代农村科技，2009 (15)：12.

[26] 凌绍淦. 双季稻区稻田田菁的栽培利用技术 [J]. 广东农业科学，1966 (03)：29 - 33.

[27] 山东省绿肥技术考察组. 绿肥田菁栽培利用技术考察报告 [J]. 新疆农业科学，1965 (11)：451 - 453.

[28] 耿月明. 柽麻留种高产栽培技术 [J]. 种子世界，1991 (06)：28.

[29] 徐祖信，高月霞，王晟. 水葫芦资源化处置与综合利用研究评述 [J]. 长江流域资源与环境，2008 (02)：201 - 205.

[30] 池映日. 红萍养殖与应用技术 [J]. 福建农业，2008 (02)：11.

[31] 朱小发. 红萍养殖与利用 [J]. 福建农业，2004 (11)：29.

[32] 翁伯琦. 淹水稻田养红萍及其固氮作用 [J]. 福建稻麦科技，1992 (04)：65.

[33] 李应军，刘玉林，傅纯强，等. 水浮莲栽培技术 [J]. 耕作与栽培，1994 (02)：50.

[34] 潘晓健. 有机肥对土壤肥力和土壤环境质量的影响研究进展 [J]. 农业开发与装备，2019 (8)：29.

[35] 林海波，夏忠敏，陈海燕. 有机无机肥料配施研究进展与展望 [J]. 耕作与栽培，2017 (4)：67 - 69.

[36] 周媛，谭启玲，胡承孝，等. 有机无机专用复合肥对葡萄产量、品质和养分利用的影响 [J]. 中国土壤与肥料，2015 (6)：82 - 86，91.